KB239835

환경윤리의 실천

E n v i r o n m e n t a l   E t h i c s

환경윤리의 실천

김일방 지음

GREEN SEED

지금 우리가 겪고 있는 지구환경문제는 시공간적 확장성이라는 특징을 갖는다. 가령 이러한 경우를 생각해보자. 에어컨을 풀로 가동시킨 거실에서 올림픽 축구경기를 보고 있다고 가정하고 그것이 끼치는 영향을 한번 추적해보는 것이다.

'에어컨이 풀로 가동되고 있는 거실에서의 올림픽 축구경기 시청' → '화석연료 소비량 증가' → 'CO_2 배출량 증가' → 'CO_2 농도 증가' → '대류권 기온 상승' → '해수량 증가로 인한 해수면 상승' → '저지대 침수 피해' → '농작물 수확량 감소' → '화전 경작지 확대' → '삼림 감소' → '식물의 CO_2 흡수력 감소' → 'CO_2 농도 증가' → '대류권 기온 상승' → '수증기, 구름의 증가' → '지표에 도달하는 자외선 양의 증가' → '인간의 건강 악화'. 이 화살표를 더 추적해 들어가면 '에어컨이 켜진 실내에서 축구경기를 보는 것'의 영향을 미래세대의 삶에까지 찾아 올라갈 수도 있을 것이다.

이처럼 지구상의 어느 한 지점에서 일어난 사건이 시공간적으로 우리가 알지 못하는 미래의 누군가에까지 영향을 끼칠 수 있는 것이 지구환경문제이다.

　지구환경문제는 또 비가시적이라는 특징을 지닌다. 지구환경문제는 다양하며 인류의 생존을 위협할 만큼 그 정도 또한 심각하다고 아무리 떠들어댄다 하더라도 그 '심각한 상황'이라는 것이 우리의 눈에는 잘 띄지 않는다. 만일 지구환경문제가, 지구인과 외계인 간의 전쟁을 그린 「인디펜던스 데이」라는 영화에서 외계인들이 우주선을 이용하여 지구를 멸망시키기 위해 전 세계의 주요 도시와 군사시설을 날려 버리는 것과 같은 문제라면 외계인들에 의한 지구환경 파괴는 우리의 눈에도 분명하게 보일 것이다.

　하지만 지구환경문제는 전혀 그러한 성격의 문제가 아니다. 오히려 우리의 일상생활이 누적되어, 즉 물건을 대량 생산하고 대량 소비하는 우리의 생활이 쌓이고 쌓여서 야기된 문제이다. 그러기에 우리는 지금의 일상생활과 환경문제는 아무 관계가 없는 것처럼 간주하게 되고 또 그렇게 행동하게 되는 것이다. 지구환경문제는 우리 눈앞에 당장 나타나지는 않는 비가시적 성격을 갖지만 언젠가는 우리가 알지 못하는 어떤 곳에서, 그리고 어떤 미래세대에게 악영향을 끼치게 된다는 점에서, 마치 암세포를 몸에 지니고 있으면서도 그것이 언제 가시화될지 모르고 지내는 것과 같은 형국이 아닌가 생각된다.

　이러한 문제를 해결해 나가는 데는 지금과 같은 대량 생산, 대량 소비, 대량 폐기의 인간중심적 생활방식을 개혁해 나가는 것이 무엇보다 우선적으로 요구된다. 사실 생활방식의 개혁에 관한 주장은 지구환경문제를 거론할 때면 으레 제기되는 사항이어서 그다지 새롭지는 않다. 그렇다면 이렇게 소중한 생활방식의 개혁이라는 과제가 제대로 해결되지 않는 이유는 무엇일까? 그것은 우리의 생활방식을 바꾸지 않더라도 지구환경문제는 얼마든지 해결될 수 있으며, 그 해결의 열쇠는 바로 과학기술에 있다는 믿음 때문이다. 우리가 직면하고 있는 지구환경문제를 과학기술로 해결할 수 있다는 믿음은 현대인의 신앙과도 같다. 그리고 '과학기술에 의한 해결'이란 인간의 가치관이나 도덕관념의 변화를 거의 필요로 하지 않고 자연과학적 기술의 변화만을 요구하는 해결 수단을 말한다.

물론 지구환경문제 가운데는 과학기술에 의하여 해결할 수 있는 문제도 있을 줄 안다. 그러므로 과학기술을 처음부터 부정해 버리는 것은 환경을 보호하기 위해서도 현명한 방책이 될 수 없다. 그런데 여기서 문제가 되는 것은 우리의 가치관이나 생활방식의 변혁을 수반하지 않고 오로지 과학기술에 의해서만 해결하려는 사고이다. 이러한 사고의 소유자들은 자연을 단순히 인간의 이익을 위해 이용돼야 할 대상으로 여긴다. 더불어 이들은 자연을 이용하는 과정에서 발생하는 환경문제는 기술적 진보를 통해서 얼마든지 해결해 나갈 수 있다는 낙관적 입장을 취한다. 여기서 우리가 우려해야 할 것은 그와 같은 과학기술 의존적 사고가 특정 부류의 사람들에게 한정되지 않고 일반화될 정도로 대다수 사람들에게 파급돼 있다는 사실이다. 이러한 사고가 만연함에 따라 기술공학은 이제 인간의 통제권을 벗어나 자신의 논리에 따라 발전해가고 있는 상황이다. 현대 기술은 이미 단순한 삶의 도구가 아니라 인간이 제어할 수 없을 만큼 인간 통제력의 범위를 넘어섰다는 것이다. 과학기술은 이제 인간의 의도와는 상관없이 자신의 논리에 따라 발전해가고 있고, 이러한 기술 행위의 비의도적 결과가 자연환경의 파괴를 초래하고 있다. 과학기술에 브레이크를 걸지 않고 가만히 내버려두는 한 자연의 균형 그 자체마저 파괴될 가능성은 너무도 분명해 보인다.

이렇게 보면 과학기술과 관련하여 우리는 딜레마 상황에 놓여 있다. 지구환경문제를 개선해 나가는 데 과학기술의 힘에 의존하지 않을 수 없고, 그렇다고 자기목적화하고 있는 과학기술에 모든 문제를 내맡기는 것도 환경적으로 바람직하지 않다. 자연과 문명, 기술과 환경 보전 이들 양자의 공존 가능성을 추구해 나가는 것이 중요하다. 그 해결의 키는 과학기술의 올바른 이용을 위한 윤리적 지침을 제시하는 것이고, 그 과제는 환경윤리학이 수행해야 할 것이다.

우리나라에서 환경윤리학에 관한 연구가 시행된 것은 그리 오래되지 않았다. 하지만 최근에는 새로운 주제를 찾아 연구를 한다는 것이 쉽지 않을 정도로 그동안 이론적으로는 많은 성과를 거두었다고 볼 수 있다. 이제 우리가 노력해나가야 할 과제는 새로운 주제를 찾아 이론적 연구는 지속해나가는 한편, 그동안의 이론적 연구 결과들을 일상생활에서 구체적으로 실천에 옮길 수 있도록 그 방안을 마련하는 것이다. 환경에 관한 윤리적 이론은 비교적 풍성하되 그 실천은 아주 보잘것없는 상황이 현재의 우리 모습이기 때문이다. 이러한 문제의식 하에 우리가 일상의 삶에서 조금이라도 지구환경을 염두에 두면서 살아갈 수 있는 그 방안을 모색해보고자 이 책을 펴내게 되었다.

제1부는 환경윤리학에 관한 이해를 돕고자 마련되었다. '윤리학'이 무엇이고, '환경윤리와 생명윤리' 그리고 '환경윤리와 전통윤리'는 어떤 관계가 있으며, '환경윤리 관련 주요 이론과 그 과제'는 무엇인지 등에 대하여 살펴보았다.

제2부는 환경윤리의 구체적 실천을 위하여 마련되었다. '환경문제에 대한 현실적 접근의 한계'를 통해 '환경윤리가 왜 필요한지'를 먼저 밝히고, '세계화 윤리', 특히 선진국 사람들이 고민해야 할 '구명

보트 윤리', 왜 소박하게 살아야 하는지를 밝힌 '자발적 소박함의 윤리', 왜 채식이 중요하고 필요한지를 밝힌 '채식주의 윤리' 등이 그 주요 내용이다. 물론 이 밖에도 '자동차' 관련 윤리, '취미생활' 관련 윤리 등 살펴봐야 할 주제들은 더 많은 줄 안다. 이들 과제는 앞으로 차차 보완해나감으로써 보다 완벽한 실천적 윤리 지침 대안서로 완성시켜 나가고자 한다.

"究學好硏" 이는 나의 연구실 책장 바로 위에 놓여 있으면서 언제나 나를 내려다보고 있는 액자 속의 글귀이다. 팔순을 훌쩍 넘긴 나이임에도 컴퓨터 강사로, 박물관대학 강사로, 서예가이자 한학자로, 그리고 책을 쓰고 연구하는 연구자로 누구보다 열심히 살고 계신 빙부께서 나의 교수 임용을 축하한다는 의미로 몇 해 전 직접 써주신 작품이다. 학자에게 이보다 더 무서운 금과옥조가 어디 있겠는가. "학문을 파고들어 깊이 연구하고 또 그렇게 연구하기를 늘 즐겨라." 평소 그러지 못한 부끄러운 마음에 몸 둘 바를 모르겠으나 그래도 늘 마음에 새기며 살아가고자 한다. 부족하지만 명구를 지어주신 빙부께 이 책을 겸손히 바치고자 한다.

이 책의 목차와 내용의 일부를 보시고 출판을 흔쾌히 수락해주신 한국학술정보(주)와 그 과정에서 모든 업무를 통괄해주신 이혜지 님, 그리고 편집부 김소영 님의 노고에 깊은 감사를 드린다.

2012. 11.

아라동 연구실에서

김일방

c o n t e n t s

PART 01

환경윤리의 기초

01

윤리학이란?

1. 윤리와 도덕의 구분

윤리(ethics)·도덕(morality)이란 두 낱말은 일상생활에서 엄격하게 구분된 의미로 쓰이지 않는다. 어법상 또는 표현하는 과정상 두 낱말은 융통성 있게 활용되고 있는 상황이다. 하지만 그 의미 차이를 분별할 수 없는 것은 아니기에 양자에 대한 어원적 의미부터 살펴보기로 한다.

먼저 '윤리(倫理)'의 윤(倫)은 사람 인(人)과 뭉치 윤(侖) 자를 합성시킨 것으로 '인간의 뭉치' 곧 인간 집단, 사회를 가리킨다. 그리고 이(理)는 석리(石理, 돌의 결), 목리(木理, 나무의 결) 또는 도리(道理)라는 말에서 알 수 있듯이 '결' 또는 '길'을 가리킨다. 그러니까 '윤리'라는 말의 한자 어원적 의미는 '인간 사회의 결 또는 길'이라 할 수 있다. '도덕(道德)'의 도(道)는 '길 또는 사람으로서 마땅히 행해야 할 도리'를 뜻하고, 덕(德)은 '얻음(得)'을 뜻한다. 곧 도덕이란 인간이 지켜야 할 도리(道)를 체득한 상태(德)를 일컫는다.

이 두 낱말의 영어 어원적 의미도 살펴보자. 윤리(학)를 의미하는 명사 'ethics'는 형용사 ethical이나 ethic에서 유래했고, 형용사 ethical, ethic은 '성격', '풍습', '인간의 정상적 상태' 등을 뜻하는 고대 그리스어 ethos에 근거하고 있다. 도덕(성)을 의미하는 명사 'morality'는 사회적 '관습', '범절' 등을 뜻하는 라틴어 mores에서 파생되었다.[1] 이상에서 보다시피 윤리·도덕이란 두 낱말의 의미는 어원적으로 볼 때 대동소이함을 알 수 있다.

그럼에도 우리의 언어 사용 습성상 이 두 낱말을 구분해서 쓰도록 요구할 때가 있다. 가령 일상생활에서 우리가 흔히 쓰고 있는 표현들을 예로 들어 보자. '기업윤리', '공직자 윤리', '국회윤리위원회', '방송윤리위원회'라는 표현들은 써도 '기업도덕', '공직자 도덕', '국회도덕위원회', '방송도덕위원회'라는 표현들은 거의 쓰지 않는다. 그리고 '제갈공명의 도덕성 우선의 리더십', '논문 표절한 ○○○교수의 도덕성……', '로비자금 수억 원을 받아 챙긴 우리나라 대표급 공무원 ○○○의 도덕성……' 등과 같은 표현들은 써도 '논문 표절한 ○○○교수의 윤리성……', '로비자금 수억 원을 받아 챙긴 우리나라 대표급 공무원 ○○○의 윤리성……' 등의 표현들은 거의 쓰지 않는다.

이들 표현에서도 알 수 있듯이 '윤리'는 한 집단 사회의 윤리적 기준 또는 어떤 직업이나 직책에 관련된 도덕 문제에 해당하는 것이라 할 수 있다. 반면에 '도덕'은 '각 개인이 자신의 행동을 살펴보는 기준', 한 개인의 덕성 또는 도덕적 인격, 성품에 해당하는 개념이라 할

---

[1] 박이문, 『사유의 열쇠』(서울: 산처럼, 2004), 301-302면 참조.

수 있다.[2] 예를 들어 부정과 비리를 저지른 한 국회의원이 있고, 그 의원은 국회윤리위원회에 회부되었다고 하자. 위원회에서는 그 의원이 국회의원으로서 지켜야 할 윤리강령을 어겼는지를 심의할 것이고, 만일 어겼을 경우엔 그 의원의 자격이나 직위 또는 직책을 문제 삼을 것이다. 그러나 어떤 특정한 직책을 갖지 않은 일반인들이 자신들의 윤리적 준칙에 어긋나는 행위를 했을 때는 도덕성이 타락한 사람 또는 부도덕한 사람이라는 비난을 받을 것이다.

'윤리'와 '도덕'을 구별하여 쓰는 경우가 또 있는데 그것은 이론적 측면과 실천적 측면을 구분 짓고자 할 때이다. '도덕'이란 낱말은 실천적 측면에, '윤리'란 낱말은 이론적 측면에 보다 밀접하게 연관된다. 초·중·고교에서 배우는 교과목의 이름에서도 이를 알 수 있다. 초·중학교와 고1까지는 '도덕'이라는 과목을, 고2 이후부터는 '윤리'라는 과목을 가르치고 있는데, 이렇게 교과목의 이름이 달라지는 까닭 역시 고1까지는 실천적 내용을, 고2 이후부터는 실천보다 이론적 내용을 중시한다는 의미가 반영되어 있고, 교재 역시 그런 형태로 구성되고 있다.

'사회윤리', '공중도덕'이란 표현에서도 이런 의미가 함축돼 있지 않나 생각한다. 공중도덕은 사회 안에서의 개인의 실천적 행위에 관한 것을 말하지만, 사회윤리는 전체 사회의 구조나 제도 또는 규범의 윤리적 근거에 관한 것을 말한다.

필자는 이 책에서 '윤리'와 '도덕'의 개념 차이에 크게 주목하지 않고

---

[2] 헤겔 철학에서도 '윤리'라는 낱말은 한 사회를 지배하는 도덕, 즉 선악에 관련된 행동규범체계로 이해하고, '도덕'이란 낱말은 선악에 관한 실존적 판단과 개인적으로 선택한 규범으로 해석한다. 같은 책, 302면 참조.

편의에 따라 언어 사용 관습상 어색하지 않은 쪽으로 사용하고자 한다.

2. 윤리·도덕의 기원

윤리·도덕의 기원에 관한 학설은 크게 두 부류로 나눠진다. 하나는 윤리·도덕의 기원이 인간 내부의 생득적인 능력 속에서 발견된다는 생득설이요, 다른 하나는 윤리·도덕의 기원이 경험이나 교육 속에 있다는 경험·교육설이다.[3]

생득설은 "선천적으로 인간의 마음에 도덕원리가 굳게 새겨져 있다"라고 주장한다. 따라서 이 입장에선 태어났을 때 인간의 마음이 백지 상태와 같다는 식의 로크와 같은 주장은 난센스로 취급돼 버린다. 그렇다고 해서 "방금 태어난 아기가 어른과 마찬가지의 도덕 판단을 할 수 있다"고 주장하는 것은 아니다.

방금 태어난 아기는 아직 일어설 수도 걸을 수도 없다. 세월과 더불어 아기는 기엄기엄하다 장롱, 벽, 문 등을 잡고 겨우 일어설 수 있고 걸을 수 있게 되며, 마침내는 자기 힘만으로 걸을 수 있게 된다. 물론 그 과정에서 많은 시행착오를 거듭하거나 부모의 도움을 받기도 하는, 이른바 경험과 교육이 작용하기도 한다. 그러나 그럼에도 불구하고 생득설을 주장하는 사람들은 여전히 "인간은 직립보행의 능력을 선천적으로 갖고 있다"고 이해한다. 생득설은 우리 인간에게 직립보행의 능력이 선천적으로 주어져 있듯이 도덕적 판단 능력 또한 생득적임을 주장하고 있는 것이다. 우리의 도덕 판단 능력이 우리

---

3) 北尾宏之, 「道德の源泉はどこにあるのか」, 佐藤康邦・溝口宏平 編, 『モラル・アポリア』
   (京都: ナカニシヤ出版, 2000), 14-19면 참조.

가 성장하는 과정에서 경험이나 교육의 도움을 크게 받는 것도 틀림없는 사실이지만 그럼에도 그 능력은 잠재적 소질로서 원래 우리 내부에 이미 구비돼 있다고 보는 것이다.

반면에 경험·교육설은 도덕원리의 생득적인 요소를 일절 인정하지 않고 모든 것은 경험과 교육에 의존한다고 주장한다. 과연 도덕판단 능력은 오로지 경험·교육에만 의존해서 형성되는 것일까? 예를 들면 실제로 '왕따(집단 따돌림)'를 시켜 그 피해학생이 자살하는 데 이르는 것을 경험하고 나서가 아니라면, 혹은 선생님에게 발각되어 호된 꾸중을 듣거나 정학 처분을 받거나 하고 난 이후가 아니라면 '왕따'가 나쁘다는 걸 모르는 것일까? 반대로 실제로 '왕따'를 가하지 않고서도 그런 행위를 하기에 앞서 '왕따'가 나쁘다는 것을 알 수는 없는 것일까? 또한 과연 세상사의 선악 모두가 그 사람이 받아온 교육에 의해서 결정되는 것일까?

물론 생득설은 경험이나 교육에 전면적으로 굴종하지 않고 경험에 앞서서, 혹은 경험이나 교육으로부터 독립하여 도덕 판단 능력이 존재함을 주장한다. 생득설은 '타고난'이라는 생득성보다도 오히려 경험에 앞선 또는 경험으로부터 독립한 선험적 측면을 강조한다. 즉, '왕따'가 나쁘다는 것을 경험하기에 앞서 알 수 있다는 것이다. 그러나 경험·교육설은 '왕따'를 가하기 전에 그것이 나쁘다는 도덕 판단을 내릴 수 있는 것은 과거에 그와 유사한 경험을 자신이 했거나, 타인이 한 것을 알고 있거나 하기 때문이라고 본다. 경험·교육설은 생득적인 능력으로서 인식되고 있는 양심 역시, 사실은 부모나 교육자 또는 사회적 환경의 영향하에서 유래한다고 본다. 무릇 윤리(ethics)라는 말이 사회적 관습을 의미하는 ethos에서 유래하고 있듯이 윤리

적인 덕이란 후천적인 습관에 의해서 획득되는 것이라고 경험·교육
설은 주장한다.

경험의 집적이나 교육에 의해서 형성되는 것은 단순한 사회적 관
습일 뿐 참다운 도덕은 아니라고 보는 생득설의 입장과 도덕이란 결
국 그와 같은 관습에 지나지 않는 것이라고 보는 경험·교육설의 입
장 가운데 과연 어느 쪽의 입장이 더 타당한가?[4]

필자가 생각하기엔 어느 한쪽만의 주장이 전적으로 옳고 따라서 다
른 쪽의 주장은 전면적으로 배제되어야 한다는 것은 받아들이기 어렵
다고 본다. 그 이유는 인간 내부에 이미 도덕을 형성할 수 있는 단초가
마련돼 있고 그 단초는 인간의 경험과 판단에 의해 비로소 도덕규범으
로 형성된다고 보기 때문이다. 그러니까 도덕은 인간의 선천적 요소와
후천적 경험이 절묘하게 결합됨으로써 형성된다는 주장이다. 필자의
이러한 주장은 메리 밋글리의 주장에 의해 뒷받침할 수 있다.[5]

밋글리는 동물행동학에 기초하여 윤리의 기원을 찾는다. 동물행동
학에 의하면 인간을 포함한 수많은 포유류와 조류들의 사회생활은
풍부하고도 복잡한 특성을 갖는다. 음식 양보를 포함한 자식에 대한
헌신적인 사랑은 매우 흔한 것이며, 부모 외의 다른 개체들이 이런

---

4) 우리나라의 대표적인 윤리학자인 故 김태길 교수는 경험·교육설의 주장이 더 타당하다는 견
   해를 피력한다. 그는 윤리의 기원을 인간 이전에 이미 어떤 초월적 존재에 의해 주어졌다는
   견해와 인간 역사의 경험적 산물로 보는 견해, 두 가지로 나누어 설명한다. 전자는 다시 두
   가지, 신학적 윤리설과 형이상학적 윤리설로 나눠지는데 이들 모두는 '어떤 믿음'에 근거하고
   있어서 경험과학적 사고에 젖어 있는 현대인들에겐 설득력이 떨어진다고 본다. 반면 후자는
   윤리의 근거를 인간의 사회생활 과정에서 필요에 의해 생겨났다고 주장함으로써 그 설명 방
   식이 보다 과학적이고 설득력 있다는 것이 김 교수의 주장이다. 김태길, 「윤리학의 근본문제」,
   철학문화연구소 편, 『철학강의』(서울: 철학과현실사, 1993), 152-57면 참조.
5) 메리 밋글리, 「윤리의 기원」, 피터 싱어 엮음, 『윤리의 기원과 역사』, 김미영 외 옮김(서울:
   철학과현실사, 2004), 32-44면 참조.

사랑을 베푸는 경우도 있다. 일부 동물들, 특히 코끼리는 부모를 잃은 코끼리를 양자로 삼기도 한다. 강자가 약자를 방어해주는 경우는 흔하며 방어해주는 개체들이 목숨을 버리면서까지 그런 행위를 한다는 입증된 사례들이 무수하다. 또한 늙고 힘없는 조류들에게 음식이 제공되기도 하며 친구들 사이에서의 호혜적 도움도 흔히 살펴볼 수 있는 바이다.

이러한 제 행위는 사회적 포유류와 조류들(예를 들면, 늑대, 비버, 갈까마귀, 모든 유인원 등)이 이기적인 잔인한 존재가 아니라 사실상 단순사회를 형성하고 유지하는 데 필요한 강력한 동기들을 지니고 있음을 분명히 보여 준다.[6] 그런데 이들이 그러한 습성을 창출해낸 것은 이해타산적인 계산 능력 때문이 아니다. 사회적 동물들은 홉스적인 자연 상태, 즉 만인의 만인에 대한 원초적 전쟁 상태에서 교활한 계산을 통해 자신들의 사회를 구성해내지 않는다. 그들은 더불어 살아갈 수 있고 사냥, 축조, 공동 방어 등의 작업에서 놀라운 능력을 갖추고 있다. 이들이 그렇게 하는 까닭은 그저 자연스럽게 사랑하고 있고, 서로를 신뢰하기 때문이다.

그렇다면 인간을 포함한 사회적 동물들의 그러한 자연적 성향들과 도덕 간에는 어떤 관계가 있는가? 밋글리는 이러한 성향들이 도덕 그 자체를 구성하지는 않지만 도덕이 가능하도록 하는 데 무엇인가 핵심적 내용을 제공하고 있다고 주장한다. 그러한 성향들과 도덕의 관계는 자연스러운 호기심과 과학의 관계, 자연스러운 경이·찬탄과

---

6) 물론 이 동물들도 때로는 서로를 공격하고 치열한 싸움을 벌이기도 한다. 그럼에도 동물행동학에서는 그러한 공격과 싸움의 배경에는 우호적인 수용이라는 좀 더 포괄적인 배경이 가로놓여 있다고 본다.

예술의 관계와 매우 유사하다는 것이다. 자연스러운 호기심이 과학을, 자연스러운 경이가 예술을, 자연스러운 애정이 도덕을 형성할 수 있을지 없을지의 여부는 지능의 역할, 특히 언어에 달려 있다. 인간 이외의 동물사회에서는 서로 간의 충돌을 또 다른 자연적 성향을 통해 해결할 수 있지만 도덕을 구성할 수는 없다. 반면에 다른 사람의 삶을 크게 의식하며 살아가야 하는 우리 인간들은 서로 간의 충돌을 자신들의 삶이 어느 정도 일관적이라고 느껴지는 방식으로 조율할 필요가 있다. 서로 간의 갈등과 충돌을 조율한다는 것은 어떤 원리·규칙에 합의한다는 것이고, 바로 이러한 과정에서 도덕이 형성된다는 것이다. 요컨대 도덕이란 인간과 동물이 공유하는 모태로부터 단초를 얻고 여기에다 인간의 후천적 노력에 의해 형성된다는 주장이다.

3. 윤리학의 근본 영역

앞에서 살펴보았듯이 윤리(ethics)란 그리스어 ethos에서, 도덕(morality)이란 라틴어 mores에서 유래했는데, 이들은 공통적으로 사회적 관습이라는 의미를 갖고 있었다. 이는 윤리·도덕이 처음에는 반성되지 않은 사회적 관습 또는 미풍양속으로 나타났음을 의미한다. 그리고 반성되지 않은 사회적 관습이란 시대성·사회성의 한계를 벗어나지 못했을 뿐 아니라 더러는 불합리하고 맹목적인 성격을 지니고 있었음을 뜻한다. 사람들이 이를 의식하면서 전래되어 내려오던 관습적 도덕률의 정당성에 대한 비판적 탐구가 일어나게 되었는데 이것이 바로 윤리학의 시작이었다.

서양에서는 소피스트와 소크라테스가 활동했던 그리스 고전기가 바로 그때였고, 동아시아에서는 제자백가들이 활동했던 시기가 바로 그때였다. 이와 같이 윤리학은 관습의 형태로 현존하는 윤리·도덕에 대한 반성적 성찰로부터 출발하였다. 이러한 성찰을 통해 관습적 도덕률은 점차 세련된 모습으로, 즉 맹목성과 불합리성이 점차 개선된 모습으로 발전하게 된다.

그러나 윤리학이 관습적 도덕률에 대한 반성적 성찰을 수행한다는 것은 주어진 도덕률의 맹목성·불합리성을 단순히 점검한다는 것만을 뜻하지는 않는다. 윤리학이 현존하는 도덕률의 정당성을 비판적으로 검토하려면 판단기준으로 작용할 어떤 궁극적 원리[7]가 있어야만 한다. 그 궁극적 원리란 다름 아닌 선(goodness)[8]이다. 선은 윤리·도덕을 윤리·도덕이게끔 해주는, 이른바 윤리·도덕의 본질을 이루는 가치라 할 수 있다.

그렇다면 도대체 선이란 무엇인가? 무어(G. E. Moore)는 선이란 정의 불가하다고 하며 선과 선한 것과는 구별돼야 한다고 주장한다. 그러나 윤리학이 탐구하는 가장 기본적인 이 물음을 외면하고는 더 이상의 윤리학의 전개는 불가능하다.

김상봉 교수에 따르면 동서양을 막론하고 선이란 두 가지 극단 사이에서 움직여 왔다.[9] 동아시아에서는 선을 좋은 것(the good), 즉

---

7) 동아시아에서는 인(仁) 또는 의(義)로, 그리고 주자학에 와서는 성(性)으로 규정되었던 데 반해, 서양에서는 비교적 명확하게 한 가지 방식인 선(善)으로 규정되었다. 이러한 근본원리하에 동양사회에서는 공자, 맹자의 윤리학이 동양윤리의 바탕을 형성하였고, 서양사회에서는 소크라테스, 플라톤의 윤리학이 서양윤리의 바탕을 형성하였다. 김상봉, 「윤리·도덕」, 우리사상연구소 편, 『우리말철학사전 2: 생명·상징·예술』(서울: 지식산업사, 2004), 229–230면 참조.

8) 나무랄 데 없이 만족스러운 정도를 나타내는 넓은 의미를 가진 말. 선한, 좋은, 훌륭한, 정당한 등등의 수많은 의미로 해석될 수 있음.

9) 김상봉, 앞의 책, 230–31면 참조.

자기에게 이익이 되는 것(양혜왕) 대 인의, 즉 착함과 의로움(맹자)으로 파악한다. 서양윤리학사에서도 이러한 대립은 비슷하게 반복된다. 즉, 선이란 좋음(goodness, 최고선=가장 좋은 것=행복, 아리스토텔레스) 대 착함과 의로움(칸트)으로 이해하였다.

이처럼 "선이란 무엇인가?"라는 물음은 선의 의미를 어떻게 파악하는가에 따라 전혀 다른 방식으로 전개될 수 있다. 이익이 되는 것과 착함·의로움이 같은 것일 수 없고, 좋음과 착함·의로움 역시 마찬가지이다. 마음의 착함 속에서 선을 찾는 칸트 윤리학의 입장에서 보면 결과적으로 아무리 많은 행복이 주어진다 해도 마음이 착하지 않을 경우 그것은 결코 선이 될 수 없다. 그런데 여기서 김 교수는 착함과 좋음에 주목한다. 그에 따르면 착함과 좋음은 그 자체적으로는 결코 같은 것이라 할 수 없다. 그렇다고 해서 이 둘이 완전히 무관하다고 볼 수도 없다. 왜냐하면 착함·의로움은 사람들을 위해 좋은 것을 추구하는 것이지 결코 나쁜 것을 추구하는 것일 수는 없기 때문이다. 이처럼 착함·의로움과 좋음은 같은 것도 아니요, 그렇다고 해서 전혀 무관한 것도 아니다. 김 교수는 바로 여기서 윤리학의 문제는 같은 것도 아니고 전혀 무관한 것도 아닌 착함과 좋음을 선의 개념 속에서 어떻게 매개하느냐 하는 데 있다고 본다.

윤리학은 또 '옳은 것(the right)과 그른 것(the wrong)'에 대해서도 큰 관심을 쏟는다. 어떤 행위의 결과가 바람직하고 가치 있는 것이라면 그 행위는 옳은 행위라 할 수 있지만 만일 그 결과가 바람직하지 못하고 가치 없는 것이라면 그 행위는 옳은 행위라 단정 지을 수 없게 된다. 따라서 어떤 행위의 옳고 그름은 그 행위가 초래하는 결과의 좋고 나쁨에 달려 있다.

　한편 어떤 행위의 옳고 그름은 결과가 아닌 동기에 따라서도 구분된다. 그 행위의 당사자가 선한 의지하에 실행했다면 결과에 상관없이 그 행위는 옳은 행위요, 나쁜 의지하에 실행했다면 그른 행위라 할 수 있다. 따라서 어떤 행위의 옳고 그름은 그 행위의 결과 또는 동기의 좋고 나쁨에 긴밀한 관련이 있음을 알 수 있다. 그렇다고 해서 옳고 그른 것이 전적으로 좋고 나쁜 것에 의거하지는 않는다. 옳고 그름은 좋고 나쁨과 전적으로 같지도 않으며 무관한 것도 아니기 때문이다. 윤리학은 이 양자의 관계를 선의 개념 속에서 어떻게 매개하느냐 하는 것 역시 중요한 문제라 할 수 있다.

　윤리학에서 빼놓을 수 없는 중요한 과제는 '당위(마땅함)'에 대한 연구이다. 그렇다면 '마땅함'이란 무엇인가? 이 물음에 대한 답은 인간이란 존재의 이중적 특성에서 찾아진다. 인간은 한편으로 자연의 일부로서 살아가는 자연 종속적 존재이기도 하지만, 다른 한편으로 자연 종속성을 거스를 수도 있는 자연 초월적 존재이기도 하다. 만약 인간이 순수한 의미의 자연 상태 속에서만 살아간다면 그는 생물학적 차원에선 인간일 수 있지만 결코 참된 의미에서 인간이라 할 수는 없을 것이다. 인간은 오직 자연 상태를 벗어나 사회 안에서 인격의 도야를 통해서만 비로소 인간으로 존재할 수 있다. 그리고 인간이 참다운 인간으로 존재하려면 자기 스스로 자신의 인격을 다듬어 나가는 노력이 필요하며, 그 노력 속에 인간 존재의 본질이 담겨 있다.

　이런 의미에서 인간의 '있음(사실)'에서 어떻게 '있어야 함(당위)'으로 나아갈 것인가 하는 것은 인간에게 주어진 가장 근원적인 과제이다. 인간은 저절로 있는 또는 있게 될 존재가 아니라 이루어져야만 할 또는 되어야만 할 존재이다. 당위(마땅함)는 인간 존재의 본질적

계기인 것이다. 당위(마땅함)란 인간의 자기 초월, 즉 '있음'의 존재
에서 '있어야 할' 존재로서 자기를 형성하는 것이다. 이러한 자기 형
성이 전적으로 중단될 때, 인간은 더 이상 인간으로서 존재할 수 없
다. 그것은 인간성의 전면적 파괴를 의미하기 때문이다.

인간은 오직 이러한 자기 정립, 자기 형성을 통해서만 참된 인간일
수 있고, 참된 인간으로서 존재하는 한에서 당위는 인간 존재의 본질
적 계기가 된다. 문제는 자연의 일부로서의 존재방식인 '있음'과 자
연 초월적 존재로서의 존재방식인 '있어야 함', 이 양자를 어떻게 매
개하느냐 하는 것이다. 이 또한 윤리학의 중요한 과제이다.

4. 윤리학의 분류[10]

1) 기술윤리학

윤리학은 '도덕'이라는 인간 행위의 영역에 관심을 기울인다. 마

---

[10]

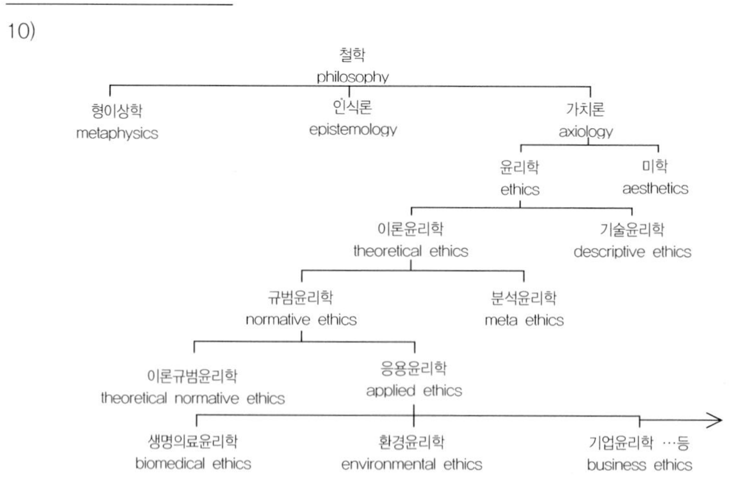

치 생물학이 생명을 연구 대상으로 삼듯이 윤리학은 도덕 현상을 연구 대상으로 삼는다. 그러나 윤리학 말고도 도덕을 연구하는 또 다른 분야가 있다. 예를 들면 심리학자들은 한 개인의 도덕 판단은 정확히 기술할 수 있고 그 원인과 결과도 정확히 탐구될 수 있다고 본다. 한 개인이 어떤 도덕적 신념과 태도를 가지게 되는 이유와 배경, 그리고 그 신념과 태도가 개인의 행동에 미치는 영향을 밝혀주는 심리적 설명을 할 수 있다는 것이다. 또한 인류학자, 사회학자, 역사학자, 사회심리학자들은 사회적 차원에서 과학적 탐구를 통해 현실 도덕에 대한 경험적 지식을 얻을 수 있다고 본다. 이런 시각에서 그들은 여러 다른 사회와 각 시대의 다양한 도덕률을 탐구하였다. 한 개인의 생활, 그리고 사회제도 속에 존재하는 도덕 현상에 대한 경험적 지식을 얻고자 그들은 현실 도덕에 대한 과학적 기술, 설명 방식을 택했던 것이다.

그러나 그들은 다양한 문화권에서 살고 있는 사람들의 도덕적 신념, 관습, 관행을 탐색하고 서술할 뿐 그것들에 대해 어떤 가치 판단이나 평가도 내리지 않는다. 도덕에 대한 이와 같은 과학적 연구를 기술윤리학이라 부른다.

도덕에 관한 기술윤리학자들의 연구를 서술적 연구라 한다면 윤리학자들의 도덕에 대한 연구는 철학적 연구라 할 수 있다. 윤리학은 사실의 기술이나 묘사에 만족하지 않고 기술윤리학에서 제공하는 자료를 이용하여 각 문화권의 도덕을 상호 비교하고 도덕적 이상에 대한 평가를 내린다. 심리학, 인류학, 사회학, 역사학, 사회심리학이 서술적 과학이라면 윤리학은 규범의 학문이다. 따라서 기술윤리학은 엄밀한 의미에서 윤리학으로 볼 수 없다.

윤리학자들은 "이러한 사람들이 이러이러한 도덕 규칙을 받아들이는 이유는 무엇인가?"라고 묻는 대신 "이러이러한 경우에 이와 같은 도덕 규칙을 받아들일 때 어떤 이유가 좋은 이유가 되는가?"라고 묻는다.[11] 윤리학자들은 도덕의 실천이 그 사회의 어떤 계급에 속하는 사람들의 이익에 도움을 주고 있는가 하는 현상을 설명하는 대신, 공동선을 증진시키며, 사회 정의의 요구 조건을 만족시키는 도덕규범이 있는지 그리고 공동선이나 사회 정의가 모든 사회의 도덕규범을 평가하는 원리로 작용할 수 있는지를 묻는다. 윤리학자들은 도덕에 관한 경험과학적 연구 자료들을 단지 비판적 반성을 위한 출발점으로서만 관심을 가진다. 윤리학자가 추구하는 주목적은 "모든 도덕 행위자들에게 타당한 도덕규범의 일관된 체계를 어떻게 구성할 것인가?" 하는 것이다. 그러한 체계를 흔히 '규범윤리적 체계'라고 부르는데 이를 정립하고자 하는 것이 이른바 규범윤리학이다.

2) 규범윤리학

규범의 사전적 의미는 '사유·의지·감정 등이 일정한 이상이나 목적을 이루기 위하여 마땅히 따라야 할 법칙과 원리'이다. 이러한 규범을 탐구하는 학문에는 논리학·미학·윤리학이 있다. 바른 인식을 얻기 위해 규범이 될 수 있는 사유의 형식과 법칙을 연구하는 학문이 논리학이요, 미의 규범을 세우는 것을 목적으로 하는 학문이 미학이라 한다면 윤리의 규범을 세우는 것을 목적으로 하는 학문이 규범윤리학이다.

규범윤리학은 이상적인 삶을 살아가는 데 규범이 될 수 있는 삶의

---

[11] 기술윤리학과 규범윤리학의 차이에 대한 설명은 폴 테일러, 『윤리학의 기본 원리』, 김영진 옮김(서울: 서광사, 1985), 15-18면 참조.

목적과 행위의 법칙을 찾아 제시코자 하는 것을 주 과제로 삼는다. 다시 말해 규범윤리학은 "인간이라면 누구나 그것의 실현을 위해 진력해야 할 보편타당한 삶의 목적은 무엇인가?", "인간이라면 누구나 마땅히 따라야 할 행위의 법칙은 무엇인가?"라는 물음에 골몰한다. 여기서 보편타당한 삶의 목적을 찾아 제시코자 하는 입장을 목적론이라 하고, 보편타당한 행위의 법칙을 찾아 제시코자 하는 입장을 법칙론이라 한다. 흔히 윤리학은 '옳은 것과 좋은 것에 관한 연구'라고 말하는데, 목적론에서 탐구하는 것이 '가장 좋은 것(최고선)'이며, 법칙론에서 탐구하는 것이 '옳은 행위의 법칙'이다.

목적론적 윤리학은 인생에는 우리가 그 실현을 위해 진력해야 할 객관적인 목적이 존재한다는 신념을 출발점으로 삼는다. 그리고 모든 행위의 시비는 그 행위가 인생의 궁극 목적(최고선) 달성에 이바지하는지의 여부에 따라 평가된다. 따라서 목적론적 윤리학이 답변해야 할 근본 문제는 "인생의 궁극 목적이 무엇이냐?"라는 것이다. 한편 법칙론적 윤리학은 인생이 힘써 도달해야 할 목적이 따로 주어져 있다는 것을 믿지 않는 대신, 옳은 행위와 그른 행위를 판별하는 데 표준이 되는 보편타당한 도덕법칙이 주어져 있다고 믿는다. 모든 행위의 시비는 이 도덕법칙에 일치하는지의 여부에 따라 평가된다. 따라서 법칙론이 답변해야 할 근본 문제는 "시대와 지역의 차이를 초월하여 적용될 수 있는 보편타당한 행위의 법칙이 무엇이냐?"라는 것이다.

가장 좋은 것=최고선(궁극적인 삶의 목적)에 가장 큰 중요성을 부여하는 목적론적 윤리학자들은 일단 최고선이 인식되면 옳은 행위가 자동적으로 확인되고 실현된다고 주장한다. 옳은 것은 좋은 것에 의해 결정된다고 본다.

목적론과 반대 방향에서 이론을 구성해가는 법칙론에서는 옳은 행동을 가장 중요한 요소로 취급한다. 옳은 것을 행하면 반드시 좋은 결과가 나타난다고 주장한다. 여기서는 목적이나 좋은 것에 비해 의무나 법칙이 우선되며 옳음에 위배되는 것은 무가치한 것으로 여겨진다. 옳음은 보다 근본적인 것으로 환원 불가능하며 오로지 직관의 의해서만 파악되는 개념이다. 따라서 법칙론자들은 직관론자라 불리기도 한다.

목적론적 윤리설은 '인생에는 누구나 그 실현을 위해 진력해야 할 최고선(객관적인 삶의 목적)'이 존재한다는 전제하에 출발하는데 그 전제의 존재 여부부터 의심받고 있다.[12]

법칙론은 규칙법칙론(rule-deontology)과 행위법칙론(act-deontology)으로 나누어 설명할 수 있다. 전자에서는 우리가 마땅히 지켜야 할 도덕규칙이 있다는 전제하에 행위의 옳고 그름은 그 규칙과의 일치 여부에 따라 평가한다. 그런데 여기서는 우리가 지켜야 할 도덕법칙이 아주 많이 존재하므로 이들이 상충할 경우 이를 어떻게 해결할 것인가 하는 것이 크나큰 난제로 부각된다. 이 난제가 해결되려면 이를 해소할 수 있는 보편타당한 행위 법칙이 제시되어야 함에도, 이러한 법칙이 존재한다는 전제 자체부터 의심받는다. 반면에 후자에서는 그러한 규칙의 존재를 인정하지 않는 대신에 우리가 마땅히 행해야 할 구체적인 개별적 행위가 있고, 또 우리는 이를 직관적으로 파악할 수 있다고 본다. 여기서 제기될 수 있는 문제는 어떤 구체적 상황에서 행위자 각각의 직관이 서로 다를 경우 어떤 것이 옳은가 하는 인식론적 물음이다. 다시 말해 이 입장은 도덕 이론의 형식적 제약조건인 보편화가능성의 원리를 설명할 수 없다는 치명적 약점이 있다.[13]

---

12) 규범윤리학의 난점에 대한 보다 자세한 설명은 김태길, 『윤리학』(서울: 박영사, 1998), 9-11면 참조.
13) 김상득, 『생명의료윤리학』(서울: 철학과현실사, 2000), 378-79면 참조.

이와 같이 목적론이든 법칙론이든 모두 그 전제부터 의심받고 있는 상황에서, 아예 그런 것은 존재 불가능하다는 윤리학적 회의론마저 등장하게 되었다.

3) 분석윤리학

고대부터 19세기 말까지의 윤리학을 고전윤리학, 20세기 이후의 윤리학을 현대윤리학이라 부른다. 분석윤리학은 현대윤리학에 해당한다. 분석윤리학은 1930년대에 영미에서 활발하게 전개되었던 분석철학의 영향으로 대두하였다. 분석철학에서는 철학의 역할을 세계에 대한 이론을 진술하는 데 있지 않고 세계에 대한 진술 그 자체를 대상으로 삼는 데 있다고 본다. 이러한 시각에서 분석철학에서는 윤리학의 역할을 좋음과 옳음에 관한 실천적 연구에 있지 않고 그러한 연구에서 사용되는 용어들의 의미를 분석하고 도덕적 추론의 규칙과 인식 방법을 연구하는 데 있다고 본다.

물론 규범윤리학에서도 도덕 언어들에 대한 분석을 전혀 안 한 것은 아니었다. 예를 들어 소크라테스의 대화법을 보면 도덕 언어의 분석이 중요한 부분을 차지하고 있음을 알 수 있다. 그러나 분석윤리학은 윤리학의 관심을 도덕 언어의 분석에 국한시켜야 한다고 주장하는 점이 특징이다. 그러한 분석윤리학의 선언은 무어(G. E. Moore)에게서 비롯하였다.

분석윤리학의 연구 주제[14]는 첫째, 도덕 언어의 의미 분석이다. '좋다(good)', '나쁘다(bad)', '옳다(right)', '그르다(wrong)', '대단하다(great)', '끔찍하다(horrible)', '의무(duty)', '양심', '해야 한다'

---

14) 소흥렬, 『윤리와 사고』(서울: 이화여자대학교 출판부, 1985), 25-27면 참조.

등의 기본 개념들의 의미를 명확하게 분석하고 나서야 그 개념들을 바탕으로 하는 도덕 체계를 확립할 수 있다는 입장이다. 물론 이런 생각의 이면에는 '좋다'와 같은 개념에는 보편적 의미가 있을 것이라는 전제가 깔려 있었다. 그러나 이것은 잘못된 전제였음이 밝혀졌다.

분석윤리학의 두 번째 연구 주제는 윤리적 명제의 특수성을 분석하는 것이다. 예를 들면 "도둑질은 나쁘다", "남을 배려하는 것은 바람직하다" 등의 명제들은 명령이나 지시하는 뜻 외에도 권유하거나 설득하는 뜻을 지니고 있다고 본다. 일반적으로 우리가 쓰고 있는 윤리적 명제들이 어떠한 의미들을 함축하고 있는지를 분석함으로써 도덕 언어들의 의미를 더 정확하게 이해하고자 하는 것이다.

분석윤리학의 세 번째 연구 주제는 사실명제와 당위명제의 논리적 관계 분석이다. 예를 들면, 사람은 누구나 쾌락을 추구하고 고통을 피하려고 하는 것이 사실이라면, 그러한 사실을 근거로 "남에게 고통을 주는 행동을 해서는 안 된다"라는 당위명제를 도출할 수 있느냐 하는 문제가 제기된다. 규범윤리학을 종교적 권위나 정치권력에 의존함이 없이 누구나 받아들일 수 있는 어떤 보편타당한 사실에 근거하게 하려면 사실명제에서 당위명제를 논리적으로 도출할 수 있어야 한다. 그런데 논리적 추론의 정당성이 보장해 주는 것은 명제의 진리 값이다. 바꿔 말하면 그 명제가 사실에 부합하는 참명제임을 보장해 주는 것이 논리적 타당성이다. 그러므로 아무리 보편타당한 사실명제에서 출발한다 해도 거기서 도출해낼 수 있는 것은 어디까지나 사실명제일 뿐, 당위명제로서의 진리 값은 보장받을 수 없게 된다. 분석윤리학은 바로 이러한 주장을 펌으로써 규범윤리학에서 전개하고 있는 논리적 추론의 정당성 여부를 문제 삼는다.

이상과 같은 분석윤리학의 관심은 인간의 언어, 인간의 인식 능력이나 사고방식에 대해 새로운 철학적 관심을 불러일으켰다. 그러나 그러한 관심이 초래한 것은 언어와 인식에 대한 철학적 이해를 깊게 해주었을 뿐, 규범윤리학이 만족할 만한 도덕 체계를 마련하는 데 별다른 도움은 되지 못하였다. 규범윤리학이 좀 더 완벽해지려면 사전에 분석윤리학의 정지작업이 있어야 한다는 생각은 잘못된 것이었다. 분석윤리학은 그 자체만으로도 철학적 논쟁의 문제들을 안고 있는 철학 분야가 되어 버렸던 것이다.

4) 응용윤리학

응용윤리학은 20세기 초반 영향력을 발휘했던 분석윤리학이 그 토대가 약화되면서 1960년대 후반 들어 대두하였다.[15] 1960년대 후반은 미국에서 인권운동, 반전운동, 학생운동이 활발한 시기였다. 예를 들어 흑인민권운동은 인간답게 살 권리를 요구하였고, 여성해방운동은 임신중절에 대한 인식에 영향을 끼쳤으며, 환경운동은 환경의 가치에 대한 새로운 인식을 심어 주었다. 그리고 흑인민권운동가들이 앞장섰던 베트남전 반전운동은 여러 가지 사회적 모순에 대한 저항의지를 고취하였다.

---

15) 응용윤리학은 메타윤리학, 규범윤리학 등의 윤리에 관한 다른 철학적 작업들과는 현저한 대조를 이룬다. 요컨대 현대사회가 제기하는 긴급한 문제들(예를 들면, 인간의 생사에 관한 의료기술의 적정한 사용 방법, 지구 환경문제에 대한 대처 등)에 대해서 윤리학이 잘 단련하여 완성시켜 온 도구를 이용, 가능한 한 정면에서 대응하려는 기도를 '응용윤리학'이라고 흔히 부른다. 그러한 용어 사용은 1980년대 중반부터 일반화되었으나 현실 문제에 대한 응답이라는 자세는 1960년대의 사회 변동에 의해서 촉진되었고, 1971년에 발간된 『철학과 공무(*Philosophy and Public Affairs*)』와 레이첼즈(J. Rachels)가 편집 출간한 『도덕의 제 문제(*Moral Problems*)』가 이 분야의 선구적인 업적들로, 이들에 의해서 응용윤리학은 서서히 확립되어 갔다. 川本隆史, 「應用倫理學の挑戰: 系譜, 方法, 現狀について」, 『理想』, no.652(1993. 11), 20–34면 참조.

이러한 시대적 변화에 더 이상 이론적인 문제만을 다룰 수 없게 된 철학자들은 현실적 문제에 대해서도 관심을 기울여야 했다. 즉, 철학자들은 정의, 평등, 시민불복종, 인종차별, 환경보호 등의 대중적이고 실천적인 문제들을 시야에 넣지 않으면 안 되었다. 이리하여 전통적인 규범윤리학 대신 현실적인 구체적 문제에 관심을 집중하는 윤리학, 이른바 '응용윤리학' 또는 '실천윤리학'이 대두하게 된다.

응용윤리학의 핵심적 물음은 "구체적인 도덕문제를 어떻게 해결해 나갈 것인가?"이다. 응용윤리학은 단순히 도덕이론을 구체적 도덕문제에 적용하는 차원을 넘어서 구체적인 도덕문제에서 출발하여 도덕이론을 확립하고자 시도한다. 이와 같은 상향적 방식(bottom-up)을 통하여 응용윤리학은 새로운 윤리학을 열어가고 있는데, 여기에는 환경윤리, 생명윤리, 기업윤리 등의 분야가 포함된다.

이와 같이 환경윤리, 생명윤리 등은 현실적인 사회문제를 해결해 나가고자 하는 같은 의도에서 출발한 학문들이지만 현재는 그 거리가 아주 먼 것처럼 느껴지는 학문이 되고 말았다. 환경윤리학은 환경윤리학대로, 생명윤리학은 생명윤리학대로 각자의 길을 독립독행해 왔기 때문이다. 환경윤리학과 생명윤리학은 아주 다른 분야로 인식되어 이를 연구하는 학자들 역시 상호 교류하는 경우를 찾아보기가 쉽지 않다. 응용윤리학자 가운데는 양자의 윤리학이 완전히 대립적 관계에 놓여 있다고 주장함으로써 양자의 출발점이 하나로 연결되고 있다는 사실조차 의아하게 만드는 학자도 있다.[16]

그동안 응용윤리학 분야에서도 현대철학의 특징인 분석과 규정에

---

16) 이러한 주장을 하는 대표적인 학자로 일본의 철학자 加藤尙武를 들 수 있다.

몰두해왔다면 이제는 종합적 작업이 필요한 때가 왔다고 생각한다. 환경윤리학과 생명윤리학, 양자는 완전히 대립하는가? 아니면 대립보다 오히려 공통된 측면이 강한가? 양자가 대립한다면 그 대립적 관계를 수렴할 수 있는 방안은 없는가?

환경윤리와 생명윤리

생명윤리란 용어는 1971년 미국의 생물학자 포터(Van R. Potter)가 처음 사용하기 시작한 말로 그가 이 용어를 쓰게 된 계기는 인류의 생존을 포함한 지구환경의 위기에 어떻게 대처해야 하는가를 관심에 둔 생명 일반에 관련된 윤리학적 문제 설정에서였다.[17] 바이오란 그리스어의 '생명(bios)'을 의미하며 인간 이외 생물의 생명까지도 그 대상으로 삼아 오늘날의 환경윤리학으로 구상된 말이었다.

그러나 오늘날 bioethics라는 말은 인간의 의료윤리로 바뀌어 사용되면서 환경을 다루는 관점은 사라지고 말았다. 그것은 이 말이 제창된 1970년대 당시 미국에서 환경문제보다도 심장 이식이나 임신중절 문제와 같은 의료문제에 사회적 논의가 집중되었고 아직은 환경문제가 있긴 하더라도 일반적으로 긴급한 문제가 아니었으며, 새로

---

17) K. Danner Clouser, "Bioethics," Warren T. Reich(eds.), *Encyclopedia of Bioethics* (New York: Free Press, 1978), p.118 참조; Van Rensselaer Potter, *Bioethics: Bridge to the Future*(Englewood Cliffs: Prentice-Hall, 1971), 제1장 참조.

운 의료기술 앞에서 환자의 권리나 여성의 '성과 생식을 결정할 권리' 등이 중대한 문제로 인식되었기 때문이다.

그리고 의료윤리 문제는 의료산업과 의학이 그것을 지탱하는 체제로 존재하는데 비해 환경을 문제로 삼는 것은 현존하는 각 산업의 양태에 이의를 제기하는 반체제적 의미까지 담겨 있기 때문에 산업계로부터 연구비 등의 지원도 없어 대학과 연구기관에서 학문으로 인정되는 것이 늦어졌다.[18]

그러나 포터에게서 볼 수 있듯이 사람들은 환경문제에 대해서도 1970년대에 이미 의식하고 있었다. 로마클럽의 '성장의 한계'와 스톡홀름의 유엔인간환경선언, '자연의 권리'를 주장하는 스톤(Christopher D. Stone)의 논문 「수목의 당사자 적격」이 나온 것이 모두 1972년이었다. 미국에서도 1970년대에는 이미 오늘날 유명한 환경윤리의 학술적 정기간행물이 출판되고 있었다.[19]

이와 같이 환경윤리학과 생명윤리학은 그 출발점이 하나로 연결된 학문이었지만 그 후 오늘에 이르기까지 양자는 대상이 다른 학문으로 전개되고 말았다. 양 학문은 다 같이 비슷한 시기에 미국을 중심으로 탄생한 학문들이지만 각각의 입장은 서로 다른 측면을 보이고 있다. 과연 어떤 점이 다른지를 고찰하기 위해선 우선 양 학문의 기본적 입장을 정리해볼 필요가 있을 것이다.

먼저 환경윤리학에 대해서부터 살펴보기로 한다.[20]

첫째, 환경윤리학은 인간 이외의 존재에 대해서도 생존권을 인정

---

18) 오제키 슈지 외, 『환경사상 키워드』, 김원식 옮김(파주: 알마, 2007), 174-76면 참조.
19) 김일방, 『환경윤리의 쟁점』(서울: 서광사, 2005), 제3장 참조.
20) 환경윤리학의 기본 입장에 대해선 같은 책, 93-97면 참조.

할 것을 주장한다. 단지 인간만이 아니라 자연물에게도 최적의 생존권이 있으므로 함부로 그것을 부정해선 안 된다는 것이다. 인간에게만 생존권이 있고 자연물에는 생존권이 없다는 생각은 인간의 생존만을 수호해야 한다는 당위성을 인정해주고 결국은 자연 파괴가 정당화되어 버린다. 그러므로 인간의 생존만이 중요하다고 해서는 안 된다는 입장을 취한다.

둘째, 환경윤리학은 현세대는 미래세대의 생존과 행복에 대하여 책임을 져야 한다고 주장한다. 현세대가 진보라고 부르며 누리고 있는 문명은 모두 미래 사람들에게 계산서를 돌리는 방식으로 성립하는 것이다. 현세대가 미래세대의 생존권을 빼앗고 있다면 이것은 더 말할 나위 없는 범죄에 해당한다. 범죄이지만 그것을 판가름할 사람들이 아직 이 세상에 없다는 이유로 죄를 물을 수 없을 뿐이다. 죄를 물을 수 없기 때문에 지구 자원의 약탈 행위가 계속되고 있는 것이다. 환경윤리학은 미래세대의 생존권을 고려하지 않고 유한한 자원을 물처럼 쓰고 있는 문화의 기본적 구조를 바꾸지 않으면 안 된다는 일종의 혁명적인 사고방식을 지니고 있다.

셋째, 환경윤리학은 결정의 기본 단위는 개인이 아니라 유일한 지구 생태계 그 자체로서 개인의 생존보다 지구 생태계의 존속을 더 우선시켜야 한다고 주장한다. 결정의 기본 단위를 지구 생태계 전체에 둔다는 것은 개인주의의 원리를 뿌리째 뽑아 버릴지도 모르는 매우 도전적인 원리이다. 지구는 열린 우주가 아니라 닫힌 세계이며, 이 세계에서는 이용 가능한 물질과 에너지의 총량이 유한하다. 인류의 존속을 바란다면 우리는 유한한 자원을 보존하고 지구 생명을 그 무엇보다 중시해야 한다. 이를 위해 우리는 지구라는 생태계와 그 안의 자원이 유한하다는 것을 우리의 모든 경제 활동에 반영해야 할 것이다. 환경윤리학은 지구 전체의 유한성이라는 전체주의적 관점에서 출발하고 있다.

이어서 생명윤리학의 기본적 입장에 대하여 살펴보는데, 이에 대해선 생명윤리학에서 전통적으로 사용되는 네 가지 윤리 판단 원칙을 중심으로 살펴보기로 한다.[21]

첫째는 자율성 존중의 원칙으로, 이에 따르면 모든 인간은 특정 환경과 상관없이 독립적이고 무조건적인 가치를 지니며 자신의 생명을 스스로 결정할 능력이 있다는 인간 존중 사상을 그 배경으로 하고 있다. 바꿔 말하면 한 사람의 자율적인 선택을 존중하고 자율적인 선택은 곧 개개인의 자유를 인정해야 함을 뜻하는 것이다.

둘째는 악행 금지 원칙으로, 이는 남에게 해악을 끼치지 말라는 가장 오래되고 기본적인 윤리 지침에 근거하는 것이다. 해악이란 개념은 넓게는 명예, 재산, 사생활, 자유 등의 훼손을 의미하지만 윤리학에서는 이보다 좁은 의미인 신체적, 심리적 이해관계의 훼손을 뜻한다. 즉, 살인을 하지 말라, 남을 괴롭히지 말라, 남의 재화를 빼앗지 말라 등으로 구체화할 수 있다.

셋째는 선행의 원칙으로, 이는 타인의 자율성을 존중하고 타인에게 해악을 가하지 말 것을 요구하는 것이다. 타인에게 가능한 한 이득을 베풀려고 하는 모든 형태의 행동을 말한다. 배려 깊은 행위, 동정적인 행위, 친절한 행위, 사랑, 인술 등이 이에 포함된다.

넷째는 정의의 원칙으로, 이는 주로 분배와 관련된 것이다. 의료와

---

21) Tom L. Beauchamp & James F. Childress, *Principles of Biomedical Ethics*(New York: Oxford Univ. Press, 1979), pp.56-198 참조.

첨단기술의 혜택은 정의롭게 분배되어야 하며, 여기서 정의롭다는 것은 각 사람들에게 정당한 몫을 돌려주는 것을 말한다. 그러나 정당한 몫이 얼마인가를 결정하는 것은 쉽지 않다. 가령 신장이식 수술을 받길 원하는 환자들은 많은데 이식할 수 있는 신장은 하나밖에 없을 때 누구에게 주는 것이 정의로운가 하는 것은 매우 어려운 문제이다.

이상에서 살펴본 내용을 토대로 양 학문의 입장 차이를 지적해보면 다음과 같다.22)

첫째, 생명윤리학은 어디까지나 생존권을 인격체에 한정시키고 있는 반면 환경윤리학은 생존권의 범위를 인간 이외의 존재에게까지 확대시켜 논하고 있다. 위에서 살펴본 생명윤리학의 네 원칙에서 논의되고 있는 생명이란 인간의 생명을 전제로 하고 있다면, 환경윤리학은 기본적으로 인간 이외의 존재인 동물, 식물, 심지어 무생물에까지지도 생존권이 부여되어야 한다는 입장이다.

어디까지나 인간의 생명에 국한시켜 논의하고 있는 생명윤리학에서의 생명이란 개념은 더 이상 확대될 여지가 없는가? 환경윤리학에서는 인간의 생명 범위를 넘어서 인간 이외의 동물, 식물에까지 생존권의 확대를 주장하고 있는데 과연 그러한 주장은 논리적 타당성을 확보할 수 있는가?

둘째, 생명윤리학의 기본 개념인 생명의 질(quality of life)은 철저하게 현재라는 시간대에 위치하고 있다. 아프다든가 아프지 않다는 등의 현재적 감각이 가치 판단의 원점인 것이다. 반면에 환경윤리학은 미래세대에 대한 책임을 윤리적 원리로 도입한다.

---

22) 가토 히사다케, 『환경윤리란 무엇인가』, 김일방 옮김(대구: 중문, 2001), 90-98면; 加藤尚武, 『倫理學で歷史を讀む』(東京: 清流出版社, 1996), 131-34면 참조.

생명윤리학에서는 정의의 원칙을 적용한다고 하더라도 현재 생존하고 있는 사람들 사이에 적용되는 반면, 환경윤리학에서는 현세대뿐만 아니라 미래세대들도 정의의 원칙에 포함시켜 적용하고자 한다. 생물종을 포함하여 지구상의 모든 자원이 유한한 이상 현세대가 자원을 다 소비해 버리면 미래세대는 동일한 자원을 소비할 수 없게 된다. 즉, 현세대와 미래세대는 자원 분배 문제를 놓고 이해가 대립하는 관계에 놓여 있다고 본다.

생명과 환경 파괴의 시대에 정의의 원칙을 인간 공동체에만 적용하는 것은 바람직한가? 정의의 원칙을 인간 공동체 범위를 넘어서 인간 이외의 다른 존재들에게도 적용해야 한다면 그에 대한 논리적 정당성을 확보할 수 있는가?

셋째, 환경윤리학에서는 지구 생태계의 존속이 개인의 생존에 우선하므로 일종의 생태계 전체주의 형태를 취하기 쉽다. 이에 반해 생명윤리학에서는 개인의 자기 결정이 반드시 이성적일 필요는 없으므로 치료 거부 행위와 같은 어리석은 행위일지라도 그것을 이행할 권리마저 개인에게 인정한다. 요컨대 생명윤리와 환경윤리의 대립은 개인주의와 전체주의의 현대판 대립이라 할 수 있다.

이 세 번째의 대립은 양 학문 간의 핵심적 입장 차이를 노정시키고 있기에 이에 관한 부연 설명을 요한다고 볼 수 있다. 먼저 이와 관련된 생명윤리학의 원리를 정리하면 다음과 같다.

생명과 신체를 포함하여 자기 자신의 소유로 귀속되는 것은 타자에 대한 위해를 야기하지 않는 한, 설령 그 결정 내용이 이성적으로 보아 어리석은 행위로 간주되더라도 대응능력을 가진 성인의 자기 결정에 맡겨져야 한다. 자유주의란 "타자에 대한 위해를 낳지 않는 한 개인의 행동에 대해 법적 간섭을 해선 안 된다"고 주장한다. 요컨대 "타인에게 폐를 끼치지 않는 한 개인은 무엇을 해도 좋다"는 것이다.[23]

위 원리를 요약하면 '자기결정권'은 '이성적인 결정'에 우선한다는 것이다. 예를 들어 이성적인 판단으로는 수혈이 반드시 필요한 환자가 있다고 했을 때, 만일 그 환자가 종교상의 이유로 수혈을 거부한다면 자기 결정이 우선한다. 따라서 자기결정권은 '우행권(愚行權, 어리석은 행위를 할 권리)'이라고도 할 수 있다. 그리고 이러한 자기결정권의 행사는 타자에 대한 위해를 낳지 않는다는 원칙에 따라야 하며, 자기결정권의 대상은 그 사람의 소유로 귀속되는 것(생명, 신체 등)은 다 포함된다.

이러한 주장에 따르면 인공 임신중절, 중증 장애아에 대한 소극적 안락사, 성인의 자기 결정에 의한 안락사, 뇌사자로부터의 장기 적출 등은 정당화될 수 있다. 더 나아가 장기매매, 대리모, 이용을 목적으로 한 태아 출산 등도 금지할 근거가 없게 된다. 기술적으로 가능한 행위를 무제한 자기 결정에 맡겨버리면 한없이 위험한 문화를 창출하게 되고 그럼으로써 '미끄러운 경사길 논증'의 반발을 초래할 수도 있다.

반면에 환경윤리학은 개인주의, 자유주의 원리를 기초로 하고 있는 생명윤리학과는 달리 지구 생태계의 존속을 더 우선시한다. "한 인간의 생명은 지구보다도 소중하다"라는 말도 있긴 하지만 현실적으로는 지구보다도 개인을 중시할 수가 없다는 입장이다. 지구 환경 문제가 심각해짐에 따라 지구야말로 모든 생명의 원점이라는 사상이

---

23) 가토 히사다케, 위의 책, 94-95면.

반드시 우세해질 것으로 환경윤리학에서는 내다본다. 그렇게 되면 지구라는 닫힌 계(系)에서 플러스(+), 마이너스(−)의 평가가 내려지게 된다. 즉, 생태계는 유한한 공간이기 때문에 자원의 이용(+)이란 매장물의 감소(−)를, 불필요한 물건의 폐기(+)란 공적 공간에 대한 불법 투기(−)를 의미한다는 식으로 그 평가가 이루어질 것이다.[24]

요컨대 생명윤리학의 입장에서 보면 임신중절을 해야 할지 말아야 할지는 어디까지나 개인의 자기결정권에 맡겨야 하지만 환경윤리학의 관점에서 보면 유한한 지구환경 자원 앞에서 중절을 강제하지 않으면 안 될 수도 있다. 환경윤리학에서 결정권의 기본 단위는 개인이 아니라 지구 생태계 그 자체이기 때문이다.

생명윤리학의 모든 문제는 개인주의적이면서 자유주의적인 자기결정의 원리로 모두 해결할 수 있는가? 지구 전체주의라는 환경윤리학의 원리에 따른다고 해서 모든 환경문제를 해결할 수 있는가?

중절문제나 안락사문제처럼 생명윤리에 관련된 문제를 자기 결정 원리만으로 해결할 수는 없을 것이고, 마찬가지로 환경윤리의 경우도 개개인의 의사를 무시하고 전체주의적 강제로 문제를 해결할 수는 없을 것이다.

이상에서 살펴본 바와 같이 환경윤리학과 생명윤리학, 양 학문은 여러 가지 면에서 차이를 보여 주고 있고, 또 각 입장에는 나름대로 문제점도 안고 있음을 알 수 있었다. 이제 우리가 물어야 할 물음은 양 학문의 각각의 문제점을 극복함과 아울러 그 입장 차이를 하나로 수렴할 방법은 없는가 하는 것이다.

---

24) 같은 책. 98면 참조.

그 방법을 모색하려면 환경과 생명의 상관관계를 파악할 필요가 있다.

환경의 악화는 새로운 질병의 요인으로 작용하기도 한다. 가령 오존층 파괴로 인한 자외선 증가는 피부암 등의 증가를 초래할 위험이 있으며, 이미 다이옥신과 같은 환경호르몬의 유해성이 지적되었고 환경오염물질은 더욱 다양해지고 있다. 이로 인하여 생긴 질병이나 장애에 대하여 의료는 그 치료를 위해 노력해야 한다.

이를테면 다이옥신은 가정에서 배출하는 쓰레기나 산업폐기물의 소각으로 발생한다. 그것이 음식물이나 대기를 통해 체내로 들어가면 지방에 축적되어 발암성, 면역독성을 가진다고 한다. 일단 축적되면 체외로 배출되기 어려운 것이 특히 문제이다. 이것을 몸 밖으로 배출시키는 의료기술의 개발은 가능할 것이다. 그러나 다이옥신만이 문제라면 다행이지만 오염이 더욱 다양해지고 심각해지면 의료의 노력만으로는 역부족이다.

현재 의료계에서 발생한 문제도 환경문제와 관계되는 예가 적지 않다. 예컨대 에이즈나 에볼라열도 아프리카에서의 환경 변화에 기인한다고 한다. 또 에이즈의 경우 설령 감염되더라도 예전에는 국지적으로 그쳤지만 지금은 교통의 발달로 전 세계로 확산되었다. 광우병 역시 육우 증산을 위해 원래 초식동물이었던 소에게 양의 뇌나 내장을 갈아 만든 동물사료를 먹임으로써 발생했다고 한다. 그렇다면 이것도 인구 증가, 식량 증산이라고 하는 환경문제, 환경 변화와 관계된다.[25]

환경문제 가운데는 우리의 건강생활과 깊은 관계를 맺고 있음에도 불구하고 이미 의료 차원을 넘어선 것도 있다. 온난화와 그 결과가

---

25) 이마이 미치오, 『삶, 그리고 생명윤리』, 김일방·이승연 옮김(파주: 서광사, 2007), 202-207면 참조.

그러한 예이다. 에너지의 대량 소비를 배경으로 이산화탄소 등의 가스가 증가하고 그것이 지구에서 온난화를 야기하고 있다. 이로 인해 자연 시스템이 붕괴되어 이상 기후, 삼림자원 고갈과 사막화, 해수면 상승과 같은 다양한 영향이 예상되었고, 이미 그 조짐이 나타나기 시작하였다. 우리의 삶의 방식, 문명의 진로 그 자체를 재검토해야 할지도 모를 상황이 전개되고 있는 것이다. 생명윤리학은 그러한 문제를 무시할 수 없다. 하지만 학제적이라 하면서도 의료문제 중심으로 전개되어 온 생명윤리학은 그러한 난문에 대처할 방법을 갖고 있지 못하다.[26] 바로 여기서 요청되는 것이 환경윤리학이다.

생명윤리학은, 이 말의 창시자 포터가 환경윤리학적인 것을 구상하고 있었다는 것은 예외로 치더라도 이와 관계되는 것만은 틀림없다. 양 학문은 건강한 인간 생활에 대한 관심을 커다란 기둥으로 하고 있다는 점에서 공통의 기반 위에 있기 때문이다.

인간의 생명과 건강을 기본적 주제로 하는 생명윤리에서도 인간이 살고 있는 자연적·사회적 환경은 의료기술의 현실적 양태 못지않게 중요하며 환경이라는 요인을 무시할 수 없으므로 포터의 초심으로 돌아가 생명윤리학과 환경윤리학을 통일적인 관점에서 파악할 필요가 있다고 생각한다.

---

26) 같은 책, 204면 참조.

환경윤리와 전통윤리

응용윤리학의 한 분야인 환경윤리(생태윤리 또는 자연윤리라고도 불림)는 근대윤리학, 예컨대 칸트 윤리나 공리주의 윤리로는 대응할 수 없었던 인류 역사의 새로운 사태, 이른바 환경파괴와 생명의 위기를 그 형성의 계기로 삼고 있다. '환경윤리(학)(Environmental Ethics)'란 말의 의미는 인간과 환경과의 좋은 관계, 또는 올바른 관계방식을 고찰함과 동시에 그것을 향한 실천이다.

환경윤리는 이처럼 환경과의 관계를 연구 대상으로 삼기 때문에 고대 그리스 이래의 전통윤리와는 다르다. 전통윤리는 주로 지금 살아 있는 사람들의, 요컨대 세대를 같이 하는 사람들 간의 올바른 관계를 고찰하고 실천하는 것이었다. 거기에선 인간과 자연의 관계, 또는 인간과 동식물과의 관계에 대한 고찰이나 실천은 중시되지 않았다.

하지만 환경윤리는 인간과 자연, 인간과 동식물, 인간과 생태계 등의 관계로 그 관심의 대상을 공간적으로 확대한다. 게다가 시간적으로는 현재 사람들뿐만 아니라 다음 세대 사람들과의 관계로 그 관심을 넓힘과 동시에 생물종의 보존에도 관심을 확대하는 윤리이다. 이와 관련하여 롤스턴은 이렇게 말하고 있다. "환경윤리학은 종래의 윤리학을 한계점까지 확대하였다. …… (환경윤리학은) 이론적으로건 응용적으로건 급진적인 최전선에 서 있다."27) 롤스턴이 말하는 종래의 윤리학이란 인간에게만 적용 가능한 인간중심주의 윤리 체계를 가리킨다. 이와 달리 환경윤리는 도덕적 배려의 대상을 인간만이 아니라 그 밖의 포유동물이나 더 하등한 동물, 식물, 나아가 생태계 전체로까지 넓히려 하는 것이다.

종래의 인간중심주의 도덕 이론은 인간 생활의 틀을 초월한 문제를 다루지 않았다. 이론의 틀을 넓혀 인간 이외의 존재를 다루는 것도 그 범위를 '고등동물'까지로 제한한다면 다룰 수 없지는 않을 것이다. 왜냐하면 고등동물은 도덕과 연관된 중요한 성질을 인간과 공통적으로 지니고 있기 때문이다. 그러나 종래의 도덕 이론을 식물이나 생태계에까지 적용하는 데는 무리가 따른다. 과학기술의 진보에 의하여 해결해야 할 새로운 문제 상황이 발생한다 하더라도 전통윤리학의 경계가 인간 삶의 틀을 넘어서 확대되지는 않는다. 이를 이해하는 데 좋은 사례가 의학문제이다. 의학계에선 유전자나 장기이식 등의 새로운 분야에서 새로운 도덕문제가 자주 발생한다. 그럼에도 도덕적 배려가 인간 이외의 존재에게 주어지는 경우는 거의 없다.

반면에 환경윤리는 최전선에 서 있다. 이 표현의 의미는 이 학문이

---

27) Homes Rolston Ⅲ, "Environmental Ethics: Values and Duties to the Natural World," in Herbert Bormann and Stephen R. Keller, eds., *Ecology, Economics, Ethics*(New Haven, CT: Yale Univ. Press, 1991), p.73; Christine E. Gudorf and James E. Huchingson, *Boundaries*(Washington, D. C.: Georgetown Univ. Press, 2003), p.3에서 재인용.

인간 이외의 존재에게 도덕적 배려를 해야 하는 이유나 환경 안에서 발생하는 이종 간의 대립을 해소하는 방법을 설명하는 아주 새로운 이론을 수립하지 않으면 안 된다는 것이다. 환경윤리에서는 이론(이유)과 응용(방법)을 쉽사리 분리할 수가 없다. 예를 들어 멸종 위기에 처한 어떤 종을 보호하려면 모종의 직업이 사라질 염려가 있다고 해 보자. 그럴 경우 환경윤리학자는 그 멸종 위기종을 구할 것인지, 직업을 구할 것인지의 딜레마에 눈을 돌리기 이전에 먼저, 왜 멸종 위기종을 도덕적으로 배려할 필요가 있는가 하는 의문에 답할 필요가 있다. 이 의문에 대하여 잘 고민하는 것이 딜레마를 해결하는 데 큰 도움이 될 수 있기 때문이다. 롤스턴은 다음과 같이 강력하게 경고하고 있다. "환경윤리학에는 리스크가 따른다. 환경윤리학은 지도가 없는 지역 탐험이기에 우리는 거기서 너무나 쉽게 길을 잃어버린다."28) 환경 문제를 생각할 때는 이 롤스턴의 경고를 마음 깊이 새겨야 한다고 본다.

---

28) Ibid., p.4에서 재인용.

환경윤리의 이론29)

1. 인간중심주의 윤리

서양의 전통적인 철학이나 종교는 거의 예외 없이 인간중심주의 사고가 지배적이었다. 이 사고의 핵심은 도덕적 가치란 인간에게서만 발견할 수 있다는 것이다. 인간 이외의 존재에게는 일체의 도덕적 가치를 인정하지 않는 이와 같은 강한 인간중심주의와 달리 최고의 가치가 있는 것은 인간이라고 하면서도 인간 이외의 존재에게도 어느 정도 가치가 있다고 인정하는 약한 인간중심주의도 있다. 하지만 이 조심스러운 소극적 인간중심주의도 현실 문제에 적용했을 경우엔 폐쇄적 인간중심주의와 큰 차이가 없다. 왜냐하면 양쪽 모두 다 인간의 이익과 인간 이외의 존재의 이익이 대립했을 때 전자를 늘 우선시하기 때문이다. 인간중심주의에 기초하고 있는 근대의 도덕이론인

---

29) 이 장은 Ibid., 제1장 "Theory in Environmental Ethics"(pp.3-28)에 기초하여 필자 나름대로 정리했음을 밝힌다.

의무론과 공리주의에 대하여 살펴본다.

1) 의무론

'의무론(deontology)'이란 말은 '구속적 의무'를 뜻하는 그리스어 deon에서 유래했으며, 이를 설득력 있는 이론으로 체계화한 철학자가 칸트이기에 일명 '칸트주의'라고도 불린다. '구속적 의무'란 말은 이 이론을 정확하게 표현해주고 있다. 이 이론에 따르면 어떤 행위가 도덕적으로 선이기 위해선 절대적·보편적·무조건적 기준, 즉 의무를 충족시켜야 한다. 이 의무란 '언제나 하지 않으면 안 되는 것' 또는 '결코 해서는 안 되는 것' 형식으로 표현된다. 예를 들어 '정직의 의무'란 '언제나 진실을 말하지 않으면 안 되는' 경우도 있고, '결코 거짓말을 해선 안 되는' 경우도 있다.

이러한 의무는 대체 어디서 발원하는가? 그 원천으로는 여러 가지를 고려해볼 수 있을 것이다. 먼저 모세의 '십계명'이나 예수의 '산상설교', 힌두교의 '마누법전'은 모두 의무의 원천으로 기능한다. 또 의무는 우리의 양심과 결부된 직관에서 도출되는 수도 있고, 신의 창조 방식에서 도출되는 수도 있다. 계몽주의의 대표적 인물인 칸트는 신의 계시보다도 이성에 신뢰를 두었다. 칸트에 따르면 인간이 지닌 분명한 특징은 자율적이라는 점, 요컨대 자유롭고 이성적이라는 점이다. 인간은 이성적이기 때문에 이성적인 모든 인간에게 부과되는 보편적 의무를 결정할 수 있다. 칸트에 따르면 자유롭고 이성적인 나는 상대방에 대한 의무를 지고 있고, 자유롭고 이성적인 상대방도 나에 대한 동등한 의무를 지고 있다. 우리는 서로에 대해서도 또 다른 사람들에 대해서도 결코 거짓말을 해선 안 된다. 이 쌍무적인 도덕적 관계는 의무와 권리의 대칭성을 낳는다. 나에게는 어떤 기준에 따라 상대방을 다룰 의무(권리)가 있고, 상대방에게는 그와 동일한 기준에 따라 나를 다룰 의무가 있다. 칸트는 이 대칭성으로부터 우리는 어떤 경우도 사람을 단순한 객체(수단)로 다뤄선 안 되고, 언제나 이성적인 주체(목적)로 다뤄야 한다고 생각하였다.

칸트가 주장한 의무론 역시 지극히 인간중심주의적 접근이라 할 수 있다. 의무를 이성에 의해 도출하고 그 의무를 자기의 의지로 수행할 수 있는 존재, 즉 인간만이 권리의 담지자로서 타인의 의무를 받아들일 자격이 있다. 칸트는 인간 이외의 어떤 존재도 이 자격을 지니는 데 필요한 특징을 갖지 못한다고 봤기 때문에 인간 이외의 존재에게는 직접적인 도덕적 지위를 부여하지 않았다. 칸트는 이 '직접적'이라는 말을 단순한 수단이 아니라 목적임을 보여 주기 위해 쓰고 있다. 그러니까 동물도 간접적인 도덕적 지위라면 부여받을 수 있다는 것이다. 예를 들어 나는 상대방이 매우 아끼는 애완동물인 개에게 위해를 가함으로써 상대방의 권리(소유권)를 간접적으로 침해할 수도 있다. 따라서 나는 상대방의 소유물이고 친구이기도 한 개에게 위해를 가해선 안 된다. 하지만 상대방에 대한 의무가 없다면 나에겐 그 개에 대한 의무도 없게 된다. 칸트는 동물 학대에 반대했지만 그 이유는 그의 사고와 모순되지 않는다. 동물 학대는 단지 나쁜 행위일 뿐만 아니라 만일 사람이 개를 잔혹하게 다루면 그는 잔혹한 태도에 익숙해져 마침내 다른 사람들도 그렇게 대할 수 있을 것이라고 칸트는 주장했던 것이다.

2) 공리주의

  공리주의도 원래 인간의 도덕문제만을 다루는 것을 의도했던 도덕
이론이다. 공리주의는 결과주의로 분류된다. 어떤 행위가 선인지 악
인지는 그 행위가 초래한 결과에 따라서 판단되기 때문이다. 요컨대
결과적으로 이익보다 손해가 크다면 그 행위는 도덕적으로 악이라
판단되고, 손해보다 이익이 크다면 선이라 판단된다. 이 접근은 기본
적으로 손익분기점 분석과 동일함을 쉽게 알 수 있다. 대부분의 행위
는 도덕적으로 복합적인 결과, 즉 손해와 이익 양쪽을 다 초래한다.
하지만 이익의 총계가 손해의 총계를 상회하고만 있으면 그 행위는
도덕적으로 옳다고 판단된다. 윤리학에서 말하는 이기주의와 이타주
의도 결과주의에 포함된다. 이기주의자는 자신에게만 최대의 이익과
최소의 손해를 가져오는 행동을 지향하고, 이타주의자는 자신을 제
외한 타자에게만 최대 이익과 최소 손해를 가져오는 행동을 지향한다.
  물론 이기주의와 이타주의 어느 한쪽만을 도덕기준으로 삼아 살고
있는 사람은 거의 없다. 대부분의 사람은 자신의 이익도 타인의 이익
도 고려한 윤리적 접근을 취하려고 한다. 그러한 포괄적 접근의 사례
가운데 하나가 황금률, 요컨대 "자신이 대접받고자 하는 대로 남을
대접하라"는 사고이다. 이는 강력하고 직관적인 지침이긴 하지만 많
은 철학자들은 더 엄밀하고 객관적인 기준을 선호한다. 이러한 요구
를 충족시키는 기준으로서 벤담과 밀이 제시했던 것이 이른바 공리
주의라 불리는 새로운 형식의 결과주의였다. 공리주의에서는 어떤
행위의 플러스 결과와 마이너스 결과의 영향을 받는 모든 사람의 입
장에서 고려하는 것이 요구된다. 요컨대 최대 다수의 사람들에게 최

대의 이익을 가져오는 행위('유용성'의 원리에 기초한 행위)가 요구
되는 것이다.

그러나 공리주의를 실천하기 위해선 이 설명만으로는 충분하지 않
다. 공리주의자는 게다가 무엇이 이익이고 무엇이 손해인지를 판단
하는 방법도 설명해야 한다. 그 방법으로서 널리 수용되고 있는 것이
고통이나 괴로움으로 연결되는 것을 손해로 정의하고, 쾌락이나 행
복으로 연결되는 것을 이익으로 정의하는 방법이다. 우리가 고통 그
자체를 구하는 일은 없다. 고통에는 '고유한 가치(intrinsic value)'
가 없기 때문이다. 단지 가치가 있다면 그것은 '수단적 가치'인데, 고
통은 교훈을 주는 수가 있다. 예를 들면 난로의 뜨거움을 경험한 어린
애는 두 번 다시 거기에 손을 대려 하지 않는다. 반면에 쾌락에는 분
명히 '고유한 가치'도 있고, '수단적 가치'도 있다. 많은 동물이 후손
을 남기는 데 필요한 교미는 쾌락을 수반하기 때문에 해결되고 있는
것인지도 모른다. 요컨대 고통과 쾌락, 어느 쪽도 사람이 행복해지기
위한 수단은 되지만 그 자체로 가치가 있는 것은 쾌락뿐이다. 따라서
고통 자체는 도덕적으로 악이고, 쾌락 자체는 도덕적으로 선이다.

공리주의자는 행위 결과의 도덕적 가치를 판단하는 기준도 마련하
고 있다. 행위 결과의 균형을 보고 고통보다도 쾌락을 많이 가져온다
면 그 행위는 도덕적으로 옳다. 쾌락보다도 고통을 많이 가져온다면
그 행위는 도덕적으로 그르다. 물론 누구나가 경험을 통해 알고 있듯
이 어떤 사람에게서의 행복이 다른 사람에게는 불행이 되는 수가 있
다. 사람들의 욕구나 기호에는 큰 개인차가 있기 때문이다. 그러나
공리주의자는 이 문제도 유용성의 원리를 조금 수정하여 "행위에 의
해 영향을 받는 최대 다수의 사람들을 위해 개인의 요구가 최대한 충

족되게 행동한다"고 함으로써 쉽게 해결하고 있다.

　공리주의자는 행위가 초래하는 유용성, 즉 이익의 총계를 최대화하는 것만을 추구하므로 다소의 손해가 나는 것은 개의치 않는다. 예를 들어 오염 물질을 배출하는 공장을 흑인 공동체의 근처에 세운다고 하면 사회 정의의 원칙을 위반하게 된다. 그러나 그곳의 토지 값이 싸다면 우선 그 공장을 갖는 기업에겐 이익이 된다. 또한 그 공동체를 포함한 지역의 많은 사람들이 그 기업이 지불하는 세금이나 그 기업이 산출하는 일자리의 혜택을 입게 된다. 그러나 건강상 그 외의 손해(마을에 공장이 들어섬으로써 입게 되는 희생)는 가난하고 힘없는 소수의 사람들에게만 초래될지도 모른다. 그런데도 이익에서 손해를 뺀 값이 최대가 된다면 공리주의자에게 있어선 옳은 행위가 된다.

　공리주의는 전통적인 응용방법을 보는 한 분명히 인간중심적이다. 즉, 유용성의 원리에서는 이익을 얻는 대상이 인간에게 한정된다. 최대 이익을 받아야 한다고 여겨지는 것은 최대 다수의 인간이다. 공리주의자에게 있어서 고유한 가치가 있는 것은 인간의 행복과 쾌락뿐이므로 그 가치를 늘리는 데 기여하는 존재에 한해선 인간 이외의 존재도 이익을 받을 자격이 있다. 따라서 인간 이외의 종이 멸종 위기에 처하면서도 존속하는 것은 의학에 도움이 될 가능성이나 그 유전자를 보존함으로써 경제적 가치가 큰 가축을 생산할 수 있는 가능성 등이 없는 한 그 정당성은 인정받기 어려워진다. 멸종 위기에 처한 작은 꽃도 그 소중한 서식지가 토지개발업자의 눈에 띄어 버리면 공리주의자의 심판에 따라 잔존할 기회는 거의 없게 된다.

2. 인간중심주의 윤리의 확대

환경보호를 주장하는 많은 철학자들은 환경문제는 인간중심주의 관점에서 충분히 대응할 수 있기에 다른 이론의 도움이 필요 없다고 본다. 이러한 주장을 최초로 폈던 환경철학자는 존 패스모어[30]이다. 그는 가령 산업공해란 단지 일부 사람이 주위 사람들이 숨 쉬는 공기를 오염시킴으로써 그들의 건강을 해치는 단순한 사건이라고 주장한다. 우리는 환경 그 자체에 대해선 책임이 없고 우리가 악화시킨 환경에 의하여 해를 입는 타인에 대한 책임이 있다는 것이다. 따라서 자연계는 직접적인 가치가 있는 게 아니라 단지 그것이 자신에게 이익을 가져오고 있다고 인정하는 인간에게 있어서만 간접적인 가치가 있게 된다.

패스모어의 인간중심주의는 환경문제 중에서도 인간에게 초래되는 영향이 명백한 산업공해 등에 적용될 때는 아주 유효하다. 하지만 자연에 대한 특정 행위가 초래하는 이익이 아주 적을 때는 설명이 어려워진다.

의무론과 공리주의, 양쪽 모두는 인간 이외의 존재에게 진정한 도덕적 지위를 인정하지 않는다. 인간 이외의 존재는 손익을 정산할 때 '영향을 받는 최대 다수의 존재'에 포함되고 있지 않다. 어느 이론에 있어서도 인간 이외의 존재는 간접적으로밖에, 요컨대 인간의 목표를 달성하기 위한 수단으로서밖에 도덕적 배려의 대상이 되지 못한다. 비교적 최근에 이르러 환경철학자들은 일제히 도덕적 배려의 대

---

30) John Arthur Passmore, *Man's Responsibility for Nature*(New York: Scribner, 1974) 참조.

상을 인간 이외의 존재나 자연계의 무생물에게까지 확대하려는 노력을 펴왔다. 일부 철학자들은 종래의 도덕체계를 개선하거나 확대함으로써 인간 이외의 존재를 포함시키려 시도하고 있다. 예를 들면 피터 싱어는 공리주의에 의하여, 톰 리건은 의무론에 의하여 이러한 시도를 행해 왔다. 또한 폴 테일러는 이 두 사람에 의한 체계에는 한계가 있다고 보고 식물이나 하등동물까지 포함할 수 있는 다른 접근법을 쓰고 있다. 게다가 알도 레오폴드나 그의 사상을 이어받은 베어드 캘리코트와 같은 생태계중심주의자들은 도덕적 배려를 받아야 할 대상은 생태계라고 본다.

우리는 이 선구자들의 노력의 과정을 들여다봄으로써 환경윤리에 대한 좀 더 깊은 이해를 할 수 있을 것 같다. 환경윤리가 그 목적에 충실하려면 도덕적 배려의 폭을 넓혀서 인간 이외의 동물이나 식물, 동식물의 종 전체, 심지어 산이나 강도 포함시켜야 한다. 이 '도덕의 확대'야말로 환경윤리의 기본적 과제이고, 환경윤리만의 독특한 특징이다.

싱어는 공리주의 철학자이며 동물해방운동의 유명한 바이블인 『동물해방』의 저자이다. 그는 도덕적 배려를 인간 이외의 존재에게 확대하려는 노력을 펴왔다. 그에 따르면 손해를 초래하는 행동을 피하는 것은 우리의 기본적 의무이다. 그가 말하는 손해란 생물이 불필요하게 이익을 침해받음으로써 체험하게 되는 고통이나 괴로움을 뜻하며, 여기서 말하는 생물이란 그러한 침해를 느낄 수 있는 능력이 있는 존재이다. 이러한 능력을 지닌 생물은 인간 이외에도 많으며, 그들은 인간과 나란히 도덕적 배려 대상이 된다. 왜냐하면 싱어에 따르면 적절한 도덕적 배려란 고통을 줄인다거나 행복을 늘리는 일 어느 한쪽이기 때문이다. 인간 역시 감각능력(sentience)을 갖는 것 빼고는 도덕적 지위를 얻기 위한 다른 결정적 특징을 갖지 않는다. 칸트가 말하는 자유와 이성조차 그러한 특징이 되지 못한다. 철학자 제러미 벤담은 "문제는 이성을 활용할 줄 안다거나 말을 할 수 있는지의 여부가 아니라 괴로워할 수 있는지의 여부이다"라고 지적하였다. 요컨대 날개, 네 다리, 털, 아가미 등의 소유 여부에 관계없이 감각능력이 있는 생물이라면 인간과 동등한 도덕적 지위에 놓일 자격이 있다는 것이다. 따라서 도덕적 특권이 오로지 인간에게만 있다는 주장은 횡포한 차별이고 '종차별주의(speciesism)'의 죄를 범하는 것이다.

감각능력이 있는 존재들로 이뤄지는 공동체의 모든 구성원은 도덕적 가치가 동등하다는 싱어의 주장은 평등주의 입장으로 설득력이 있기도 하지만 문제가 없는 것도 아니다. 첫째는 그가 다른 종에 속하는 개체들 간의 갈등을 조정하는 방법을 제시하고 있지 않다는 점이다. 예를 들면 돼지의 심장을 적출하여 유아에게 이식하는 것과 같은 이종 간의 장기이식(이종 이식)에 대한 시비가 명확하지 않다. 이 경우 양쪽 모두 다 본질적 이익, 즉 죽지 않는다는 이익이 위험에 처해 있다. 차별의 원칙(principle of discrimination)을 활용하여 이런 문제를 해결하고 있는 철학자도 있다. 도널드 밴디비어(Donald VanDeVeer)에 따르면 심적 능력(psychological capacity)의 수준이 판단 기준이 된다.[31] 심적 능력의 수준은 감각능력 수준과 유사한 것으로 이 수준이 높은 종일수록 우대받아야 한다는 것이다. 그러나 이러한 입장은 결국 인간중심주의로 이어지게 된다. 비길 데 없는 심적 능력을 지닌 종인 인간 개체가 다른 종의 개체와 이익을 다투는 경우

---

31) Donald VanDeVeer and Christine Pierce, eds., *The Environmental Ethics and Policy*(Belmont, CA: Wadsworth, 1998), pp.179–92 참조.

엔 언제나 인간의 이익이 우선되기 때문이다.

싱어의 접근에 포함된 또 한 가지 문제는 '감각능력'을 평등한 배려의 근거로 삼음으로써 감각능력이 없는 생물, 즉 하등동물이나 식물을 대상으로부터 배제하고 있는 점이다. 이러한 종의 구성원들은 고통을 느끼는 능력이 없으므로 도덕적 지위를 가질 수 없게 된다. 싱어의 도덕적 확대를 위한 노력은 하등한 포유동물까지를 도덕적 유자격자의 그룹에 포함시킨 지점에서 벽에 부딪친다. 이러한 문제는 아마 인간을 위해 만들어진 도덕 체계를 인간 이외의 종에게 적용하려고 하는 한 피할 수 없을 것이다. 아무리 노력하더라도 어딘가에 인간중심주의적 편견이 남아 있게 되는 것이다.

이러한 문제는 도덕을 확대하는 방법으로 의무론을 활용한다 하더라도 해결되지 않는다. 이는 톰 리건의 철학을 보면 알 수 있다. 리건은 칸트의 보편적 의무의 근거, 수단보다 목적을 중시하는 사고, 인간의 권리에 대한 사고의 영향을 받았지만, 의무론적 이익을 받을 자격이 있는 것은 자유롭고 자율적인 존재뿐이라는 주장에 대해선 수정을 가하였다. 그는 수익 자격자의 정의를 넓혀서 고통이나 쾌감 등의 복잡한 정서나 지각력을 갖고 있고, 어느 정도의 자율적인 자세로 행동과 목표를 수행할 능력이 있는 생물은 모두 우리가 의무를 지는 대상에 포함시켜야 한다고 주장하고 있다. 많은 포유동물들이 이 분류에 들어가기 때문에 이들도 인간과 나란히 의무론적 이익을 받아야 할 대상이 된다. 리건은 이러한 동물들을 '생명의 주체(subjects of a life)'라 부르는데 이 주체는 내재적 가치(inherent value)를 갖는다. 우리는 내재적 가치가 있는 생물을 목적 달성을 위한 수단으로 다룬다거나 다른 생물의 이익을 착취하거나 해선 안 된다. 생명의 주체는 자신의 행위에 도덕적으로 책임질 수 있는 자유롭고 합리적인 주체이므로 존중받아야 할 권리를 지닌다. 이와 같이 리건은 싱어와는 전혀 다른 방향에서 접근하였지만 같은 결론에 이르렀다. 많은 포유동물들은 인간과 동등한 가치를 갖기 때문에 생명, 자유, 행복 추구를 위한 그들의 권리는 우리 자신의 권리와 동등한 것으로 간주되어야 한다는 결론에 도달했던 것이다.

그러나 리건도 싱어처럼 동일한 문제에 직면하고 있다. 생명의 주체는 모두 동등한 가치를 갖는다는 리건의 결론을 수용하더라도 여전히 해결할 수 없는 문제가 남는다. 단, 리건의 입장에 서면 적어도 이종 이식에 대한 답변은 제시할 수 있다. 생명의 주체를 만일 돼지라고 한다면 우리는 이 돼지를 타자의 어떤 복지를 위해 희생시켜선 안 된다. 설령 그 돼지를 이용하여 어린이의 목숨을 구할 수 있더라도 말이다. 그러나 하등동물 문제에서는 리건 역시 싱어와 같은 벽에 부딪친다. 감각능력을 지닌 존재와 생명의 주체가 반드시 같지는 않더라도 양쪽 다 복잡한 심적 능력을 필요로 한다. 따라서 하등동물과 식물은 여기서도 배려 대상이 되지 못한다.

싱어와 리건의 입장은 제한적인 생명중심주의의 대표격에 해당한다. 그들은 도덕적 배려의 폭을 인간 이외의 존재에게로 넓힐 것을 바라지만 완화된 인간중심주의가 허용하는 범위를 벗어나지 못하고 있다. 다른 윤리학자나 생명중심주의자들은 그들의 노력을 인정하면서도 도덕적 지위의 범위를 더 이상 넓히지 못한 점에 대하여 비판한다.

3. 생명중심주의의 확대

도덕적 배려의 폭을 감각 능력이 있는 동물을 넘어서 한층 더 확대
하려면 고유한 가치(intrinsic value)의 의미를 되물어야 한다. 폴 테
일러는 '생명의 목적론적 중심(teleogical center of a life)'이라는
개념을 고안하고는 거기서 고유한 가치를 발견하였다. '목적' 또는
'목표'를 의미하는 그리스어 '텔로스'(telos)는 생명에 관한 아리스토
텔레스 철학의 중심 개념이다. 생명 있는 것 모두가(아리스토텔레스
에게 있어선 생명이 없는 많은 존재도) 텔로스, 즉 거기로 향해 나아
가야 할 생득적 목표를 지니고 있다. 이 사실은 동식물을 주의 깊게
관찰한 적이 있는 사람들에겐 명백한 진리이다. 모든 동식물은 감각
능력이 있고 없음에 상관없이 일정한 방향을 향하여 살고 있다. 그들
은 자신들의 복지를 향하는 각자의 방식대로 성장하고 생명을 유지
하고 있는 것이다. 라이브오크(live oak)나 미생물이 그렇듯이 '오오
카바마다라'라는 나비 역시 자신의 완성된 모습을 향하여 성장한다.
이러한 생물은 각자의 목표로부터 벗어나는 불필요한 행동은 일절
하지 않는다. 일정한 텔로스를 위해 일생을 바치고 있는 것이다.

이러한 텔로스에 대해선 중요한 점 두 가지를 지적할 수 있다. 첫
째는 주관적인 심적 능력에 의해 결정되는 목표와 달리 텔로스에는
비밀이 없다는 점이다. 그로 인해 텔로스는 제3자가 객관적으로 설
명할 수 있다. 특정 생물에 있어서 무엇이 이익이고 무엇이 손해인지
는 행동을 관찰하고 있으면 알 수 있는 것이다. 둘째는 생물은 자신
의 목적을 의식할 필요가 없다는 점이다. 식물은 자신이 무엇을 하고
있는지 알지 못하며 알 필요도 없지만 텔로스의 유능한 실행자로서

자신의 가능성을 계속 추구한다. 이를 아리스토텔레스는 '자연'이라 불렀다. '생명의 목적론적 중심들'은 그들이 노력하고 성장하는 것이 자신들에게 있어 이익이 된다는 의미에서 이익을 갖는 생물이라 할 수 있다. 비록 그들은 의식하고 있지 못할지라도 이익과 요구를 가지며 그것들을 충족할 수 있도록 행동한다. 그들에겐 철학자들이 '그들 자신의 이익'이라고 부르는 게 있다. 그러한 이익을 갖는 것은 가치 있다는 것(worthy)과 같다고 여겨진다. 그러므로 '생명의 목적론적 중심들'에는 우리가 그들을 어떻게 평가하고 판단하든 상관없이 객관적으로 가치가 있다.

테일러는 '생명중심주의적 관점(biocentric outlook)'을 제의했는데 이 관점을 갖는 사람에게 있어선 다른 생물 개체의 이익을 존중하는 것이야말로 도덕적으로 옳은 태도이다. 이 관점에 의하면 인간은 상호의존과 평등을 기반으로 하는 지구 공동체의 주민이 된다. 따라서 인간의 텔로스는 인간 이외의 생물의 텔로스보다 더 나은 것이 없고, 생명의 주체(subject-of-a-life)나 감각능력이 있는 인간 이외의 존재의 텔로스는 그런 능력이 없는 생물의 텔로스보다 더 나은 것이 없다.

테일러는 도덕적 배려의 범위를 인간 이외의 존재로 크게 확대함으로써 종래 윤리학의 틀로부터 크게 전진할 수 있었다. 도덕적 지위를 갖는 데 요구되는 주관성(의식이나 심적 능력)의 조건을 없앴기 때문이다. 그럼에도 불구하고 그 역시 몇 가지 문제를 남기고 있다. 예를 들면 테일러의 체계는 개별적인 생물에게는 적용할 수 있지만 이종 간의 평등이나 인간과 인간 이외의 존재의 평등에 대해선 아무 설명도 하고 있지 않다. 이로 인해 그들 간의 갈등이 발생했을 때 이를 해결하기는 매우 어려워진다. 또 테일러는 강이나 산, 생태계 전체의 가치에 대해서도 그것들이 생물의 번성에 적합한 환경을 제공하고 있다는 것 외에는 별다른 설명을 하고 있지 않다.

4. 생태계중심주의

생명중심주의 윤리학은 도덕적 배려의 범위를 동물에게 더 나아가 식물에까지 확대했다는 의미에서 칭찬할 만하다. 하지만 도덕적 배려의 범위를 한층 더 넓혀서 동물이나 식물은 물론 강, 호수, 산, 계곡과 같은 지질적 특징(환경과학에선 생물군계 또는 생태계라 불리며 일반적으로는 '자연환경'으로 불림)에까지 확대하려면 환경윤리학은 그 이름에 걸맞은 이론적 틀을 제시해야 한다.

이러한 철학적 기초를 마련하는 것은 달성하기 어렵긴 하지만 중요한 과제이다. 생태계란 거대 공동체의 시민으로서 수많은 다른 구성원들과 더불어 살아가는 여러 종들의 느슨한 연합체이다. 이와 같은 공동체에 도덕적 지위를 부여하려면 종래의 이론으로부터 크게 도약하지 않으면 안 된다. 우선 생태계에는 감각능력이 없다. 사막에 사는 동물은 고통스러워할 수 있어도 사막이라는 생태계 그 자체에는 고통스러워하는 능력이 있다고 볼 수 없다. 또 생태계는 그 자신의 목적, 즉 텔로스를 가지고 그것을 향해 힘차게 나아가는 일도 없다. 생태계의 전체상이나 복잡함은 엄청나게 많은 수의 종들이 긴 역사 속에서 서로서로에게 적응하거나 또는 의식이 없는 자연의 힘에 적응하려고 애쓰면서 성공과 실패를 되풀이해 온 결과이다. 요컨대 다양한 종들이 서로 관계를 맺으면서 진화한 결과가 현재의 생태계 모습인 것이다. 생태계는 처음부터 정해진 명령, 즉 내재적 경향성에 따라 성장한 것이 아니다. 정해진 프로그램(유전자 코드)을 갖는 식물과 달리 생태계는 목적이 있는 시스템으로서 간단히 설명할 수 없다.

그러면 이제까지의 윤리학과 다른 생태계 중심의 윤리학에 이르려면 어떻게 하면 좋을까? 그 열쇠는 우리가 생태계 전체를 처음에 무엇에 비유하는가에 달려 있다. 그에 따라서 뒤따르는 방향이 다양해지는 것이다. 생태계를 '공동체'에 비유한다면 관심은 공동체의 개별 구성원들을 향하게 되므로 결국 생명중심주의로 향하게 될 것이다. 그러나 생태계를 그 안의 전 구성 요소들이 밀접하게 연결되어 서로 의존하는 하나의 '생명체'로 본다면 생태계 그 자체가 주목 대상이 되므로 아마 목적론적 윤리학의 형식을 취하게 될 것이다.

생태계중심주의의 초기 주창자의 한 사람으로 알도 레오폴드를 들 수 있다. 그가 '예언자'로 불리는 것이 타당한지의 여부는 둘째 문제 치고 그가 환경철학의 선구적 존재인 것만은 틀림없다. 1949년 간행된 그의 저서 『샌드 카운티 연감』에 수록돼 있는 '대지윤리'라는 에세이는 생태계중심주의의 고전적 작품이다. 레오폴드는 여기서 인간의 윤리를 대지윤리로 대폭적으로 확대할 것을 제안하고 있다. 대지윤리란 "공동체의 경계를 토양, 물, 식물, 동물 결국에는 이들을 총칭한 '대지'에까지 확대한 윤리를 가리킨다." 레오폴드가 비록 대지를 '공동체'라는 용어를 이용하여 표현하고 있지만, 그가 그 말을 통하여 가리키고자 하는 것은 명백히 고도로 조직화된 통일체, 즉 통합된 하나의 존재이다. 환언하면 그에게 있어서 대지란 '생명이 있는 메커니즘(a biotic mechanism)'이다. 레오폴드는 그것을 다음과 같이 표현하고 있다. "우리가 윤리적일 수 있는 것은 오로지 우리가 볼 수 있거나 느낄 수 있거나 사랑할 수 있거나, 그렇지 않으면 믿을 수 있는 존재와의 관계 안에 있을 때뿐이다.”

레오폴드는 이 에세이 속에서 대지윤리의 핵심 원리를 간결하게 표현하고 있다. “모든 일(a thing)은 생물공동체의 통합성, 안정성, 아름다움을 보존하고 있으면 옳고, 그렇지 않다면 잘못이다.” 레오폴드의 이 원리는 얼핏 보면 의무론과 같은 인상을 준다. 행복감이나 괴로움과 같은 주관적 상태와는 관계없이 돌연 이상에 호소하고 있는 것처럼 보이기 때문이다. 이러한 오해를 낳는 원인은 그의 부주의한 언어 사용방식에 있다. ‘모든 일이 옳다’는 것은 아마 ‘행위가 옳다’라는 의미일 것이다. 그렇다고 한다면 생태계에 대한 행위는 그 행위의 결과가 생태계의 통합성, 안정성, 아름다움을 어느 정도 보존하고 있는가에 따라 평가돼야 한다. 요컨대 레오폴드는 결과주의적 접근을 큰 폭으로 확대하여 생태계에 적용하고 있는 것이다. 게다가 그는 ‘보존하다(preserve)’라는 말에 ‘제한하다’ 또는 ‘금지하다’라는 의미를 담고 있다. 그것은 생태계의 가치를 증대시켜선 안 된다는 것이 아니라 가치를 감소시켜선 안 된다는 의미이다. 그는 이 에세이의 다른 곳에서도 ‘위해를 가하지 말 것’을 강조하고 있고, ‘토지 이용은 전부 경제적 관점에서 결정해야 한다는 만연된 신념’을 가차 없이 비판하고 있다.

레오폴드는 ‘금지’의 형식으로 생태계에 대한 인간의 의무를 보이고 있지만 그 의무는 결코 생명중심주의자들을 만족시키려는 것이 아니다. 그의 사고에 따르면 도덕적 배려의 대상으로서 적합한 것은 생태계뿐이므로 생태계 구성원들인 방대한 수의 식물이나 동물에게는 고유한 가치가 없게 된다. 그들에게 주어지는 것은 그들이 생태계의 '통합성, 안정성, 아름다움'에 기여하고 있다는 의미에서의 수단적 가치뿐이다. 요컨대 생태계가 개개의 생물에게 봉사하고 있는 게 아니라 개개의 생물들이 생태계에 봉사하고 있으며, 생태계의 요구에 따라서 그들 자신의 권리가 침해받을 수도 있고 각각의 목적 달성이 저해받을 수도 있다.

레오폴드의 사상을 계승한 캘리코트는 생태계를 생명체로 파악함으로써 생태계의 구성 요소들이 상호 의존하고 있는 점을 강조하고, "생태계는 생명체와 같이 체계적 통합성을 갖춘 복잡하게 조직화된 통일체이다"라고 기술하고 있다. 물론 그가 생태계에 생명이 있다고 주장하고 있는 것은 아니다. 단지 몇 가지 점이 아주 유사하다고 말하고 있는 것이다. 예를 들면 생명체는 건강할 수도 있고 아플 수도 있다. 이러한 생명체처럼 생태계의 건강도 동물이나 인간에 대하여 시행되는 임상검사와 유사한 절차를 거쳐 진단할 수가 있다.

그러면 생태계에 어떤 가치가 있다고 주장해야 '생태계의 건강'을 지킬 만한 이유가 될까? 건강한 생태계에는 분명히 수단적 가치는 있다. 생태계 안에서 영위되는 인간 삶의 복지를 위해 생태계의 건강은 반드시 필요하기 때문이다. 그러나 생태계에 고유한 가치가 있다는 이유 쪽은 그처럼 명확하지가 않다. 캘리코트는 "만일 우리가 타인 지향적인 선의의 감정을 자연에까지 확대할 수 있다면 생태계의 건강에 고유한 가치를 인정할 수 있을지 모른다"고 말하고 있다. 하지만 왜 그처럼 선의를 확대하지 않으면 안 되는가 하는 '이유'에 대해선 설명하고 있지 않다. 싱어, 리건 그리고 테일러는 설득력 있는 이론을 전개하여 인간 이외의 동물이나 식물에게 선이나 도덕적 배려를 베풀지 않으면 안 되는 이유를 설명하였다. 이들 이론을 생태계에 적용할 수는 없을까? 생태계에는 의식이 없기 때문에 싱어의 '감각 능력이 있는 생물'이라는 조건 아래에서도, 또는 리건의 생명의 주체라는 기준 아래에서도 도덕적 지위를 얻을 수 없다. 그러나 생태계가 생명체와 유사하다는 캘리코트의 주장을 납득할 수 있다면, 테일러의 '생명의 목적론적 중심'이라는 조건하에서는 생태계에 지위를 부여할 수 있을지도 모른다.

5. 급진적인 생태계중심주의: 심층생태주의

심층생태주의에 대하여 우선적으로 말할 수 있는 것은 이 생태주의가 '표층적'이라는 네거티브한 수식어를 달게 된 생태주의보다 이름의 인상에서 이득을 보고 있다는 점이다. 그러나 그뿐만 아니라 이 이름의 차이는 내용의 차이도 잘 표현해주고 있다. 표층생태주의란 심층생태주의가 등장하기 이전에 이미 존재하고 있었던 환경보호주의이다. 표층생태주의 옹호자들은 기존의 철학체계나 전제에 의거하여 활동하고 있는데, 이 전제란 주로 인간중심주의, 공리주의 그리고 개인주의를 가리킨다. 표층생태주의에서 가장 크게 바라는 사항은 이와 같은 기본적 전제에 전혀 손을 대지 않은 채 세계관을 수정하는 것이다. 표층생태주의는 기존 체계 안에서 작동하고 있으므로 기존 체계 그 자체를 문제시하는 일은 없다.

한편 심층생태주의는 급진적 생태주의이다. 표층생태주의의 기반 그 자체를 뒤엎음으로써 좁은 시야를 넓히고 세상에 만연한 세계관을 수정할 것을 지향하고 있다. 심층생태주의는 인간만을 다루는 게 아니라 세계 전체를 다룬다는 의미에서 '우주론적인' 접근이며, 명확한 것으로 여겨지고 있는 기반 그 자체를 의심하여 근원적인 철학적 신념을 강조한다는 의미에서 환경윤리에 대한 '형이상학적' 접근이다. 이 혁신적 생태주의 아래에서는 인간종의 입장은 그다지 좋지 않다. 심층생태주의는 테일러의 생명중심주의와 같이 모든 생물은 고유한 가치를 동등하게 갖는다고 보는, 이른바 종평등주의를 주장한다. 게다가 심층생태주의는 더욱 급진적인 생태계중심주의로서 생물 개체는 생태계의 복지를 위해 완벽하게 종속되며, 생태계 그 자체는 그것을 구성하는 어떤 요소보다도(따라서 인간보다도) 가치가 높다고 여긴다. 더욱 직설적인 심층생태주의자들은 이와 같은 도덕 전체주의(holism)를 논할 때 인간을 지구의 '병원균'이나 '전염병'으로 표현하기 때문에 인간을 혐오한다고 비난받기도 한다.

심층생태주의자들은 평등주의나 도덕 전체주의에 더하여 급진적 관계성의 원리를 강조한다. 그들에 따르면 세상에 만연한 가장 위험한 생각의 하나는 원자건 생물이건 어쨌든 '개체'를 현실을 구성하는 기본 단위로 여기는 것이다. 이러한 생각은 분명히 칸트나 많은 후기 계몽주의 철학자들로부터는 지지를 받는다. 칸트 등은 인간은 이성적 판단 과정을 거쳐서 자기 자신의 운명을 통제하는 자율적 개체로 보았기 때문이다. 이 생각에 따르면 개체는 공동체보다 우선시되며, 사회적 관계는 대부분 선택의 문제요, 개인적 이득의 문제가 된다. 물리적으로 우리는 거의 투과성이 없는 피부라는 막으로 둘러싸여 있고, 다른 모든 존재와는 완전히 분리된 '자아'들이다.

심층생태주의는 어떤 생물도 관계에 의해서 구성되고 있다고 주장함으로써 이러한 세계관을 완벽하게 뒤집어엎는다. 요컨대 우리는 관계 그 자체라고 보는 것이다. 진화법칙에 따르면 자연선택이나 적응 과정을 통하여 복잡하고도 심오한 이종 간의 관계가 발생한다. 초원에 피어 있는 꽃은 우연히 거기서 자라고 있는 고립된 개체가 아니다. 그 꽃의 조직은 긴 세월 동안 다른 종이나 자연의 힘과 밀접하게 관계를 맺어온 결과인 것이다. 그 꽃은 지금 광합성을 통하여 햇빛을 변환하고, 선명한 색깔이나 단 꿀을 이용하여 벌레를 유인하며, 물이나 영양분을 취하기 위해 흙 속에 깊이 뿌리를 내리고 있다. 그 꽃의 개체로서의 특징은 관계성이라는 복잡한 시스템에서 중요도가 낮은 한 측면에 불과하다. 심층생태주의에 따르면 실로 현실은 에너지라는 보편적인 강물이다. 개체들은 단지 그 흐름의 도중에 있는 장애물에 지나지 않는다.

심층생태주의의 윤리학적 의미는 분명하다. 개체건 종이건 거의 예외 없이 절대적 우선권이 있는 큰 전체인 지구적 맥락 안에서만 가치를 지닐 수 있다는 것이다. 그것은 인간에 대해서도 마찬가지다. 그러므로 심층생태주의의 원리가 현실에 적용되려면 지금의 사회구조나 경제구조를 근본부터 변혁하지 않고는 불가능하다. 왜냐하면 기존의 사회제도나 경제제도는 인간은 다른 생물들과는 근본적으로 다르다는 전제하에서 성립하고 있기 때문이다.

6. 사회생태주의

사회철학자인 머레이 북친은 사회 그 자체를 변혁하지 않으면 안 된다는 심층생태주의의 급진적 주장에는 동의한다. 하지만 그는 우주론이 아니라 사회의 위계질서에 주목하여 지배와 통제의 패턴들을 분석하고 있다. 그의 주장에 따르면 대부분의 인간 사회는 힘이나 권위, 통제의 레벨에 의거하여 구성되고 있고, 상급자가 하급자를 지배하는 구도를 보이고 있다. 그리고 이러한 위계질서에는 '노인에 의한 젊은이의 지배, 남성에 의한 여성의 지배, 특정 민족에 의한 타 민족의 지배, 사회이익을 공언하는 관료에 의한 대중의 지배, 도시에 의한 지방의 지배, 그리고 더욱 미묘한 심리학적 의미에서의 마음에 의한 몸의 지배, 도구적인 천박한 심리에 의한 영혼의 지배' 등이 있다. 이러한 인간관계의 패턴들은 문화의 습관적인 사고나 행동 패턴 속으로 침투해 들어가고, 마침내 개인의 마음에도 규범적이고 의심의 여지가 없는 것으로서 내면화되고 고취된다. 사회에 편재하는 이와 같은 압도적인 위계질서 패턴은 정부의 형태, 예를 들면 사회주의로부터 자유민주주의로 바꿔본댔자 해결되지 않는다. 어떤 사회구조도 그 사회의 압도적인 위계질서 패턴의 영향을 피해갈 수 없다. 따라서 유일한 해결책은 평화로운 무정부상태이다. 북친은 개개인이 최대한의 자유를 누리고 모든 사람이 완벽하게 평등한 것과 같은 공정한 사회를 마음에 그리고 있다. 이러한 사회에 살고 있는 자율적인 개인들만이 사회적 조건에 구속되어 자신의 심리가 만들어내는 '내부로부터의 제약'으로부터도, 권위자의 힘에 의하여 강제되는 '외부로부터의 제약'으로부터도 해방되어 자유로울 수 있다. 이러한 개인들은 평등하고 완전히 공정한 공동체에 자유롭게 참여하고 있으므로 서로서로를, 또는 자연을 지배하고 싶다는 욕구에 이끌리는 일이 없다.

사회생태주의는 그 이름에 걸맞게 환경위기를 사회의 양식(patterns)이나 제도가 낳은 결과라고 본다. 사회생태론자들에 따르면 생명중심주의자들과 심층생태주의자들도 중요한 점을 간과하고 있다. 문제의 원인은 잘못된 윤리규범이나 세계관에 있는 게 아니라 우리 자신에게 또는 지배나 착취의 관계를 조장하는 우리의 사회구조나 이데 올로기 구조에 있다는 것이다. 사회생태주의자에 따르면 우리가 그러한 지배나 착취의 관계를 자연에까지 넓히고 있다. 환경파괴는 위계가 높은 자가 낮다고 여겨지는 자를 억압한다는 생각을 우주에 보편적으로 적용한 결과라는 것이다. 그렇다고 한다면 얄궂게도 이는 도덕을 확대한 나쁜 사례가 된다. 그 이유는 인간 세계의 잘못된 사고나 행동의 틀을 인간 이외의 세계로 확대 적용한 것이 되기 때문이다.

7. 생태여성주의

북친에 따르면 남성에 의한 여성의 지배야말로 위계질서의 기본적 형식이다. 이 주장이 옳다면 '가부장제'를 폐기하는 것은 자연에 대한 우리의 착취방식을 시정해나가는 데 큰 걸음이 될지 모른다. 이러한 가부장제의 폐기를 강력하게 주장하고 있는 것이 생태여성주의로 알려진 여성주의의 한 부류이다.

여성주의자들이 사회를 분석할 때는 대체로 남성에 의한 여성의 전통적 지배인 '가부장제'라는 독특한 위계질서에 주목한다. 그 점은 북친도 같지만 여성주의자들은 거기서 한층 더 나아가 극단적인 남성 우위의 형태인 가부장제야말로 사회적 억압의 주된 근원이라 단언하고 있다. 따라서 가부장제의 폐지는 온갖 억압방식의 폐지로 이어질 수 있다는 입장이다.

생태여성주의자에 따르면 여성을 지배하는 것은 자연을 지배하는 것과 같다. 자연은 여성과 동일시되기 때문이다. '어머니인 자연'이라는 말이 있듯이 자연은 어머니와도 자주 동일시된다. 그 때문에 자연도 여성과 같이 '남성중심주의'의 정복 대상이 되었다는 것이다. 자연이 지배받아야 한다는 신화에는 다양한 변종들이 있긴 하지만 그 가운데 특히 우세한 것은 철학자 데카르트가 명확히 내세운 근대 과학의 기반을 전제로 한 신화이다. 그 신화에 따르면 정신은 육체와는 완전히 분리돼 있고, 정신은 또 이성적 특징을 가지므로 물질적인 또는 자연적인 육체보다 우월하며, 육체를 지배하고 있다. 또한 남성은 여성보다 더 이성적이기 때문에 육체의 요구를 초월하여 본능적이고 감정적인 충동을 억제할 수 있다. 여성은 육체와 일체이기 때문에 남성보다 더 자연에 가깝다. 따라서 여성(그리고 어린이와 동물)을 지배하는 것은 자연을 지배하는 것과 구별되지 않는다.

생태여성주의자들 가운데는 이 근대 신화를 역이용하여 여성과 자연 사이의 강한 유대를 주장의 근거로 삼고 있는 이들도 있다. 여성과 자연의 생산하는 힘이라는 면에서의 공통성이나 여성이 남성보다 자신의 육체를 더 강하게 의식하는 것 등을 근거로 인간은 자연과 결속하지 않으면 안 된다는 주장을 이끌어내고 있는 것이다. 그러나 그 밖의 많은 생태여성주의자들은 이성적인가 생물학적인가 하는 것과 같은 남성과 여성의 생래적인 차이를 문제 삼는 사고를 강하게 부정한다. 그들이 보기에 위계적 성차별의 원인은 사회가 정한 각자의 역할에 있다. 여성이 육아를 하는 것은 문화가 그렇게 기대하기 때문이지 여성에게 모성 본능이 있기 때문은 아니다. 이러한 차별적인 역할 분담이 있는 한 억압은 사라지지 않는다. 그러나 어느 쪽의 주장을 지지하건 간에 인간에 의한 자연 지배를 없애기 위해선 인간 사회의 가부장제를 폐지하지 않으면 안 된다.

8. 실용주의적 환경윤리

도덕적 의사결정에 실용적인 또는 실천적인 접근을 취하는 철학자 노턴(Bryan Norton)에 따르면 환경윤리는 응용철학으로 분류된다. 의무론, 공리주의, 목적론과 같이 아주 일반적이고 추상적인 이론체계는 구체적 상황에서 어려운 선택을 해야 할 때 응용되지 않으면 안 된다. 그런데 이 톱-다운 접근방식에는 몇 가지 문제가 따른다. 첫째는 중요한 모든 세부사항까지 아주 비슷한 두 상황이란 존재하지 않는다는 점이다. 그 때문에 기존의 보편적 원칙을 동일한 방식으로 현실 사례에 적용하려고 해도 완벽하게 적용되기는 어렵다. 그럴 때 우리는 그 차이가 나는 부분을 그 자리에서의 판단에 의지하여 어떻게든 수정할 수밖에 없다. 그러나 노턴이 그보다 더 중시하는 것은 환경을 둘러싼 논쟁이 현실에서 일어났을 때 거기에 참여하는 전원이 동일한 기본원칙을 꼭 지지한다고는 할 수 없다는 사실이다. 논쟁의 테마가 그 상황의 구체적인 담론에서부터 어느 원칙을 적용할 것인지에 관한 추상적인 담론으로 전환될 때 합의는 거의 불가능해진다. 사실상 담론이 추상론으로 전환돼 버리면 구체적인 담론은 아예 할 수 없게 되고 만다.

그렇다고 노턴이 이론을 완전히 멀리하고 직관적 반응에 의지하라고 말하는 것은 아니다. 이론을 구축하는 것은 당사자들이 공통적인 현실 세계 문제와 씨름할 때 해야 한다고 주장하고 있는 것이다. 당사자 전원이 공통의 목표를 향하고 있다면 비록 동기라든지 이론적 근거는 다르더라도 서로 양보한 정책에 이를 수 있고 그럼으로써 문제를 해결할 수 있다. 환경을 배려한다는 공통의 관심에 의해서 결속의 폭이 넓어지기 때문이다. 노턴은 이동 물새의 서식지인 습지 보호를 테마로 한 논쟁의 예를 들고 있다. 인간중심주의자들은 수렵을 즐기고 싶다는 이유에서 보호에 동의하고, 생명중심주의자들은 감각능력 또는 목적을 지닌 개체에 대한 배려에서 역시 보호에 동의한다. 소수의 생태계중심주의자들은 소중한 습지의, 레오폴드가 말하는 '통합성, 안정성, 아름다움'을 보호해야 한다고 주장한다. 이들의 결속이 의아스럽긴 하지만 철새의 생육 환경을 보호한다는 현실에 의거한 목적이 있기에 유효한 결속이라 할 수 있다. 실천적 환경윤리의 핵심은 문제를 추상적 원칙에 관념적으로 적용하는 것이 아니라 각각의 가치나 목표를 가능한 한 합의에 이르게 하고 일련의 다양한 원칙을 짜 맞춘 새로운 기준을 마련함으로써 당면한 문제를 해결하는 것이다.

도덕다원론(기존의 다양한 원칙에 기초한 새로운 기준을 활용함)에 의존하는 실용주의적 접근은 이 세계에선 명백히 유리한 점이 있다. 왜냐하면 이 세계는 너무나 복잡하고 다양한 나머지 어떤 상황을 보더라도 어떤 추상적인 형태로 딱 적용되는 일은 없기 때문이다. 그럼에도 이 접근을 탐탁지 않게 여기는 도덕일원론자들이 있다. 도덕일원론에 따르면 도덕다원론에서는 현실적 갈등이 발생했을 때 그것을 해결하는 기준이 전혀 없다. 만일 내가 (인간중심주의 원칙에 의거하는) 인간에게 유리한 결정과 (생명중심주의 원칙에 의거하는) 인간 이외의 존재에게 유리한 결정 사이의 딜레마에 빠져 아무리 해도 합의점을 찾아낼 수 없을 땐 어떻게 해야 좋은가? 당사자 각자의 가치관에 따른 목표가 바꿀 수 없을 정도로 대립한다면 우호적 해결은 불가능하다. 이 반론에 대하여 도덕다원론자들은 두 가지 입장에 순위를 매겨서 우선순위가 높은 쪽을 택하라고 답할지 모른다. 그러나 여기서 일원론자들의 답변은 분명할 것이다. 도대체 무엇을 근거로 그러한 순위 매김을 할 수 있을까? 일관성 있는 도덕적 의사 결정을 하려면 기존의 중요한 어떤 기준에 의지할 수밖에 없지 않을까?

응용철학인가 실천철학인가? 도덕다원론인가 도덕일원론인가? 도덕을 이론화하는 것이 용이하다고 말한 사람은 이제까지 아무도 없다. 도덕다원론자의 주장, 즉 삶은 너무 복잡해서 단 하나의 윤리기준에 적용되지 않는다는 것은 옳다. 하지만 도덕일원론자의 주장, 즉 삶은 매력적이지만 서로 상충되는 여러 대안들 사이에서의 힘든 선택을 강요하는 수가 자주 있다는 것도 옳다. 그럴 때 생각이 명쾌해지려면 일관된 규범적 기준이 요구된다. 그러나 도덕판단은 결코 자동적으로 이루어지는 법이 없다. 3단 논법의 결론에 전제가 필요한 것과 마찬가지다.

의사결정자들은 법정에 앉아 쌍방의 입장을 공명무사하게 생각할 수 있는 재판관이 아닌 한 대체로 직면한 딜레마에 개인적으로 말려들어 버린다. 그래도 의사결정자들은 당사자 모두의 관심을 저울질해서 생각해야 한다. 여기서 말하는 당사자에는 인간뿐만 아니라 동물이나 생명이 없는 존재도 포함된다.

따라서 결국 의사결정에 필요한 것은 관심과 배려이다. 머리뿐만 아니라 가슴을 이용하여 숙고해야 한다. 의사결정자들은 최종적인 결정에 의해 영향받는 당사자 전원에 대하여 성실하지 않으면 안 된다. 대립적인 입장 사이에서 결론을 도출하는 작업에는 사랑뿐만 아니라 괴로움의 노고도 따른다.

9. 종교와 생태학

　종교윤리학자들은 환경윤리에 대하여 어떻게 생각하고 있을까? 종교윤리학자, 혹은 종교 그 자체는 이 논쟁에 독특한 견해를 보태고 있는가? 이제까지 봐온 다양한 문제에 관하여 종교윤리학자들은 입장이 몇 가지로 나뉜다. 종교윤리학자들 가운데도 인간중심주의, 생명중심주의, 생태계중심주의, 생태여성주의, 실용주의적 환경보호주의 등 각각의 입장을 지지하는 자들이 있기 때문이다. 사실 '종교적'이라는 말을 넓은 의미에서 파악한다면 종교적 생태여성주의자들은 비종교적 생태여성주의자들보다 더 많을지도 모른다. 그러나 그렇다고 하여 종교윤리학자들이 이 논쟁에 대하여 독자적 견해를 전혀 갖고 있지 않은 것은 아니다.

　종교적 환경보호사상의 독특한 특징은 철학적 접근보다도 오히려 환경에 대한 자세에 있다. 그 자세는 이러한 논쟁에 미묘한 영향을 줄 뿐만 아니라 환경을 보호하기 위한 명확한 동기도 될 수 있다. 종교적 환경보호사상에 따르면 우주 만물은 '신의 창조물' 또는 '신적 혼이 깃든 것'이거나 혹은 그 양쪽 모두로서 이해되고 있기 때문이다. 그로 인해 환경은 인류와는 독립적 지위를 갖게 되고, 단지 지위가 향상될 뿐만 아니라 신성한 것, 인간이 숭배해야 할 대상이 된다. 자연세계는 신의 피조물로서 신의 존재를 계시하고, 신의 영혼이 머무는 영역으로서 영적 힘을 물씬 풍긴다. 이제까지 봐왔듯이 철학자들은 생명이 없는 환경에 독립적 지위가 있다는 주장의 근거를 찾는 데 애써 왔다. 그러나 종교적 환경보호론자들에겐 이러한 어려움이 없다. 종교적 관점에 서면 생명이 있고 없음에 관계없이 모든 것은 신의 피조물로서 동등한 지위에 있기 때문이다.

그러나 종교윤리학자들이 환경보호사상을 통하여 가르쳐주는 것은 단순히 생명이 없는 세계에 지위를 부여하는 방법만이 아니다. 그들은 인간이 환경을 보호하는 데 필요한 도구인 기도와 의식도 가르쳐준다. 기도와 의식은 신자들에게 인간이 신의 은총에 의지하며 살고 있다는 것, 인간이 신의 은총을 감사해하며 현명하게 이용해야 한다는 것을 상기시켜 준다. 종교 체계에 따르면 인간은 독립적 존재가 아니라 신에게 의존하는 존재, 신에게 책임을 부과받은 존재이다. 인간이 의존적 존재이면서 책임을 지닌 존재이기도 하다는 것은 인간을 상호의존적 존재로 이해하는 환경보호론자들의 기본적 사고와도 통한다.

세계의 많은 토착 종교들은 지난 수십 년 동안 '그린(환경보호)' 의식을 고양해왔다. 그 이유 중 하나는 과잉인구와 과잉개발로 인해 토착민들은 변두리로 내쫓기고 그들이 살아가는 방편이었던 환경이 오염되어 생존까지 위협받고 있기 때문이다. 또 한 가지 이유는 토착민들의 종교관에선 건강한 환경에 대한 위협, 즉 강이나 실개천, 동물, 새, 물고기, 공기, 토양 등에 대한 위협은 그들의 삶과 공동체에 대한 위협일 뿐만 아니라 신성한 질서나 신 그 자체에 대한 위협으로 이해되기 때문이다. 그들은 논리학이나 철학을 제기하여 이론화하거나 하지 않더라도 숲과 습지를 파괴하는 것, 광산폐기물로 강을 오염시키는 것, 수많은 식물이나 동물을 멸종으로 내모는 것 등은 잘못이라 이해하고 있다.

세계의 주요 종교인 그리스도교, 이슬람교, 불교, 힌두교, 유대교의 신자들 가운데도 환경보호론자들은 많다. 또한 신학자나 종교학자들 가운데도 종교적 전통을 기반으로 한 환경보호사상을 전개하는 이들이나 종교적 전통을 개혁하여 환경을 다루는 방식을 바꾸려고 노력하는 이들도 많다. 종교적 전통을 환경보호사상에 적용하는 시도는 산업화가 서양에서 먼저 시작된 것을 비롯하여 그 밖의 여러 가지 이유로 동양에서보다 서양에서 더 일찍 시작되었지만, 현재는 동일한 시도가 세계적으로 모든 지역이나 종교로 확대되고 있다.

특히 환경보호론자들 가운데는 환경 파괴를 정당화하는 책임은 그리스도교에 있다고 주장하는 이들이 있다. 그들은 성서 구절 가운데 아담과 이브가 받은 "자식을 많이 낳고 번성하여 땅을 가득 채우고 지배하여라. 그리고 바다의 물고기와 하늘의 새와 땅을 기어 다니는 온갖 생물을 다스려라(창세기 1:28)."라는 명령을 문제 삼고 있는 것이다. 그러나 이 주장에 대하여 검토해온 대부분의 학자들은 인구 과잉과 공해의 최대 원인이 된 산업혁명은 주로 종교와는 관계없는 이유로 서양에서 먼저 시작되었다고 지적하며 이 주장을 거부한다.

많은 성서학자나 윤리학자들도 성서의 이 한 절이 초래한 영향이 그처럼 파괴적인 것은 아니라고 지적하고 있다. 환경을 지배하는 데는 인간의 힘이 필요하지만 지배하는 목적은 다양하다는 것이다. 그들에 따르면 성서의 이 한 절에서 하느님이 인간에게 부여한 힘과 책임은 그리스도교가 구축해온 '신탁관리 윤리(stewardship ethic)'의 기초가 되었다. 그리스도교의 이 윤리, 즉 인간은 신의 대리자로서 지구를 관리할 책임을 부여받고 있다는 사고는 유대교와 이슬람교의 윤리와도 공유하는 것이다.

전통적인 그리스도교의 신탁관리 윤리는 환경보호사상의 영향을 받아 그 해석이 몇 가지로 나뉜다. 신탁관리에 대한 가장 전통적이고 보수적인 해석은 지구의 혜택은 인간의 요구를 충족하기 위해 주어진 것이므로 남김없이 다 이용돼야 한다는 것이다. 이 해석에 따르면 타인에게 필요한 자원을 지나치게 쓰는 것 외에는 지구의 남용이라고 부를 만한 행위는 없게 된다. 그러나 더 전통적인 해석도 있다. 지구의 혜택은 가난한 사람들을 포함한 모든 사람들을 위한 것이므로 배려받아야 할 가난한 이들에게까지 널리 미치기 이전에 낭비하는 사람이 있어선 안 된다는 해석이다. 양쪽 해석 모두가 비록 철저하게 인간중심주의이긴 하지만 후자가 비교적 환경보호에 더 효과적이다. 모든 사람의 요구를 충족시키려는 것은 세계의 많은 토착민들과 가난한 사람들이 살아가는 의존처인 환경을 보호하는 것으로 연결되기 때문이다.

그러나 그리스도교의 많은 환경보호론자들은 단순한 인간중심주의를 거부하고 있다. 제임스 내시(James Nash)와 같이 결국 개별적 인간의 생명이 다른 종의 생명보다 더 중요하다고 주장하는 사람들조차 그 예외는 없다. 내시는 인간 이외의 종의 생명권을 살 권리를 제외한 인간의 많은 권리보다도 중요한 것으로 자리매김하고 있다.

환경윤리의 과제

환경윤리에는 앞으로 해결해나가야 할 과제들이 많다. 그 가운데 특별히 중요한 과제는 세대 간 윤리를 정립하는 일과 자연물의 생존권을 지켜나가는 일이라 본다. 이에 이 두 과제를 살펴보기로 한다.

1. 세대 간 윤리

'세대 간 윤리(intergenerational ethics)'란 미래에 태어날 세대에 대한 현세대의 의무와 책임을 분명히 하려는 것이다. 현재의 지구 환경의 악화, 즉 천연자원 고갈과 지구 오염의 영향을 직접적으로 받게 되는 것은 미래세대이다. 현세대의 행동에 대한 청구서는 확실히 미래세대에게 돌아가게 마련이다. 이 미래세대에 대하여 우리는 어떻게 행동해야 하는가? 또 미래세대에 대하여 우리는 어떤 의무와 책임을 지니고 있는가? 하는 문제들을 규명하려는 것이 세대 간 윤리이다.

현재 우리가 누리고 있는 자연환경의 혜택은 미래세대 역시 충분히 누릴 수 있어야 한다. 현세대가 환경을 과도하게 파괴한 결과 미래세대의 생존이 위협받는다면 그 책임은 누가 져야 하는가? 물론 파괴 당사자가 지는 것이 당연할 것이다. 하지만 책임져야 할 파괴자가 이미 이 세상에 생존하고 있지 않다면 그 책임을 물을 수 없게 된다. 이는 분명히 미래세대에겐 불행하고 부조리한 일이다. 파괴자는 누릴 것은 다 누리면서 지구 환경을 다 오염시켜 놓고 세상을 떠나버리면 책임은 실종돼 버리는 것이다.

우리는 미래세대가 이러한 사태에 직면하지 않도록, 바꿔 말하면 현재보다도 좋은 환경을 미래세대에게 제공할 수 있도록 노력해야 한다. 미래세대 역시 좋은 환경에서 살 권리를 소유하므로 우리는 이를 의무로 받아들여야 한다.

여기서 다시 근대윤리, 특히 칸트 윤리와 벤담의 공리주의 윤리에 주목해보자. "너의 의지의 준칙이 언제나 동시에 보편적 법칙 수립의 원리로서 타당하도록 행위하라"[32]라고 칸트는 말한다. 여기서 말하는 '너'란 시제로 말하면 현재 살아 있는 개인을 가리키고 있다. 한편, 벤담의 '최대 다수의 최대 행복'에서의 다수를 구성하는 개인 또한 현재의 개인을 가리키고 있다. 칸트 윤리와 공리주의 윤리, 양자에서의 개인이란 현재, 시간과 공간을 공유하며 살고 있는 사람들이며, 미래시제에서의 개인은 지향하고 있지 않다. 따라서 근대윤리란 미래세대에 대한 책임을 전혀 고려하지 않는 이론이다. 그러므로 근대윤리에 의거하는 법이나 민주주의 또한 미래세대에 대한 책임을 결여한 제도인 점은 부정할 수 없다.

---

32) I. 칸트, 『실천이성비판』, 최재희 옮김(서울: 박영사, 1997), 33면.

환경윤리는 미래세대를 시야에 끌어들여서 미래세대의 생존 및 생존권을 보증하는 이론을 정립할 필요가 있다. 이 문제와 씨름했던 대표적인 학자로는 요나스(H. Jonas, 1903~1993)를 들 수 있다. 사실 세대 간 윤리의 타당성을 철학적으로 정당화하는 것은 여간 어렵지 않다. 그것은 현세대와 미래세대의 관계가 비대칭적이기 때문이다. 그러나 세대 간 윤리에 대하여 논했던 요나스는 그와 같은 미래세대에 대한 비대칭적 관계를 책임 개념에 결부 짓는다.

요나스에 따르면 인류는 20세기에 들어와 역사의 새로운 단계에 진입할 만큼 많은 변화를 겪었다. 인류는 원자력, 유전자재조합기술, 행동과학이라는 다양한 '기술'을 손에 넣게 된 것이다. 중요한 것은 이러한 과학기술의 발달이 자연 전체에 영속적인 손해를 끼칠 정도로 '인간 행위를 질적으로 변화'시킨 점이다. 인간 행위의 질적 변화는 우리에게 '책임'의 범위를 공간·시간적으로 확대할 것을 요구하고 있다.

먼저 책임의 공간적 확대란 지구 전체가 인간의 책임이 된다는 것이다. 인간은 과학기술에 의해 지구 전체를 파괴할 정도의 막강한 힘을 지니게 되었으므로 인간에게는 자연을 보호할 의무가 발생한다고 요나스는 보았다. 부모가 자식을 보호해야 하듯 강자가 약자를 보호해야 한다는 것이다. 다음에 책임의 시간적 확대란 미래세대의 생존이 우리의 책임 대상이 된다는 것이다. 즉, 거대화한 인간의 행위는 '누적적 성격'을 지니게 되고, 우리의 삶이 현재 존재하고 있지 않은 사람들의 삶에 영향을 끼치게 될 것이 분명해졌으므로 우리에겐 새롭게 미래세대에 대한 의무가 생긴다는 것이다.

원래 윤리학이 다루어 온 도덕적 대상은 인간을 둘러싼 작은 환경,

즉 '지금'과 '여기'에 한정돼 있었다. 그러나 과학기술의 발달로 인해 인간 행위의 질적 변화가 이루어지고 그에 따라 윤리학은 '지금'과 '여기'를 초월한 '전 자연'과 '전 미래'에 대해서도 책임의 대상으로 포함시키지 않을 수 없게 된 것이다. 요나스의 세대 간 윤리는 다음의 정언명법에 함축적으로 잘 표현되고 있다. "네 행위의 제 결과가 이 세상에서 참다운 인간적 삶의 영원성과 조화를 이룰 수 있도록 행위하라."[33] 인간적 삶의 영원성, 여기에는 현세대와 미래세대 간의 생명의 연결을 전제로 한다.

2. 자연생존권

이 지구상에는 특별히 인간뿐만 아니라 동물, 식물, 미생물 등도 생존하고 있다. 인간 이외의 생물종 및 그 개체 생명의 생존권은 물론이고 그 종이나 개체 생명을 둘러싼 환경, 생태계, 경관 등에도 생존권이 있다는 주장이 근래에 부상하고 있다. 인간에게만 생존권이 있고, 인간만이 유일한 존엄성을 소유한다는 종래의 근대적 인권론은 흔들리고 있고 힘을 잃고 있는 것이다. 싱어(P. Singer, 1946~)는 동물의 권리를 주장하여 인간 이외의 종에 대한 지배나 억압, 차별은 종차별주의(speciesism)라고 부르며 동물의 이익을 무시하고 인간만의 이익을 중시하는 것을 비판한다. 스톤(C. D. Stone, 1957~)은 수목의 권리를 주장한다. 스톤은 법인의 관념을 원용하여 숲이나 바다 등의 법적 자격이 없었던 자연물에도 '법적 권리'를 부여할 수 있는

---

33) H. 요나스, 『책임의 원칙: 기술시대의 생태학적 윤리』, 이진우 옮김(서울: 서광사, 1994), 40-41면.

이론을 구축하였다. 이리하여 '자연물의 당사자 적격'이라는 새로운 사고가 탄생하였고, 근대의 인간의 존엄성(인권)이라는 가치관에 동요가 생겼다.

스톤의 주장의 요점을 정리하면 다음과 같다.

① 자연물에 관한 법률문제는 법적으로 무능력한(disable) 존재— 식물인간, 치매환자 등—의 경우와 동일하게 취급해야 한다.

② 그를 위해선 자연물에 대해서도 소송에 관계될 수 있는 자격으로서의 당사자 적격(또 소송을 제기할 수 있는 자격으로서의 원고 적격)을 인정해야 한다.

③ 법적으로 무능력한 존재가 위기적 상황에 빠져 있을 경우는 그것이 자연물이더라도 대리인이 보호를 자진하여 제소할 수 있는 시스템을 구축해야 한다.

스톤은 이러한 주장의 근거로서, 첫째는 법인이나 지자체 등, 무생물의 권리 보유자가 실제로 존재한다는 점, 둘째는 이러한 제도를 도입함으로써 사회적 효용이 증대될 가능성이 있다는 점, 셋째로 인간과 자연 사이의 공감과 상호성을 존중해야 한다는 점 등의 이유를 들고, '자연의 권리'라는 사고가 단순히 엉뚱한 착상은 아님을 보여 주려 하고 있다.

싱어나 스톤의 시도는 근대의 인권 개념 내지는 인간의 존엄성을 뒤흔들고 재검토를 요구하는 것이다. 이러한 입장에 따르면 칸트의 인격 개념, 즉 동물과 인간을 준별하여 인간에게만 존엄성을 인정하는 근대의 인격 개념은 부정된다. 칸트는 『실천이성비판』이나 『도덕형이상학원론』에서 인간은 이성적 존재이므로 존엄성을 갖는다고 기술하고 있다. "너 자신의 인격 및 다른 모든 인격에 예외 없이 존재하는 인간성을 언제나 동시에 목적으로서 대우하고 결코 단순한 수단으로서만 사용하지 않도록 행위하라."34) 여기에는 자기와 타자의 인격을 목적으로서 존중해야 함이 설명되고 있다. 예를 들면 타자와 거짓 약속을 하는 것은 그 타자를 단지 자신의 이익을 위한 수단으로써 이용하는 것이므로 도덕적이지 않다.

칸트가 이상으로 삼는 목적의 왕국, 그것은 이성적 주체들을 구성원으로 하는 나라이다. 이 목적의 왕국에서의 모든 것은 가격을 갖든지 아니면 존엄성을 갖는다. 가격을 갖는 것은 물건이고, 존엄성을 갖는 것은 인격이다. "목적의 나라에서의 모든 것은 가격을 갖든지 아니면 존엄성을 갖는다. 가격을 갖는 것은 무엇인가 같은 가격의 다른 물건에 의하여 치환될 수 있다. 반면에 일체의 가격을 초월한 것, 따라서 같은 가격의 물건에 의하여 치환을 전혀 허용하지 않는 것은 곧 존엄성을 갖는다."35) 인간의 인격(인간성)·존엄성은 동일 가격의 다른 물건으로 치환될 수 없는 탓으로 다른 모든 존재보다 우위에 선 중심을 차지한다.

환경윤리에는 인간중심주의와 자연중심주의(생태계중심주의)라는 대립 도식이 있다. 자연 파괴는 인간의 권리(행복)를 침해하기 때문에 비판받아야 한다는 입장이 인간중심주의이다. 반면에 자연중심주의에서는 자연 파괴 그 자체를 자연생존권에 대한 침해로 문제 삼는다.

최근의 환경윤리학자들은 인간중심주의 입장은 환경윤리로서 부적절하다고 판단하고 비인간중심적 환경윤리학과 급진적 생태철학 분야에 관심을 집중하고 있는 상황이다. 작금의 환경문제가 전 지구

---

34) 칸트, 앞의 책, 222면.
35) 같은 책, 228면.

적으로 확산되어 있고 또 불가역적인 만큼 이제 더 이상 임시방편의 윤리학 이론, 곧 전통윤리학 이론으로는 제 역할을 다할 수 없다는 인식이 널리 파급되고 있기 때문이다. 문제는 자연물의 생존권을 어떻게 정당한 근거 위에서 합리화하느냐 하는 것이다. 많은 학자들이 자연중심주의 윤리야말로 진정한 환경윤리라고 주장하고는 있으나 어느 누구도 아직 그것을 체계적으로 진술하는 데 성공하지 못하고 있다. 자연에 권리를 인정함에 있어서 살아 있는 모든 것, 그 개체 생명 각각에 생존권을 인정할 것인지 또는 그들 '종'에 인정할 것인지 하는 것이 문제가 된다. 게다가 많은 종을 포함하여 그 연쇄적 관계로 이루어지는 생태계에도 권리를 인정할 것인지, 경관에도 권리를 인정할 것인지 등 문제는 복잡해진다.

PART 02

환경윤리의 실천

01

환경문제에 대한 현실적 접근과 그 한계, 그리고 그 대안

1. 머리말

모든 세기는 저마다 고유한 얼굴을 갖는다. 18세기를 철학과 사상의 시대라 한다면 19세기는 소설과 낭만의 시대요, 20세기는 경제의 정신이 관통한 시대였다. 그렇다면 우리가 현존하고 있는 21세기는 어떤 얼굴을 갖는가? 일찍이 21세기는 환경의 세기로 나아갈 것이라는 바이츠제커의 예측은 아주 적확했다고 볼 수 있다.[1] 환경과 자연자원의 희소성이 우리 삶의 중심적인 동기로 작용하고 있기 때문이다.

2011년 7월 27일, 하이테크문명이 지배하는 수도 서울에, 그것도 한국에서 가장 부유한 지역으로 알려진 강남지역에서 산사태로 인해 18명의 목숨을 잃었고 엄청난 재산 피해까지 입었다는 사실을 우리는 어떻게 인식해야 하는가? 환경 재난으로 인한 피해는 장소와 시

---

1) 에른스트 울리히 폰 바이츠제커, 『환경의 세기』, 권정임·박진희 옮김(서울: 생각의 나무, 1999), 16면 참조.

간을 불문하고 오히려 전쟁보다 더 심각한 피해를 야기할 수 있다는 사실을 교훈으로 보여 주는 것은 아닌가 여겨진다. 만일 이번 사태의 원인이 전적으로 천재인 집중호우에만 있다면 그 피해의 책임을 물을 수 없을 것이다. 우리가 책임을 물을 수 있는 것은 이번 피해의 원인이 단순한 천재가 아니라 인재에 있다고 보기 때문이다. 환경에 대한 부적절한 대응이 얼마나 큰 피해를 불러올 수 있는지를 우리는 깊이 반성해야 할 것이다.

우리가 환경문제에 관하여 반성한다는 것은 다음과 같은 물음을 고민하는 것이다. 즉, ① 현재, 자연환경은 어떠한 상태에 있는가, 자연환경 안에 어떠한 일이 일어나고 있는가, 또 장래에 어떠한 일이 일어날 수 있는가(환경문제의 현 상황에 대한 인식), ② 그들 문제는 왜 일어났는가(환경문제의 원인 구명), ③ 그것들에 대해서 어떠한 해결책이 있을 수 있는가(환경문제에 대한 대책 모색). 따라서 환경문제는 자연과학(지구물리학, 기상학, 생태학, 화학 등)이나 정치학, 경제학 등 많은 영역에 관계되며, 지극히 복잡한 문제이다. 예를 들어 지구온난화 문제 하나를 보더라도 거기에는 기상학이나 화학, 생태학의 지식이 필요할 뿐만 아니라 국제정치에 관한 지식이나 글로벌 경제 시스템에 대한 지식도 필요하다. 환경문제에 대해서 보다 정확하게 접근하려고 하면 학제 간 연구가 반드시 요구되는 것이다.

사실 환경문제는 학제 간 연구로 풀어가야 한다는 주장은 너무나 식상한 것이다. 그런데 그런 주장은 너무나 식상한 반면, 연구 성과는 식상이 아니라 오히려 생소하다고 할 수 있다. 어떤 심각한 환경 재앙이 발생하면 이의 대응을 위해선 학제 간 연구가 필요하다고 떠들어대지만 그 순간뿐이고 임시방편적인 대증요법적 치유에 머무는 것이 다반사였다. 대중요법적 치유란 문제가 발생하면 근본적 원인보다 현상적 치유에 그치는 것을 말한다. 그러한 치유에 우선적으로 동원되는 전략이 기술이요, 경제요, 정치 등이다. 어떤 자들은 문명을 거부하고 자연으로 돌아갈 것을 권고했던 루소와도 같이 자연과의 공생을 주장하기도 한다.

이와 같은 현실적 접근들의 공통점은 겉으로 드러나는 문제는 치유할 수 있을지 모르나 본질적 해결에는 이르지 못한다는 점이다. 우리에게 더욱 요구되는 것은 사후 처리보다 사전 예방이 가능하도록 사회 시스템을 구축하는 일이며, 이를 위해선 자연을 대하는 우리의 가치관과 태도를 획기적으로 전환해야 한다. 가치관과 태도의 전환을 위해선 윤리학의 도움 없이는 불가능하다.

이에 본장에서는 환경문제에 대한 현실적 접근들과 그 한계를 지적하고 그 한계를 넘어설 수 있는 대안을 환경윤리학에서 찾아보는데 그 목적을 두고자 한다.

2. 현실적 접근과 그 한계

1) 정치적 접근과 그 한계

환경정치의 운명은 정권의 성격에 달려 있다. 일당 지배 정권, 권위주의 정권, 군부정권, 특히 급속한 경제개발에 주력하는 정권하에서는 환경정치가 존재할 수 있는 여지가 거의 없다. 반면에 자유민주주의 대의제 정권하에서는 환경문제에 관심을 가진 자들이 정치 과정에 영향력을 행사할 수 있는 여지가 상당히 폭넓게 주어진다. 국민들은 자신들의 목적을 달성하기 위해 자유롭게 단체를 조직하고 정당에 참여하거나 새롭게 정당을 창립하는 등 정치에 참여할 수 있다.[2] 그렇다고 해서 환경운동가들의 성공이 보장된다는 것은 물론 아니다. 환경운동가들과 마찬가지로 조직화할 수 있는 능력이 있는 주요 사회·경제세력은 환경운동에 대항하면서 환경문제를 공공의 정책의제에서 제외시키려고 노력할 것이다. 그럼에도 불구하고 정권의 구조상 민주주의 체제하에서는 환경정치가 전개될 수 있는 영역이 제공되는 것이 사실이다.[3]

특히 맥클로스키는 생태학적 정치개혁을 이루는 데 현실적으로 가능한 유일한 대안은 민주사회의 정치적 제도를 통한 방법뿐이라고 주장한다. 그에 따르면 민주사회에서는 생태학적 개혁이 필요할 경우 이를 위한 효율적이고도 신속한 행동을 실천에 옮길 수 있다. 열린 사회인 민주사회에서는 생태계에 관한 제반 사실들이 공개되어 널리 알려지는 것이 가능하기 때문이다. 또 민주사회에서는 자유로운 토론과 정보 교환이 가능하고 개혁을 위해 설득할 수도 있고 개혁이 신속하게 진행되지 않을 경우엔 저항할 수도 있기 때문이다.[4]

그러나 맥클로스키의 주장과는 달리 민주사회에서 환경 위기를 타개하기 위한 환경정책을 수행하는 것이 그렇게 쉽지만은 않다. 왜냐

---

2) 민주화는 환경문제 해결을 위한 핵심 요건으로 지목된다. 억압적 국가 기구에 의한 민간 부문의 통제, 정당성이 결여된 정치권력의 성장 위주의 정치를 통해서는 기본권 가운데 하나인 환경권조차 보장할 수 없다. 이러한 체제하에서 환경권은 '민주적 기본 질서', '국가의 안녕과 공공복리' 등 정치 권력에 의해 자의적으로 해석·적용되는 법률 집행에 압도당하게 된다. 나정원, 「환경위기시대의 새로운 정치 논리」, 『환경과 생명』, 제19호(1999), 30면 참조.

3) 티모시 도일·더그 맥케이컨, 『환경정치학』, 이유진 옮김(서울: 한울, 2002), 30-35면 참조.

4) H. J. 맥클로스키, 『환경윤리와 환경정책』, 황경식·김상득 옮김(서울: 법영사, 1996), 293-300면 참조.

하면 민주주의란 자기이익과 상충하는 이해관계의 조정 내지는 타협에 근거하고 있는데 거기에는 이기적 관점을 넘어서 먼 미래를 내다보는 장기적 관점이 결여되어 있기 때문이다. 이와 같이 민주사회에서 환경문제에 대한 정치적 개입이 한계를 보이는 데는 그 나름의 이유가 있다.

그 이유 가운데 첫 번째는 환경문제에 대한 정치적 개입의 공간적 한계이다. 환경문제에 효과적으로 대응해 나가려면 국제적 차원의 협력이 절대적으로 요구된다. 그 이유는, 환경문제는 지구 전역에서 다수 국가들이 공유하고 있고, 어떤 환경문제는 한 국가에 집중적으로 관련되지만 전 지구적 파급 효과를 가지고 있으며, 어떤 환경문제는 그 속성상 국경을 초월하기 때문이다.5) 국경을 초월한 전 지구적인 문제인 만큼 전 지구적인 해결책이 요구되는 것은 너무도 당연하다.

이와 같은 해결책을 마련하고자 세계적 차원에서 지금까지 많은 논의가 있었고 무수한 문서가 발표되었으며, 언론의 주목을 받는 많은 이벤트가 개최되었다. 그 과정에서 전 세계인의 환경의식은 고취되었다고 볼 수 있으나 실질적 성과는 거두지 못했다. 환경문제에 대한 접근 방법이 실질적으로 성과를 거두려면 개별적인 독립국가들로 하여금 환경문제에 책임을 지도록 요구하고, 또 그러한 요구가 이행될 수 있도록 규제할 수 있는 현실적 힘을 지닌 범세계적인 정치기구 또는 국제법을 마련할 수 있어야 한다.

이러한 성과가 부재한 상태에서 개별적인 독립국가 단위에서의 환경정치는 성공하기 어렵다. 환경문제는 전 지구적인 문제인 데 반해

---

5) 도일·맥케이컨, 앞의 책, 202면 참조.

환경정치의 범위는 개별적인 독립국가 단위에 머물고 있는 한 환경 정치는 공간적으로 큰 제약을 받을 수밖에 없기 때문이다.

환경문제에 대한 정치적 개입은 공간적 제한뿐만 아니라 시간적 제한도 받는다. 정치는 한편으로 선거와 개각에 따른 정책 방향의 단기적 교체에 대해 준비하고 있어야 한다.[6] 입법가들이 선거에서 재선출되려면 대중적 인기를 끌지 못하는 법, 즉 유권자에게 이익이 되지 않는 법을 제정할 리는 만무할 것이다. 환경보전, 자원고갈 방지, 공해 방지 등에 필수적인 법률은 민주사회 유권자들의 대중적 인기를 끌지 못하는 경우가 허다하다는 것을 입법가들은 잘 알고 있다. 이러한 법률이 제정되면 생활양식은 더 불편해지고, 국민들에 대한 규제와 통제는 더 많아지며, 국민들의 세금과 부담은 늘어날 것이기 때문이다.

그래서 입법가들은 장기적인 시각에서 전체 사회에 유리한 정책을 수립하기보다 단기적인 시각에서 유권자들의 인기를 끌 수 있는 정책 수립에 집중한다. 즉, 입법가들은 자신들의 임기 내에 실현할 수 있는 단기적인 실적을 쌓는 데 집착한다는 것이다. 하지만 환경문제가 해결돼 나가기 위해선 이기적 관심을 넘어서 먼 미래를 내다보는 장기적인 안목의 비전과 관심이 필수적이다.

2) 경제적 접근과 그 한계

경제학에서는 환경문제의 제1차적 원인을 경제활동, 즉 생산활동과 소비활동에서 찾는다. 기업의 생산활동과 소비자의 소비활동으로부터 배출되는 과다한 각종 오염물질이 환경오염의 큰 원인이라는

---

6) 노진철, 『환경과 사회』(서울: 한울, 2001), 87면 참조.

것이다. 이와 더불어 경제학에서는 공공부문의 경제활동, 즉 공공기관이나 공기업의 각종 무모한 개발사업도 환경문제의 중요한 원인으로 지적한다.

경제학자들은 환경오염 및 환경파괴는 경제법칙의 지배를 받는 경제현상이고, 따라서 환경문제 역시 기본적으로 경제문제라고 인식한다. 다시 말하면 자원 고갈 정도와 양태 그리고 환경오염의 정도와 양태는 경제활동의 규모와 양태에 의해서 결정되는데 경제활동의 규모와 양태는 수요·공급의 법칙을 중심으로 한 시장원리의 지배를 받는다는 것이다.

경제학에서는 시장을 돈으로 상과 벌을 주는 상벌체계의 일종으로 간주한다. 시장이 잘 작동한다는 것은 각 경제활동별로 응분의 상과 벌이 적절히 주어지고 있음을 뜻한다. 상과 벌이 적절하게 주어질 때 사회가 당면하는 경제문제가 제대로 해결될 수 있다고 보는 것이다.

그러나 여기에는 특이사항이 있다. 그것은 시장이 환경에 관해서만큼은 상과 벌을 거꾸로 주는 경향이 있다는 것이다. 다시 말하면 자본주의 시장은 환경을 오염시키는 경제활동에 대해선 상을 주고, 반대로 환경을 개선하는 행위에 대해선 벌을 준다는 것이다. 자본주의 사회에서의 환경문제는 이와 같이 전도된 상벌체계 때문에 생긴다고 보는 것이 경제학의 시각이다. 이러한 현상을 경제학에서는 '시장의 실패'라고 부르며 환경문제를 해결하기 위해선 환경에 관한 상벌체계를 바로잡을 것을 강조한다.[7]

그렇다면 시장이 환경에 관해서는 상과 벌을 거꾸로 주는 이유는

---

7) 이정전, 『환경경제학 이해』, 개정판(서울: 박영사, 2011), 18-19면 참조.

어디에 있는가? 그 이유 가운데 첫 번째는 환경의 비배제적 성격에서 찾을 수 있다.[8] 환경에서 얻을 수 있는 여러 가지 혜택은 특정인을 배제해서 제공할 수 있는 것이 아니다. 이처럼 비배제성을 가진 것들은 이윤 추구의 대상으로 삼기가 매우 어렵다. 어떤 것이 이윤 추구의 대상이 되기 위해선 우선 돈을 안 내는 사람을 배제하고 돈을 내는 사람에게만 그것을 공급할 수 있어야 한다. 보통 시장에서 많이 거래되는 상품들은 대부분 이러한 배제성을 갖는 것들이다.

역으로 환경을 개선하는 행위가 이윤 추구의 대상이 될 수 없는 이유는 돈을 안 내는 사람에게만 환경 개선의 혜택을 베풀기가 무척 어렵기 때문이다. 환경을 개선하는 사업이 잘 발달하지 않는 이유가 바로 여기에 있다.

시장이 환경에 대해서 상과 벌을 거꾸로 주는 이유 중 두 번째는 환경의 비경합적 성격에서 찾을 수 있다.[9] 일반적으로 시장에서 거래되는 상품은 경합관계에 놓여 있고, 따라서 이를 취득할 때는 반드시 응분의 대가를 지불해야 한다. 그러나 일반 재화와 달리 환경 개선의 이익과 같이 비경합성을 가지고 있는 것들은 대가의 지불 여부에 관계없이 누구나 그 혜택을 누리도록 하는 것이 경제원칙에 부합한다.

대기의 정화를 비롯하여 환경을 정화함으로써 얻게 되는 편익은 비배제성과 비경합성을 가지기 때문에 공공재의 일종이라고도 할 수 있다.[10] 공공재는 사회적으로는 꼭 필요한 것들이지만 이윤 추구의

---

8) 같은 책, 70–71면 참조.

9) 같은 책, 71–72면 참조.

10) Dale Jamieson, *Ethics and the Environment: An Introduction*(New York: Cambridge Univ. Press, 2008), pp.14–16 참조.

대상으로서 적절하지 않기 때문에 잘 생산되지도 공급되지도 않는다. 그래서 정부가 적극적으로 나서지 않으면 깨끗한 공기, 깨끗한 물, 아름다운 경관 등과 같은 공공재가 지나치게 적게 공급되어 사회적 문제가 발생하게 된다.

그렇다면 경제적 접근에서는 이러한 문제를 어떻게 해결하고자 하는가?

시장경제체제의 대원칙 가운데는 이런 게 있다. 어떤 활동이 사회적 비용을 발생시킬 경우는 그 활동의 주체로 하여금 반드시 이 비용에 대한 대가를 치르도록 한다는 것이다. 이 원칙이 지켜지지 않을 때는 시장의 실패가 발생하게 된다. 그러니까 경제학에서는 환경오염물질을 과도하게 배출하면 사회적 손실이 발생함에도 불구하고 이에 대하여 아무도 대가를 지불하지 않기 때문에 문제가 발생한다고 본다. 따라서 환경문제에 대하여 경제학이 제시하는 대책은 원론적 차원에서는 간단하다. 즉, 환경오염의 원인자로 하여금 환경의 이용에 대하여 응분의 대가를 정확하게 치르도록 하는 것이다.

그런데 보통 환경오염 피해에 대해서는 원인자가 응분의 대가를 지불하지 않는다. 환경오염에 대한 특별한 대책이 없는 경우 환경을 오염시키는 행위는 피해 보상의 책임을 수반하지 않기 때문에 자제되지 않고 성행하게 된다. 이른바 환경문제는 외부효과의 문제이기 때문에 그 해결이 더욱 어려운 것이다.[11]

이상에서 보다시피 환경문제에 대한 경제적 접근 또한 나름대로 한계를 지니고 있음을 알 수 있다. 그 한계 가운데 첫째는 경제의 자기 재생산과 적응은 오로지 지불·비지불의 시장기제에 의하여 이뤄

---

11) 제임스 구스타브 스페스, 『아침의 붉은 하늘』, 김보영 옮김(서울: 에코리브르, 2005), 194면 참조.

지는데, 환경문제만큼은 그렇지 않다는 점이다. 환경문제가 경제적으로 고려되려면 가격을 가져야 한다. 가격으로 표시되지 않는 것들은 경제활동에 장애가 될 뿐 전혀 고려되지 않기 때문이다. 그런데 시장에서 지불의 연속성을 보장해주는 벌목된 목재는 경제적 가치로 환산되지만 자연상태의 수목은 그러지 못한다. 자연환경의 가치는 시장의 가격 구조를 통해서 지불·비지불의 순환틀에 연결되지 못한다는 것이다.12)

경제적 접근의 한계, 두 번째는 이윤 추구라는 경제의 본질로 인해 자연환경이 도외시될 수밖에 없다는 점이다. 경제가 이윤 추구를 원리로 삼는 한 이윤이 끊임없이 증대되어야 하며, 그렇지 않으면 경제활동은 파탄 나고 만다. 그러나 경제활동이 의존하고 있는 자연환경은 무한히 지속되지 않는다. 해결방법, 즉 자연환경을 현상 그대로 보호하면서 경제활동을 계속 유지하는 방법이 없는 것은 아니다. 그것은 다름 아닌 유한한 자연 환경을 무한히 이용하는 것, 요컨대 재활용(recycle)이다.

재활용이란 재생 이용이 가능한 물질을 포함하고 있는 쓰레기를 회수하여 다시 자원으로 생산 과정에 투입하는 것을 말하며, 폐지, 유리, 플라스틱, 타이어, 고철, 알루미늄 등이 그 대상에 포함된다. 그러나 이들 폐기물이 그 회수비용이나 자원으로서의 가격 면에서 경제 회로 속에 산입되어 있지 않은 것이 현 상황이다. 예를 들어 폐지가 재활용되려면 그 가격이 새로운 펄프 가격보다 낮아야 하며, 그러나 값이 너무 싸면 회수작업이 수지가 안 맞아 재활용은 중단돼 버린다.13)

---

12) 노진철, 앞의 책, 63-64면 참조.

13) 菊地惠善, 「環境倫理學の基本問題」, 加藤尙武・飯田亘之 編, 『應用倫理學研究』(東

현행의 재활용 과정조차 경제 회로에 좀처럼 잘 들어맞지 않는데, 재활용이 지구의 자연환경 전체에까지 확대될 경우 경제원리와 양립할 수 있을지 의문이다. 이 경우의 재활용은 자원이나 에너지를 재생 이용하는 것이 아니라 자원이나 에너지를 자연의 재생 능력을 이용하여 소비한 양과 같든지 혹은 그 이상의 양을 회복하도록 순환시키는 것이다. 그 전형은 농업이나 임업, 어업이다. 이른바 양식어업이란 어업에 대한 농업원리의 적용에 다름 아니다. 농업에서는 자연 생명력이 낮은 것을 수탈하는 것이 자연생명력을 육성하고 재배하는 일 없이는 불가능하다. 수탈만 할 뿐 재배를 소홀히 하면 수확량 그 자체가 점점 줄어 곧 제로가 된다. 이처럼 농업에서는 자연 전체의 재활용을 무시하는 일이 허용되지 않는다. 그러나 광공업이나 제조업, 운송업이나 서비스업, 게다가 농림어업에서조차 경제원리의 우선하에 자연 전체의 재활용 능력은 끝없이 무시되고 있다. 예를 들어 열대우림의 황폐화는 종이 소비량이 수목의 성장률을 초월하는 데서, 그리고 또 소비량에 걸맞은 만큼의 방법, 즉 식수가 이뤄지지 않기 때문에 발생하는 것이다. 경제 활동은 자연환경의 보호를 부담하면서까지는 유지될 수 없는 것이다.

3) 기술적 접근과 그 한계

기술은 인간의 실존적 조건이다. 과거에는 인간 해방의 도구, 즉 인간을 자연의 지배로부터 그리고 주술적 세계관으로부터 벗어나게 하는 데 거의 절대적인 기여를 했고, 오늘날에는 그 영향이 더욱 깊

京: 千葉大學敎養部倫理學敎室, 1993), 178면 참조.

어져 사회의 모든 시스템이 기술 없이는 한 발짝도 옴짝달싹 못 할 정도가 되었다. 기술은 이처럼 우리 삶에 절대 필요한 것이지만 현대에 들어와서는 과학과 결합하여 대규모로 보편적으로 적용되면서 인류의 생존까지도 위협하는 환경문제를 초래하였다.

과학기술주의자들은 우리가 직면한 전 지구적 환경문제도 과학기술로 해결할 수 있다고 본다. 이들은 현재 진행 중인 디지털 혁명, 유전자 혁명 그리고 앞으로 혁명적 변화를 가져올 것으로 기대되는 나노기술과 신경공학이 인간의 약점을 모두 치유해서 새로운 존재로 만들 것이고, 그 결과 현재의 환경문제는 과학기술이 덜 발달했을 때 불가피하게 발생하는 일과성 에피소드로 지나가고 말 것이라고 여긴다.14) 그들은 자연을 단순히 인간의 이익을 위해 이용해야 할 대상으로 여기고, 자연을 이용하는 과정에서 발생하는 환경문제는 기술적 진보를 통해 얼마든지 해결해 나갈 수 있다는 지극히 낙관적 입장을 취한다.

하지만 "테크놀로지는 중독성이 있으므로 기술적 진보는 오직 그보다 나은 진보에 의해서만 해결 가능한 문제들을 발생시킨다"15)라는 지적처럼 기술적 해결에는 그 나름대로 문제점을 수반한다.

첫 번째는 경제원리의 문제이다. 환경문제에 대한 기술적 접근이 지향해야 할 최종 목표는 해악을 최소한 억제하면서 최대한의 효과를 얻도록 지구자원을 이용하는 것, 요컨대 자원의 효율적 이용이다. 그런데 이러한 자원 이용의 효율성을 제고하는 데는 전제조건이 있

---

14) 이필렬, 「과학기술과 환경문제」, 최병두 외, 『녹색전망』(서울: 도요새, 2002), 434-35면 참조.

15) 로널드 라이트, 『진보의 함정』, 김해식 옮김(서울: 이론과실천, 2006), 22면.

다. 환경 친화적인 기술에 의해 생산된 제품이 상품으로서 경제 회로에 편입돼 있어야 한다는 것이다. 하지만 이는 현실적으로 쉽지 않다. 환경오염 물질을 많이 배출하면서 생산하는 공정은 저렴하나 환경친화적인 공정은 비싸고 따라서 환경파괴적인 상품은 잘 팔리는 반면 환경 친화적인 상품은 그 반대이기 때문이다. 기술 개발은 결국 경제원리에 구속받지 않을 수 없는 것이다. 경제원리에 따르면서도 달성 가능한 환경친화적 기술 개발이 결코 쉽지 않은 것이다.[16]

두 번째는 추상화이다. 기술이란 늘 무엇인가의 목적을 달성하기 위한 도구이다. 벼농사기술은 쌀을 생산하기 위한 도구이고, 교육의 기술은 사람에게 지식을 전달하기 위한 도구이다. 기술이 특정 목적을 위해 사용되는 수단적 도구라는 것은 기술이 물질이나 생물 또는 인간을 특정 목적을 위해 조망한다는 것이다. 그 목적에 맞는 방식으로 물질이나 생물 또는 인간을 관찰하고 가공하고 관리하는 것이다. 요컨대 물건을 그 목적의 관점에서만 조망하지, 그 자체 전체를 대상으로 삼는 것이 아니다. 한 그루의 삼나무는 기술의 목적에 따라 연료로, 재목으로, 감상 대상으로, 바람막이로, 차양 등으로 취급될 수 있는 것이다.[17]

기술이 물건을 추상적으로 다룬다는 것은 그 물건의 특정한 목적 이외의 부분에 관해서는 도외시한 채 다룬다는 것이다. 강물이 수력 발전을 위한 자원으로 간주됐을 때 그 강에서 생식하는 동식물은 도외시될 수밖에 없다. 학교에서 학생의 학력을 공정하게 평가하는 시험은 학력 이외의 학생의 능력은 당연히 무시하게 된다. 이와 같이

---

16) 菊地惠善, 前揭論文, 179-180면 참조.
17) 上揭論文, 180면 참조.

기술이 물건의 추상화를 본질로 삼고 있는 한 어떤 기술에서 도외시되었던 부분을 구해내는 기술 또한 다른 새로운 부분을 다시 숨겨놓지 않을 수 없다. 어떤 기술이 낳는 해악을 막는 기술 또한 다른 새로운 해악을 낳을 위험은 늘 남겨지게 된다.

세 번째는 자기목적화이다. 환경파괴는 인간의 의도적인 산물이 아니라 기술 행위의 비의도적인 산물이다. 여기서 문제는 이 '비의도적'이라는 말에 있다. 이 말은 기술 행위가 인간의 의도와는 상관없는 나름의 논리를 가지고 있다는 뜻이다. 여기서 우리가 우려하는 바는 기술공학이 이미 인간의 통제권을 벗어나 자신의 논리에 따라 발전해가고 있다는 사실이다. 우리는 현대 기술이 이미 단순한 삶의 도구가 아니며, 인간이 통제할 수 있는 단계를 넘어섰다는 사실을 직시해야 한다.[18]

기술은 자기논리하에 보다 정확하게, 보다 효율적으로 세련도를 끊임없이 제고해 가고 있다. 문화의 진보 발전이란 바로 이러한 기술의 고도화에 다름 아니다. 기술의 고도화는 확실히 인간 노동의 절감과 효율성이라는 많은 혜택을 가져다주었다. 그러나 인간 정신에 의해 자각되고 있었던 목적이나 의미는 기술이 전문화되고 복잡해짐에 따라 점점 간접적으로밖에 의식되지 않게 되고 결국에는 어떤 기술이 왜 필요한지 고려조차 되지 않은 채 그대로 인간에게 제공된다. 도구나 기계가 만들어내는 거대한 그물망은 인간의 눈을 가리고 출구를 막아 버린다. 인간은 기술에 추월당하고 기술에 의해 독촉당하게 된다.

---

18) 이진우, 『녹색사유와 에코토피아』(서울: 문예출판사, 1998), 125면 참조.

만약 미래세대에게 미지의 어떤 결과를 초래할 수 있는 기술이 실제로 인간의 통제를 벗어나 자율적으로 움직이고 있다면 생태계의 파국은 명약관화한 일일 것이다. 그러므로 생태계의 파괴로 말미암은 기술 문명에 대한 공포는 이제 인류의 존재와 미래에 대한 우려와 성찰로 전환되어야 한다.

4) 문화('자연주의')적 접근과 그 한계

환경문제는 현실 문제이기에 현실적인 대응이 최선이라는 의견의 근거로서 끝으로 '자연주의'의 이상이 있다. 자연주의란 현재의 기계 문명, 소비문화, 도시생활 등을 멀리하고 가능한 한 물건을 소비하거나 폐기하지 않는 삶, 자연과의 조화로운 삶으로 돌아가자는 사고이다. 급진적인 환경보호운동가나 진보적인 문화인 등이 이러한 입장을 취하는데, 이들은 '자연과의 공생'이야말로 정론이라는 논조로 소리 높여 주창한다.[19] 사람들은 '자연과의 공생'이라는 말을 듣게 되면 잠시나마 자신의 삶을 반성하기도 하고, '자연과 더불어 사는 삶'을 동경하기도 한다.

그러나 냉철하게 따져 보면 낱말의 아름다움과는 정반대로 그러한 주장에서 우리는 모종의 미심쩍은 느낌을 감지할 수 있다. 이유는 그러한 주장이 애초부터 원리적으로 불가능한 것을 주장하고 있는 것처럼 보이기 때문이다. 그렇다면 자연으로 돌아간다는 것이 불가능한 이유는 무엇일까?

그것은 첫째, 현재의 생활양식을 바꾸고 현재의 생활수준을 낮추

---

19) 가토 히사다케, 『환경윤리란 무엇인가』, 김일방 옮김(대구: 중문, 2001), 211–12면 참조.

어 한 세대나 두 세대 이전의 생활로 되돌아가는 것이 현실성이 없기 때문이다.[20] 물론 '자연으로 돌아가는 시도'가 개인이나 소규모 사회에서는 가능할지 모른다. 하지만 사회 전체가 테크놀로지를 거부할 경우 문명국가가 공업문명으로부터 이탈하여 후진 국가로 전락하게 될 텐데 그러한 우를 대체 어느 나라가 범하겠는가. 예를 들어 현재 우리의 주거생활은 수도나 가스, 전기의 사용을 전제로 한다. 자연으로 돌아간다는 이유로 수도를 우물물로, 가스를 장작으로, 전기를 기름이나 등잔불로 바꾸는 것은 이제 와서 불가능한 논의이다.

현대인들에게 '자연과의 공생'이란 취미 삼아 가끔 야영생활을 해보는 경우를 제외하고는 누구도 바라지 않을 것이고, 실제로 바란다 하더라도 불가능한 일이다. 평소에는 현대적인 쾌적한 삶을 즐기면서 자연 안에서 자연과의 조화로운 삶을 이상으로서 원하는 것은 단지 회고 취미밖에 안 된다. "인생을 의도적으로 살아보기 위해서"[21] 월든 숲으로 들어간다며 야심찬 계획을 발표했던 소로(Thoreau)의 모험도 한시적인 것이었고, 그 모험담인『월든』이 현대인들에게 필독서로 권장되는 이유 또한 물질 중심의 삶을 반성해보도록 하자는 의도에서이지 실지로 숲으로 돌아가라는 의미는 아니다.

자연으로 돌아간다는 것이 불가능한 두 번째 이유는 그러한 삶이 자연친화적일지는 모르나 환경적으로는 효율성이 떨어지는 삶이라는 데 있다. 아무리 자연과 조화로운 삶일지라도 그 자체가 자연일 수는 없으며, 아무리 이전의 생활양식을 따른다 하더라도 그것이 결코 환경파괴가 제로가 된다는 것을 의미하지는 않는다. 예를 들어 자

---

20) 菊地惠善, 前揭論文, 182면 참조.
21) 헨리 데이비드 소로,『월든』, 강승영 옮김(서울: 이레, 1994), 107면.

동차 대신에 우마차를 사용한다 해도 우마차가 확실히 가솔린은 먹지 않지만 사료는 필요로 한다. 자동차 수에 필적할 만큼의 소나 말을 사육한다고 할 경우 과연 어느 정도의 목초지와 곡물 밭이 요구될지 상상하기 어려울 것이다. 또 가스나 전기의 경우도 그렇다. 가스나 전기 대신에 나뭇가지나 장작을 사용한다면 방대한 면적의 잡목림이 요구될 것이다. 그럴 경우 연료용 삼림을 확보해야 하며, 오늘날과 같은 도시로의 인구 집중 또한 당연히 억제해야 할 것이다.[22]

이러한 이유로 구식 수단으로 되돌아가기만 한다면 환경파괴가 그친다는 사고는 너무 단순한 발상이다. 어떤 수단에 의지하든 자연환경은 어느 정도까지는 파괴되지 않을 수 없다. 그러므로 중요한 것은 효율성이다. 이 효율성의 관점에서 보면 때때로 이상으로 여겨지는 자연적인 생활보다도 현대의 도시생활 쪽이 훨씬 더 바람직하다고 할 수 있다. '기술의 자연화·소박화=인간적인 삶·에너지 절약', '기술의 고도화=비인간적인 삶·에너지 고갈'과 같이 생각하는 것은 일종의 풋내기 같은 사고이며 효율화는 오직 기술의 고도화를 통해서 달성될 수 있음을 알아야 한다는 것이다.[23]

자연으로의 복귀가 어려운 마지막 이유는 자연으로의 복귀 주장에는 자기기만적 요소가 담겨 있다는 데 있다. 자연과 공생하려면 우리 인간도 많은 희생을 치러야 한다. 예를 들어 농약을 치지 않는 유기농법으로 재배된 농산물을 먹으려 한다면 병해충으로 인한 품질 저하나 수확량 감소를 각오해야 한다. 또 온풍기를 이용한 하우스 재배를 그만두려 한다면 겨울에 오이나 토마토가 들어간 샐러드를 먹는

---

22) 菊地惠善, 前揭論文, 183면 참조.
23) 가토 히사다케, 앞의 책, 212-13면 참조.

것을 체념해야 한다. 논이 우리나라의 토지 보전에 도움 된다고 판단
된다면 쌀값이 국제 가격의 몇 배가 될지언정 높은 값을 내고서도 한
국산 쌀을 먹어야 한다.24)

자연과의 공생을 주장하는 자연주의가 미심쩍게 느껴지는 것은 이
러한 희생은 도외시한 채 유익한 측면만을 선전하는 경향이 있기 때
문이다. 유기농법으로 생산된 토마토가 안전하고 맛도 좋다는 것은
말해도 그것을 생산하는 데 어느 정도의 품이나 시간이 드는지는 말
하지 않는다. 때깔 좋고 알이 여문 토마토를 사계절 내내 대량으로
공급해야 한다면 유기농법으로는 도저히 어렵다는 것도 부정할 수
없는 현실이다. 그러므로 자연주의는 부분적으로밖에, 요컨대 예상
되는 자연 파괴를 방지하기 위한 이론적 근거로서밖에 주장할 수 없
다는 자기모순을 갖고 있다. 그것은 바로 도시생활자가 농촌생활은
자연이 풍요롭고 아주 멋있다고 찬미하며 감격하는 것과 같은 것이다.

3. 현실적 접근의 한계에 대한 대안: 환경윤리학

1) 대안의 근거

환경문제를 과연 현실적인 대응책으로 해결할 수 있을지 정치, 경
제, 기술, 문화('자연주의')라는 네 가지 측면에 걸쳐서 검토해봤지만
그 어느 대응책도 근본적인 한계를 지니고 있음을 알 수 있었다. 물
론 한계를 지니고 있다고 해서 네 가지 대응 방안들이 전부 다 불필
요하다는 것은 아니다. 네 가지 대응책들도 부분적으로는 나름대로

---

24) 菊地惠善, 前揭論文, 183면 참조.

큰 효력을 발휘할 수 있고, 따라서 환경문제의 사안에 따라 적절히 활용할 수 있어야 한다.

그런데 현실적인 대응책들이 제각기 한계를 지니고 있는 이유는 무엇일까? 그 이유 가운데 핵심은 그 대응책들이 바로 '현실적'이라는 데 있다고 본다. 현실적인 대응책이란 지금 제기되고 있는 사태와 상황을 인정한 위에서 그 사태나 상황의 문제를 해소하려고 노력하는 것, 즉 항상 현실을 뒤쫓아 가는 방식이다. 그렇다고 한다면 어떻게 해소하려 하든 해당 현실 그 자체는 늘 계속해서 재생산되기 마련이다. 그러므로 문제 그 자체를 해결하려 한다면 현실을 추종하는 해결책이 아니라 현실 그 자체를 바꾸는 해결책을 찾아내야 한다. 요컨대 현실의 본질에까지 소급해서 원리적인 해결책을 찾도록 해야 한다. 누수를 양동이로 받아내는 데는 한이 없다. 누수 그 자체를 그치게 하려면 마개를 잠그고 수로를 보수해야만 한다.

환경문제를 윤리학적 차원에서 접근하지 않으면 안 되는 것은 바로 이 때문이다. 현실적 접근들은 눈앞에 직면하고 있는 실제적 환경문제에 주목하여 현실적인 방법으로 이를 해결하고자 한다. 하지만 윤리학적 접근은 환경문제에 보다 원리적으로 접근하므로 현실적 접근이 범하게 되는 과오로부터 벗어날 수 있는 강점이 있다. 물론 그러한 강점이 현실적 접근의 효력을 전부 다 무력화시킬 정도는 아니지만 현실적 접근의 한계를 보완시켜 현실적 접근의 방향을 새로이 제시할 수 있다는 점에서 큰 의의가 있다고 하겠다.

정치란 사회질서를 유지하고 사회구성원 모두의 행복을 가능한 한 증대시키려는 기술이다. 그런데 그 사회구성원이란 현재 생존하고 있는 인간, 즉 현세대를 말한다. 정치적 접근은 늘 현세대의 이해관심만을 고려할 뿐 미래세대의 이해관심까지는 고려하지 않는다는 것이다.

경제란 생산활동과 소비활동을 핵심으로 하며 그 기본 목적은 이윤의 확보이다. 다양한 욕구 충족에 필요한 각종 재화를 생산하기 위해선 수많은 종류의 자연 자원에 의존할 수밖에 없으며, 이번에는 그 자원으로 생산된 재화를 소비하는 과정에서 다양한 폐기물을 배출하게 된다. 경제활동은 이와 같이 환경에 이중의 영향을 미치고 있는 것이다. 경제적 접근은 생태계를 구성하는 한 축인 무생물을 어디까지나 이윤 확보를 위한 자원으로만 본다.

기술적 접근 역시 자연을 단순히 인간의 이익을 위해 이용해야 할 대상으로 여기며, 자연을 이용하는 과정에서 발생하는 환경문제는 기술적 진보를 통해서 얼마든지 해결해 나갈 수 있다는 입장을 취한다.

자연주의적 접근은 오늘날 우리가 겪고 있는 환경문제의 원인은 인간중심적 사고에 있다고 보고 반문명적인 삶, 자연과 더불어 사는 삶을 강조한다. 그러나 이는 과거 사회를 지나치게 이상화함으로써 실현 가능성이 매우 희박하다는 치명적인 결함을 노정하고 있었다.

이상의 현실적 접근들이 지니고 있는 결함들을 간추리면 ① 전형적인 폐쇄적 인간중심주의 입장, ② 현세대 및 동시대 중심적 입장, ③ 기술 중심적 낙관주의, ④ 실행 불가능한 낭만주의 등으로 요약할 수 있다.

이러한 결함들은 우리로 하여금 환경문제가 제기하는 본질적 물음들에 대해 숙고하기를 요구하고 있다. 우주에서의 인간의 지위란 어떻게 자리매김해야 하며, 인간 이외의 존재 또한 우리의 도덕적 고려 대상에 포함시켜야 하는가? 만약 포함시킨다면 그 범위는 어디까지인가? 나의 삶과 내 후손들의 삶은 어떤 관계에 있으며, 후손들의 삶의 문제까지 고려해야 하는가? 나를 둘러싼 자연환경은 어떤 관점에서 바라봐야 하는가? 환경문제는 이처럼 우리로 하여금 어떻게 사는 것이 바람직한가 하는 본질적 물음을 제기하고 있는 것이다. 이러한 물음에 대한 고민이 없는, 바꿔 말하면 윤리학적 고민과 비전이 없는 현실적 접근은 기껏해야 위험한 성공일 뿐이다.

2) 대안으로서의 환경윤리학

환경문제가 윤리학의 주제가 되는 것은 그 문제가 우리 인간의 가치론적 평가 대상이 되고, 또 그 문제를 낳은 원인이 바로 우리 인간의 행위에 있기 때문이다. 환경문제가 가령 지진이나 태풍, 쓰나미와 같이 자연 그 자체의 원인에서 유래하는 것이라면 그것은 결코 윤리학의 주제가 되지 못할 것이다. 환경문제는 확실히 우리 인간의 행위에 의해서 발생한 문제라는 점에서 윤리학이 고찰해야 할 주제가 된다. 그러나 환경문제가 인간의 행위에 관한 문제라고는 해도 그 행위가 종래의 윤리학이 전제하고 있었던 행위 개념과는 성격을 크게 달리한다는 점에서 본다면 환경윤리학은 종전의 윤리학과도 차별된다. 그렇다면 환경윤리학이 전통윤리학과는 어떻게 다르며, 현실적 접근의 한계에 대한 대안은 어떻게 마련할 수 있는지, 이에 관해 고찰해 보기로 한다.

(1) 인간 이외의 존재

윤리학은 전통적으로 인간은 무엇을 위해, 그리고 어떻게 사는 것이 바람직한가 하는 물음에 몰두해 왔다. 인간에게 보편타당한 삶의 목적과 행위의 법칙을 찾아 제시하고자 부단히 노력해 왔던 것이다.

이와 같이 전통윤리학은 인간의 삶의 목적과 행위 방식을 주로 다루기 때문에 인간 이외의 존재들에 대해선 고려할 여지가 없었다. 따라서 전통윤리학은 자연히 인간 중심의 윤리가 될 수밖에 없으며, 인간 중심적이기에 거기서 고려됐던 것은 오직 인간의 행복과 불행뿐이었다.

그러나 1960년대 후반, 응용윤리학의 일부로 출발한 환경윤리학은 인간 이외의 존재도 도덕적 고려 대상의 범위에 포함시킬 것을 주장한다.[25] 물론 전통윤리학의 틀 내에서도 환경문제에 대한 적절한 대응책을 마련할 수 있다고 보는 견해도 있으나, 인간 중심의 도덕공동체의 틀을 허물고 그 범위를 확대할 것을 주장하는 쪽이 대세다. 전통윤리학이 인간 대 인간, 인간 대 사회의 관계를 다뤄왔다고 한다면, 환경윤리학은 기존의 관계를 넘어서 인간 대 인간 이외의 존재와의 관계까지 다루지 않으면 안 된다는 주장이다.

그리고 전통윤리학이 인간 대 인간의 관계를 다뤄왔다고 해도 그 인간은 어디까지나 우리와 같은 시기에 생존하고 있는 인간만을 가리킨다고 한다면, 환경윤리학이 다루고 있는 인간에는 우리와 동시기에 존재하고 있지 않은 인간, 즉 미래세대도 포함한다. 그런데 윤리란 통상적으로 서로 대등한 상호적 관계에서 논의되는 것이 일반적임에도 환경윤리학의 연구 대상은 그렇지 못하다는 데 문제가 있다. 인간과 인간 이외의 존재, 양자 간의 관계는 서로 대등하지도 않고 또 비상호적이다. 하지만 이것이 환경윤리학의 특징으로 이 학문은 서로 대등할 수 없는 존재자 간의 비상호적 관계에서 있을 수 있는 최선의 관계를 모색하는 것이다.[26]

---

25) Roderick Frazier Nash, *The Rights of Nature*(Madison: Univ. of Madison Press, 1989), pp.13–32 참조.

이러한 주장을 펴는 대표적인 학자로 리건(T. Regan)을 들 수 있다. 먼저 그는 환경윤리학이 성립하기 위한 두 가지 조건을 제시하는데, 첫째는 도덕적 지위를 갖는 인간 이외의 존재자가 있다고 간주하는 것이고, 둘째는 도덕적 지위를 갖는 존재자가 의식을 갖는 존재자를 포함하거나 혹은 후자보다 그 범위가 더 넓다고 간주하는 것이다.[27] 바꿔 말하면 환경윤리는 모든 의식적 존재자와 의식이 없는 일부 존재자까지 도덕적 지위를 갖는 것으로 간주해야 한다는 주장이다.

이 두 조건은 어떤 이론이 '환경윤리' 이론으로 인정받기 위해선 그 이론의 진위 판단에 앞서서 우선 충족해야만 하는 조건이라고 리건은 말한다. 첫째 조건만을 충족하고 둘째 조건을 충족시키지 못하면 그 이론은 진정한 환경윤리가 될 수 없다는 것이다.

리건에 따르면 첫째 조건은 '환경의 윤리(an ethic of the environment)'와 '환경 이용을 위한 윤리(an ethic for the use of the environment)'로 구분된다. 인간의 이해관심(interest)만이 도덕적으로 고려된다면 환경 이용을 위한 인간 중심적 윤리가 성립하게 되는데, 리건은 이 경우를 '관리(경영)의 윤리(a management ethic)'라고 부른다. 반면에 '환경의 윤리'는 인간 이외의 존재에게도 도덕적 지위를 인정할 것을 요구한다.

두 번째 조건은 ① 인간 이외의 동물의 생명, 이해관심도 고려에 포함될 수 있다는 입장과 ② 식물이나 생명이 없는 자연물도 도덕적 지위를 갖는다는 입장으로 구분된다. 리건은 ①을 '근친의 윤리(a kinship ethic)'라고 부르는데, 그 이유는 의식(지각력)이 있다는 점

---

26) 김일방, 『환경윤리의 쟁점』(파주: 서광사, 2005), 89–90면 참조.

27) Tom Regan, "The Nature and Possibility of an Environmental Ethic," in Tom Regan, *All That Dwell Therein*(Berkeley and Los Angeles, CA: University of California Press, 1982), pp.185–205 참조.

에서 인간과 유사하고, 그 점에서 근친한 존재에게 도덕적 지위를 인정하기 때문이다. 리건은 ②가 자신의 입장으로 단지 이것만이 유일하고 진정한 환경윤리라고 주장한다.

위와 같은 주장은 현실적 접근에 많은 시사점을 준다. 환경문제가 인간에게 피해를 줄 만큼 사회적 문제로 부각될 경우 사회가 관심을 갖고 해결해야 하므로 사회과학적 접근과 더불어 문제 진단과 해결을 위해 과학기술적 접근이 우선적으로 요청된다. 그런데 이러한 현실적 접근은 문제의 현상적 치유에 그칠 가능성이 높다. 또한 그러한 접근은 사후 문제 처리에 집중하므로 본질적 해결에 이르지 못한다. 환경문제의 사후 처리도 중요하지만 우리에게 더욱 요구되는 것은 사전에 예방이 가능하도록 사회 시스템을 새로이 구축하는 일이다. 이것이 가능하려면 자연을 대하는 인간의 관점과 태도가 획기적으로 바뀌어야 한다. 그러기 위해 현실적 접근은 환경윤리적 시각을 수용할 필요가 있다. 인간 이외의 존재를 인간이 마음대로 착취해도 무방한 수단으로 대상화할 것이 아니라 인간과 더불어 공진화하는 전체로서 파악해야 한다. 그럴 경우 여기서 문제가 되는 것은 인간 이외의 존재를 어느 범위까지 도덕공동체의 범위 안에 수용할 것인가 하는 것이다.[28]

필자가 제안하고 싶은 입장은 개방적 인간중심주의이다. 이 입장은 인간 존재가 인간 이외의 존재들보다 본질적으로 더 가치가 있다

---

[28] 도덕적 고려 대상의 범위를 어떤 존재에게까지 확대하느냐에 따라 전통적 인간중심주의, 계층적 생명중심주의, 의식중심주의, 평등주의적 생명중심주의, 생태중심주의, 인공적 환경까지 포함하는 보편윤리로 구분하기도 한다. David R. Keller, ed., *Environmental Ethics: The Big Questions*(Chichester, West Sussex: Blackwell Publishing, 2010), pp.1–20 참조.

고 주장하지만, 또 이 입장은 적어도 비인간적 존재들이 단순히 도구적으로 다뤄져서도 안 된다고 본다.[29] 인간 이외의 존재들에게도 도덕적 지위는 부여되어야 하며, 그리고 때로는 어떤 종이 멸종 위기에 처해 있다면 법적 권리를 부여해서라도 보호해야 한다는 입장이다. 개방적 인간중심주의는 현실적 접근이 취하고 있는 폐쇄적 인간중심주의와 리건이 취하고 있는 자연중심주의 사이의 변증법적 일치를 도모하는 입장이라고 할 수 있다.

폐쇄적 인간중심주의란 인간=목적, 자연=수단으로 등식화함으로써 자연은 어디까지나 인간의 목적을 위한 도구로만 간주한다면, 자연중심주의란 자연과 인간을 대립적 관계로 보지 않고 양자는 한 덩어리로 서로 긴밀하게 얽혀 있는 전체로 간주한다. 폐쇄적 인간중심주의가 환경파괴의 원인으로 작용했음을 깨닫게 되면서 일부 학자들은 자연중심주의를 택할 것을 권고한다. 그러나 자연중심주의는 실천적 한계가 있다. 이는 자본주의 사회에 대한 구체적 분석 없이 환경윤리의 계몽으로 환경파괴가 중단될 것이라는 낭만적 인식을 갖고 있기 때문이다.

폐쇄적 인간중심주의를 넘어서되 그렇다고 해서 자연중심주의를 택할 수는 없다. 인간의 행위가 환경문제의 주 원인이지만 이를 극복할 수 있는 책임도 인간에 있기에 인간을 완전히 추상해 버리는 자연중심주의로는 곤란하다. 인간과 자연 간의 존재론적 연결성뿐만 아니라 인간의 특수한 위상 또한 확보할 수 있는 입장을 취할 때 환경문제 해결의 돌파구를 마련할 수 있을 것이다.

---

29) 김일방, 앞의 책, 141-153면 참조.

(2) 책임

　환경윤리학이 전통윤리학과 구별되는 두 번째 특징은 책임에 대한 이해 방식이다.[30] 전통윤리학은 인간의 행위가 어떤 원리에 의해 수행되는지를 동기론이나 목적론에 기초하여 이해하려고 해왔다. 반면에 환경윤리학이 대상으로 삼는 행위는 행위하는 인간 자신이 이해하고 있는 의미와는 다른 의미에서 이해되는 행위, 즉 비의도적·파생적 의미에서의 행위이다. 예를 들어 자동차를 운전하는 것은 내가 의도적으로 수행하는 행위이지만 대기를 오염시키는 것은 비의도적 행위이다. 이러한 비의도적 행위는 그것이 초래하는 결과에 대해서 책임을 물을 수 없는 것이 보통이며,[31] 책임을 물을 수 있다고 해도 도의적 책임에 불과하다. 하지만 환경윤리학에서는 비의도적 행위였어도 그것이 중대한 환경 악화를 초래하는 이상 책임을 면할 수 없다고 본다. 전통윤리학의 대전제인 개인적 행위 개념과 그것에 기초한 책임 개념은 이제 환경윤리학을 지탱하는 전제로는 작용할 수 없는 것이다. 환경에 대한 '책임'이라는 관점에서 볼 때 본래의 행위 개념은 확장되지 않으면 안 된다.

　이러한 특징 역시 현실적 접근에 시사하는 바가 있다. 가령 우리는 가끔 어떤 공해업체를 악덕기업으로 몰아붙이면서 마치 그 공해업체가 고의로 혹은 악의로 환경오염물질을 배출하는 양 지적하는 경우

---

30) 같은 책, 91–92면 참조.

31) 일반적으로 어떤 사람이 범한 행위에 대하여 도덕적 책임을 추궁할 수 없는 경우는 몇 가지 조건, 즉 ① 면책 가능한 무지, ② 외적·내적 강제, ③ 행위자의 통제력을 넘어서는 상황, ④ 능력이나 기회의 결여 등이 있다. 어떤 행위자가 자신이 한 행위의 성격이나 그 결과를 사전에 몰랐다는 것이 변명가능하다면 책임을 물을 수 없게 된다. 폴 테일러, 『윤리학의 기본원리』, 김영진 옮김(파주: 서광사, 2008), 216–21면 참조.

를 본다. 하지만 이 세상에 순전히 의도적으로 환경오염물질을 배출하는 기업은 없을 것이다. 공해업체가 오염물질을 배출하는 이유는 그렇게 하는 것이 돈벌이가 되기 때문이다. 이처럼 거의 모든 기업은 상품을 생산하기 위해 노동과 자본뿐만 아니라 어떤 형태로든 환경을 이용한다. 그런데 문제는 기업이 시장에서 노동과 자본의 이용에 대해선 임금과 이자라는 형태로 그 대가를 지불하지만 환경에 대해선 그러지 않는다는 점이다. 비의도적 행위라 하지만 정부가 나서서 책임을 묻지 않으면 어떤 기업도 환경의 이용에 대해서 응분의 대가를 지불할 생각조차 하지 않는 것이다. 그래서 모든 기업들을 시장에서 자유롭게 활동하도록 방임해두면 환경은 100% 착취당할 수밖에 없게 된다.[32] 비의도적인 행위라 하지만 그것이 환경에 악영향을 준다면 책임을 반드시 물을 수 있고, 또 그렇게 하는 것이 당연지사로 여겨지도록 우리의 의식과 더불어 제도를 바꿔나가야 한다.

앞서 살펴봤듯이 기술은 이제 인간의 의도와는 무관하게 자신의 논리에 따라 발전해가고 있고, 이러한 기술 행위의 비의도적 결과가 환경파괴를 초래하고 있다. 기술이 인간의 의도와는 상관없이 자율적으로 움직이고 있다고 하여 수수방관할 수는 없다. 비의도적 행위라 할지라도 그것이 환경의 악화를 초래하는 이상 책임의 대상으로 끌어들여야 한다.

(3) 선

환경윤리학이 전통윤리학과 구별되는 마지막 특징은 '선'의 개념에 대한 이해방식이다.[33] 윤리학은 본래 행위의 목표인 '선'을 탐구

---

32) 이정전, 앞의 책, 17-18면 참조.

한다. 행위의 선이 종래에는 행위를 수행하는 행위자의 자유의사에서 구해지거나 행위에 의해서 실현되는 가치에서 구해져 왔다. 그런데 환경문제에 관해선 이미 논했던 것처럼 행위자의 의도와는 상관없이 초래되는 해악이 문제가 되기 때문에 우리 모두가 일정한 룰에 따라 자유롭고 평등하게 행위한다고 해서 문제가 해결되는 것은 아니다. 왜냐하면 개인 행위의 선이 반드시 우리 모두의 그리고 환경 전체의 선으로 연결된다고는 할 수 없기 때문이다.

예를 들어 기아로 허덕이고 있는 한 마리의 노루를 구하는 것이 동물보호 정신에서 볼 때는 선한 행위로 평가되지만, 그 결과 노루가 너무 증식하여 농작물에 많은 피해를 준다면 노루의 목숨은 인간의 삶 속에서 그 가치가 계산될 수밖에 없다. 또한 연료로 쓰기 위해 벌채하는 것이 지구의 사막화를 초래한다는 사실을 알고 있어도 나무 외에는 연료로 쓸 만한 것이 없는 사람들에게 벌채를 그만두도록 명령할 수는 없다. 개별적 행위는 선하더라도 그것을 일반화할 경우 선이 안 될 수도 있고, 바람직한 결과를 얻으려고 하면 개인의 권리가 평등하게 보장받지 못하는 수가 있다. 인간 대 인간의 관계에서 생각할 수 있는 행위의 '선'이 인간 대 인간 이외의 존재의 관계에선 그대로 통용되지 않는 것이다. 그러니까 환경윤리학은, 개별적 행위의 선은 지구 생태계의 존속에 미치는 영향에 근거하여 평가해야 한다는 입장이다. 일명 생태계 전체주의라고도 부를 수 있는 이 입장은 그러나 모든 경우에 획일적으로 적용할 수는 없다. 전체적으로 바람직한 결과를 얻기 위해 개개인의 생존권마저 박탈하는 것은 생태계 독재

---

33) 김일방, 앞의 책, 92–93면 참조.

를 낳을 수 있기 때문이다. 환경문제를 개선하기 위한 시도가 오히려 인권을 침해하는 결과를 초래하지 않으려면 항상 분배정의를 염두에 두어야 한다.

분배정의를 늘 염두에 두는 생태계 전체주의는 현실적 입장에 어떠한 방향을 제시해줄 수 있을까? 지구는 무한히 열린 우주가 아니라 닫힌 세계이며, 이 세계에서는 이용 가능한 물질과 에너지의 총량이 유한하다. 인류의 존속을 바란다면 우리는 유한한 자원을 보존하고 지구 생명을 중시해야 한다. 이를 위해 우리는 지구라는 생태계와 그 안의 자원이 유한하다는 것을 현실적 접근 안에 반영해야 할 것이다. 예를 들어 소유주가 없는 지하자원을 이용하는 데에도 비용을 부과하고, 누구의 것도 아닌 대기권에 폐기물을 버리는 것도 유료화한다는 원칙을 채택해야 한다. 어떤 기술적 행위에 대한 선악 판단이나 환경문제에 대한 정치적 결정 또한 그것이 지구 생태계에 어떤 영향을 미치는가에 따라 이뤄져야 한다.

4. 맺음말

2011년 7월 27일 많은 인명 피해와 재산 손실을 가져온 우면산 산사태의 원인을 조사하기 위해 합동 조사단이 꾸려졌다는 보도이다. 조사단은 자원연구소, 도로공사, 건설기술연구원, 산림과학원, 사방협회, 지반공학회 소속 과학기술전문가들을 주축으로 구성되었다고 한다.[34]

---

34) 『경향신문』, 2011. 7. 30, 4면 참조.

한편 정계에서도 이 사태를 둘러싸고 논쟁이 뜨겁다. 현 정부와 서울시, 한나라당은 이번 산사태는 기습폭우에 의한 천재라고 주장하는 반면, 민주당은 개발·전시행정이 초래한 인재라고 주장하고 있다. 이렇게 주장이 상반되는 것은 서울시가 추진하는 무상급식 반대 주민투표를 둘러싼 정치적 이해관계 때문이다.

한 환경경제학자는 이번의 기습폭우 피해의 원인으로 지구온난화를 지목하면서 지구온난화를 줄이기 위해선 전력의 과소비를 막아야 하며 그러기 위해 전기요금을 인상해야 한다고 주장한다.[35] 혹자는 이번 사태의 원인이 자연의 경고를 무시하는 인간의 오만과 불감증에 있으며, 기술적 대책 마련에 앞서 개발주의 문명에 대한 성찰을 강조하기도 한다.[36]

우리 사회에 어떤 심각한 환경재앙이 발생했을 시 그 대응방안을 보면 위와 같은 방식을 걷는 것이 일반적이다. 눈앞에 직면한 문제이니만큼 즉각적 해결이 요구되게 마련이고, 따라서 현실적 접근 방안이 동원되는 것이 마땅하다 할 것이다. 그러나 그러한 현실적 접근은 늘 어떤 문제가 발생했을 시 사후처리 방식으로 대응한다. 사후처리 방식은 겉으로 드러난 문제 해결에 치중함으로써 근원적 처방을 제시하지 못한다는 치명적 결함이 있다.

앞에서 살펴봤던 것처럼 환경문제에 대한 현실적 접근들이 지니고 있는 한계를 정리해보면 이렇다. 정치적 접근의 경우는 ① 개별국가의 환경파괴 행위를 제어할 수 있는 범세계적 정치기구의 부재, ② 환경보호보다 재당선에 비중을 두는 입법가들의 단기적인 실적주

---

35) 이정전, 「원가에도 못 미치는 전기요금, 올리는 게 옳다」, 『프레시안』, 2011. 8. 1, 참조.
36) 안병옥, 「기상재해보다 무서운 오만」, 『경향신문』, 2011. 7. 29, 31면 참조.

의 정책 수립이다. 경제적 접근의 경우는 ① 지불·비지불의 시장 기제에 의해 작동하지 않는 자연환경의 가치, ② 이윤추구라는 경제적 본질로 인한 자연환경의 수단화, ③ 자연환경의 보호를 부담하면서까지 유지될 수 없는 경제시스템이다. 기술적 접근의 경우는 ① 경제원리에 부합하는 환경친화적 기술 개발의 어려움, ② 기술의 대상이 되는 모든 사물의 추상화, ③ 인간의 통제력을 벗어나 자기목적화한 기술이다. 문화적 접근의 경우는 ① 현실성이 없는 과거 생활방식으로의 회귀, ② 효율성이 떨어지는 자연으로의 복귀, ③ 자기기만적 요소가 담겨 있는 자연으로의 복귀이다.

이와 같은 약점들이 있음에도 불구하고 왜 우리는 어떤 환경재앙이 발생했을 시 윤리적 접근보다도 현실적 접근을 더 소중히 하는 걸까? 아마도 거기에는 다음과 같은 배경이 깔려 있기 때문일 것이다. 즉, 윤리적으로 해결하려고 해도 그 이면에는 너무나 다양한 윤리관·가치관이 존재하기 때문에 모두의 합의를 도출할 수 없는 반면, 현실적 접근의 경우는 사실판단에 기초하고 있기 때문에 객관적 해결이 가능할 수 있다는 믿음이다.

그러나 곰곰이 따져 보면 기술적 접근을 비롯한 현실적 접근도 가치관과 무관하지 않다. 현실적 접근은 ① 자연은 인간의 목적을 위해 착취해도 좋다는 인간중심주의 가치관, ② 동일 비용 투자 시 최대효과를 추구해야 한다는 효율화 중시 가치관, ③ 기술적 성공을 진리의 근거로 삼는 진리관, ④ 반문명주의 가치관 등의 지배를 받고 있다고 봐야 한다. 그러니까 현실적 접근의 배경에도 일정한 가치관이 존재하는 셈이 된다. 앞서 지적했듯이 현실을 추종하는 방식의 접근은 그것이 해결하는 만큼의 문제를 다시 제기한다는 약점을 지니고 있었다. 그러한 약점은 바로 이러한 가치관에서 유래한다고 봐야 한다. 그렇다면 현실적 접근이 지니고 있는 약점을 극복하기 위해 어떻게 대응해야 할지, 필자는 그 대안을 환경윤리학에서 찾아봤다.

첫째는 폐쇄적 인간중심주의와 자연중심주의 간의 변증법적 일치를 도모하는 입장인 개방적 인간중심주의의 수용을 권고하였다. 자연 착취적인 폐쇄적 인간중심주의를 폐기하는 것은 마땅하나 그렇다고 하여 인간을 추상해 버리는 자연중심주의를 택하는 것도 바람직하지 않다. 환경문제를 야기한 것도 인간이지만 그 문제를 극복할 책임 또한 인간에게 있기 때문이다. 우리에겐 자연도 중요하지만 문명도 포기할 수 없고, 인간성도 중요하지만 기술 또한 포기할 수 없다. 자연과 문명, 인간성과 기술의 공존 가능성을 추구해야 한다. 인간과 자연의 존재론적 연결성과 더불어 자연에서의 인간의 특별한 위상도 동시에 확보할 수 있어야 한다.

둘째는 비의도적 행위로 인한 결과에 대한 책임을 물어야 한다는 점을 강조하였다. 환경파괴는 의도적 행위보다도 비의도적 행위로 인한 경우가 훨씬 더 많기 때문이다. 그러나 비의도적이라는 이유로 환경에 부담을 주는 행위에 대해서 그 책임을 묻지 않아 왔다. 기술적 성공, 부의 공평한 재분배, 효율화 등의 목적 달성만 중요했지 그 과정에서 비의도적 행위에 대해서는 관심을 둘 여지가 없었다. 이제 우리는 비의도적 행위의 결과에 대한 책임을 기술·정치·경제·문화 시스템에 반영해 나가야 한다.

셋째는 개별적 행위가 선하다고 하여 환경 전체적으로도 선으로 연결되는 것은 아니기에 선·악에 대한 평가는 생태계 전체적 입장에서 내려져야 함을 강조하였다. "사슴이 늑대에게서 느끼는 죽음의 공포만큼이나 산은 사슴을 두려워한다"[37]는 레오폴드의 지적처럼 포식자인 늑대를 없애는 것이 사슴에겐 평화를 가져다주지만, 사슴의 평화가 이번에는 사슴의 서식지인 산을 황폐화시키고 만다. 그래서 레오폴드는 "지나친 평화와 안정은 결국 장기적으로는 위험을 부를 뿐이다"[38]라고 지적한다. 우리가 자연환경을 대할 때 어느 특정한 개체 입장에 설 것이 아니라 생태계 전체적 입장에 설 때 올바르게 대응할 수 있다는 주장이다. 선악시비의 판단 근거를 생태계의 안정성, 통합성에 끼치는 영향에서 구해야 한다는 것이다.

물론 현실적 접근에 이러한 대안을 권고할 수 있다고 하여 환경윤리학이 현실적 접근보다 우위에 있다거나 현실적 접근 없는 윤리학적 접근을 주장하는 것은 아니다. "윤리학 없는 과학은 맹목이고, 과학 없는 윤리학은 공허하다"[39]라는 지적처럼 윤리학이 환경 연구에 중요한 공헌을 할 수 있으려면 사실에 대한 확실한 이해 없이는 불가능하다. '지구온난화의 원인을 제공하는 행동은 나쁘다'라는 규범 판단을 내리려면 지구온난화 상태에 대한 확고한 이해가 전제돼야 하며, 만일 그렇지 않다면 이 판단은 매우 무책임한 것이 되고 만다. 부적절하고 무책임한 규범 판단을 제공하지 않으려면 환경윤리학은 과학기술적 사실들에 근거해야 한다.

---

37) Aldo Leopold, "The Land Ethic: Conservation as a Moral Issue; Thinking Like a Mountain," in James P. Sterba, ed., *Earth Ethics*, 2nd ed.(Upper Saddle River: Prentice Hall, 2000), p.148.

38) Ibid.

39) J. R. 데자르뎅, 『환경윤리의 이론과 전망』, 김명식 옮김(서울: 자작아카데미, 1999), 25-26면.

진보와 '대항진보'

1. 머리말

올해 말에 치러지는 대선을 앞두고 대선 후보자들의 선거 운동이 치열하다. 후보자 각자는 자신의 비교우위성을 드러내고자 각종의 청사진을 제시하는 데 여념이 없다. 새로운 미래 성장 기반을 마련하기 위한 '창조경제론', 획기적 국가 발전을 위한 '4대 성장전략' 등 다양한 비책들을 제시해놓고 있다. 정책은 다양하나 그것들의 공통점은 대한민국을 좀 더 진보한 국가로 이른바 명실상부한 선진국 반열에 올려놓겠다는 것이고, 이를 위해선 무엇보다 경제성장에 모든 게 달려 있다는 논리다. 진보는 상부구조의 변화이고, 그 진짜 원인은 하부구조에 해당하는 물질적 재화의 생산관계라고 주장하는 마르크스를 연상할 정도다.

물론 자본주의의 속성상 경제성장이야말로 체제 존속을 위해선 필수적이다. 달리던 자전거가 넘어지지 않고 계속 달려 나가려면 끊임없이 페달을 밟아야 하듯, 자본주의 체제 역시 그 존속을 위해선 끊임없이 경제성장의 페달을 밟아야 한다. 그런 과정에서 자본주의 체제는 그 체제에 속한 사람들을 진보·성장 이데올로기의 포로로 만들어 버린다. 어느새 우리는 끊임없는 진보·성장의 중단은 우리 삶의 중단이요, 체제의 소멸로 이어진다는 등식을 부지불식간에 뇌리 안에 새겨 놓았다. 이러한 인식하에 인류는 실제로 과거 어느 때와도 비교가 안 되는 물질적 풍요를 구가하고 있다. 인류는 물질적 풍요를 위해 자연을 중단 없이 개발해왔고 이제는 우주까지 정복하는 단계에 이르렀다. 이런 과정에서 문명은 곧 진보와 동일시되었고, 앞으로 이러한 진보는 현재로선 상상할 수 없을 만큼의 수준으로 지속될 것이라는 막연한 낙관적 전망이 선다. 하지만 프랑스 시인 발레리는 이미 20세기 초, 그리고 그 뒤 영국의 사학자 토인비 또한 문명의 죽음을 언급했고, 사회학자 후쿠야마는 '역사의 종언'을 선언하였다.[40] 그들의 사상을 동일시할 수는 없지만 역사의 진보에 대해 의문과 회의를 던졌다는 점에서는 서로 다를 바 없다. 그들의 성찰은 문명과 역사의 진보에 대한 계몽시대 이후의 낙관주의에 제동을 걸고 진보의 의미에 대한 반성을 요청한다.

물론 안락한 생활, 해방된 삶을 보장하는 기술적 발달을 꿈꾸는 곳에서는 아직도 진보의 개념이 크게 세력을 떨치고 있으며 또 사람들에게 많은 희망을 안겨 주고 있다. 그러나 일단 복지를 이룬 사회에서는 진보의 개념이 많은 문제를 안고 있다는 인식이 확산되고 있고, 그에 따라 진보는 논란의 대상으로 부상하고 있다.[41] 이제 진보의

---

40) 박이문, 『문명의 위기와 문화의 전환』(서울: 민음사, 1999), 27–28면 참조.
41) '진보'에 대한 포괄적 논의에 대해선 Max Gallo 외, 『진보는 죽은 사상인가』, 홍세화 옮김

개념은 당연한 것으로 받아들여지지 않게 된 것이다. 대신에 이 세상 어디서나 불확실성이 지배적인 사고가 되었고 온 세상에서 미래를 향해 가던 지표들이 사라졌다. 서구에서의 포스트모더니즘의 출현도 진보 사상의 위기 때문이며, 포스트모더니즘은 '보다 나은 미래'라는 개념이 더 이상 존재하지 않는다고 주장한다.[42]

지표 없는 세상, 그것은 바로 혼돈이다. 이 세상은 혼돈에서 혼돈으로 넘나들면서 아직은 야만성에 완전히 빠져 버린 것도 아니고 또 지속적으로 빠져 있는 것도 아닌 채 그럭저럭 움직이고 있다. 지구라는 선박은 어두운 밤과 짙은 안개 속을 헤치며 앞을 내다볼 수 없는 항해를 계속하고 있는 것이다. 우리는 사상의 진보도 예술의 진보도 과학기술의 진보도 그리고 무엇보다 정치에서의 진보를 신뢰할 수 없게 되었다. 그것을 적용하려는 어떤 분야에서든지 진보 사상은 불신과 아이러니를 불러일으키고 있다. 따라서 우리는 진보의 개념에 대한 새로운 진단과 해석을 내려야 할 시점에 있다고 본다.

이에 필자는 먼저 진보 개념의 역사적 변천 과정을 추적한 연후에 그것이 낳은 긍정적·부정적 유산을 탐색하고, 그다음엔 새로운 진보 개념의 모색을 위한 대안을 제시해보는 순으로 이 장을 전개하고자 한다.

2. 진보 개념의 역사적 흐름

고대 그리스 철학자들은 현대인과는 정반대되는 방식으로 역사를 파악하였다. 플라톤, 아리스토텔레스, 그리고 그 밖의 많은 그리스

(서울: 당대, 1997) 참조.
42) Edgar Morine, 「내일을 알 수 없는 모험」, 같은 책, 52-53면 참조.

철학자들이 우둔했을 리는 만무한데 어찌하여 그들은 우리와 정반대되는 방식으로 역사를 인식하고 있었을까? 그리스인들에게 있어서 역사란 지속적인 붕괴의 과정이었다. 그들은 역사를 완전한 상태로 향해 가는 것이 아니라 질서로부터 끊임없이 혼돈을 되풀이해 가는 과정으로 보았다. 따라서 그들의 세계관에는 변화나 진보의 개념은 찾아볼 수 없었다. 진보란 훌륭한 가치나 질서를 세계에 실현시키는 방향으로 가는 것이 아니라 그와는 정반대되는 혼돈으로 가는 과정이라고 생각하였다.[43)

그리스 신화에 따르면 역사는 5단계의 일련의 과정으로 표현되며 각 단계마다 앞서의 것에 비해 악화되고 있다. 예를 들어 그리스의 사학자 헤시오드(Hesiod)의 역사관이 이를 잘 대변해준다. 그는 역사를 점진적인 타락의 과정으로 해석함으로써 일종의 비관주의적 견해를 보였다. 그에 따르면 역사는 황금시대, 은시대, 청동시대, 영웅시대, 철기시대로 이어지는데 황금시대는 풍요와 충만의 시절로서 그리스의 절정기였다. 그런데 황금시대는 판도라가 삶의 재앙이 들어 있는 상자를 연 순간 순식간에 종말을 고했고, 그로부터 이어진 시대는 그 이전 시대에 비하여 갈수록 더 불행해졌다는 것이 헤시오드의 주장이다.[44)

이처럼 질서와 혼돈을 거듭하는 순환의 역사관은 그리스 사회가 자리 잡히는 방식에 막중한 영향을 끼쳤다. 플라톤과 아리스토텔레스가 가장 좋은 사회란 가장 적은 변화를 겪는 사회라고 생각했던 것

---

43) 정재식, 「과학의 가치와 인간화」, 김용준 외, 『현대과학과 윤리』(서울: 민음사, 1988), 147면 참조.
44) 제레미 리프킨, 『엔트로피』, 김명자·김건 옮김(서울: 동아출판사, 1995), 18-20면 참조.

도 그러한 순환적 역사관의 영향 때문이었다. 그들의 세계관에서는 지속적인 변화나 성장이 곧 발전이라는 개념은 설 자리가 없었다. 역사가 원래의 완전한 상태로부터 시작하여 계속 붕괴되는 과정이고 원래의 자산을 소모시키는 과정이라고 한다면 이상적인 상태란 이러한 과정을 가능한 한 늦추는 일이었다. 그리스인들은 보다 큰 변화와 성장을 보다 큰 붕괴와 혼돈으로 보았다. 따라서 그들의 목적은 가능한 한 변화로부터 보존된 세계를 다음 세대에게 넘겨주는 것이었다.[45] 물론 기원전 5세기경에 과학을 통한 '진보'란 개념이 없었던 것은 아니지만, 그 이후에 에피큐리언들을 제외하고서 그러한 '진보' 개념에 동조하는 사람들은 없었다. 그리스인들은 누구나 순환론적인 역사관을 갖고 있었고, 그들에게 있어서 과학의 발달은 그와 반대로 곧 도덕적인 퇴보를 가져오는 것이었다.[46]

중세 유럽을 지배했던 그리스도교의 역사관도 진보라는 개념과는 아주 거리가 멀었다. 그리스도교적 신학에 있어서 역사는 시작, 중간, 종말이 명백하게 창조, 구원, 최후 심판의 형태로 못 박혀 있다. 최후 심판의 날까지 현세에 있어서 사람이 노력하는 목표는 하늘나라, 즉 피안에서의 구원에 있었다. 다시 말하면 최후 심판의 날에 하느님은 황금시대를 다시 회복할 것이라는 믿음이 있었던 것이다. 그러나 황금시대를 향한 인간의 어떠한 인위적인 노력과 운동이라도 그것은 인간의 원죄 때문에 아무 소용이 없다는 생각이 그들을 지배하고 있었다.[47] 원죄설이 인간이 보다 나은 상태로 개선될 수 있는

---

45) 같은 책, 21면 참조.
46) 정재식, 앞의 글, 148면 참조.
47) 김용준, 『갈릴레오의 고민』(서울: 솔, 1995), 37면 참조.

가능성조차 막아 버렸던 것이다. 따라서 인간이 역사를 창조하거나 변화시킬 수 있다는 생각은 상상도 못할 일이었다. 중세의 세계관은 유일신이 만사를 주관하는 빈틈없이 짜인 구조였던 것이다. 모든 인간의 행동과 사건은 신의 뜻을 향해 전진해 나간다는 뜻에서만 의의가 있었다. 여기에서는 인간이 신의 뜻에 따라 살아야 하는 의무감, 책임감이 문제였지 인간의 자유나 권리 또는 그의 노력으로 완전한 상태로 진보할 수 있다는 진보의 개념은 문제가 되지 않았다. 인간이 자기의 미래를 자기의 능력으로 개척해 나갈 수 있으며 또 그래야만 한다고 믿는 '진보'의 신념은 과학이 발달하고 합리적이고 휴머니스틱한 세계관이 정립되고 정치적·종교적 자유를 얻게 된 이후에 생긴 것이다.[48]

진보의 개념, 즉 인간의 역사는 바람직한 미래를 향하여 계속적으로 나아간다는 생각은 과학지식이 쌓이고 기술이 일정하게 진보하던 17세기 말에 이르러 형성되기 시작하여 19세기에 절정에 이르렀다. 유럽의 지성인들은 역사가 부단한 개선이라는 한 방향으로 흘러가고 있다는 설을 받아들임으로써 18세기에는 미래에 대한 낙관주의와 모든 영역에서 필연적인 진보에 대한 믿음이 두드러지게 된다. 1793년 콩도르세(Condorcet)는 『인간 정신의 진보에 대한 역사적 개요』에서 인간의 잠재력과 무한한 진보의 가능성에 대한 신념을 이렇게 피력하고 있다.

> 인간이 완전해질 가능성은 실로 무한하다. 이러한 완전 가능성의
> 진보는 당장 그 진보를 막으려는 어떤 세력으로부터도 독립적이며,

---

48) 정재식, 앞의 글, 148면 참조.

자연이 우리에게 맡긴 이 지구가 존속하는 한 어떤 한계도 없을 것
이다. 이 진보는 지구가 우주 안에 현재의 위치를 점하고 있는 한
결코 역전되지 않을 것이다.[49]

인류가 완전해질 가능성은 너무나 확고하기 때문에 그 가능성은
오직 지구상에서 엄청난 물리적 변혁이 있을 경우만 막힐 수 있다는
확신에 찬 언명이다. 인간 역사의 미래에 대한 이와 같은 낙관론은
19세기에 이르러 유럽이 이룬 물질적 진보로 인해 정당화되는 듯했
다. 어느 때보다 많은 인구 부양이 가능했고, 도시와 새로운 기계가
생겨나고 산업화가 진행되었기 때문이다. 19세기는 기계들의 기적으
로 열광했고 전깃불의 매력으로 넋을 잃은 시절이었다. 우회나 지체
에도 불구하고 어떤 것도 진보의 의기양양한 전진을 정지시킬 수 없
는 것처럼 보였다. 이리하여 19세기 말 무렵에는 진보의 개념이 대중
문화의 일부가 되었을 뿐 아니라 모든 변화는 곧 진보라는 무언의 가
정이 유럽인들의 사고 속에 뿌리박게 되었다. 더 나아가 진보에 대한
믿음은 물질적 부를 약속하는 자본주의와 민주주의를 떠받치는 지주
가 되었고, '빛나는 미래'를 약속하는 공산주의의 초석이 되기도 했
다. 결국 진보 사상은 자본주의·민주주의의 이념과 공산주의의 이
념, 상반되는 이 두 이념의 공통된 기반을 이루고 있었던 셈이다.

그러나 진보 사상은 20세기에 들어와 두 차례에 걸친 위기(1, 2차
세계대전)를 맞았다. 이들 전쟁은 소위 지구상에서 가장 진보했다는
유럽인들을 야만인으로 퇴행시켰기 때문이다. 그러나 진보의 종교는
곧 '해독제'를 찾아냈다. 혁명주의자들에게는 전쟁이 자본주의가 최

---

49) 마르퀴 드 콩도르세, 『인간 정신의 진보에 관한 역사적 개요』, 장세룡 옮김(서울: 책세상,
    2002), 146–47면.

후의 발작을 일으킨 증거로 그것은 다가올 진보의 승리를 예고하는 조짐이었다. 한편 진화론자들에게는 전쟁이 앞으로 행진하는 도중에 어쩌다 발생하게 된 단순한 진로 이탈에 불과했다.[50] 진화론적 사고 속에는 인간은 진보할 수밖에 없다는 내용이 들어 있다. 인간 존엄성의 본질이었던 이성이 다윈의 이론에서는 단지 환경에 적응하는 도구에 불과했던 것이다.

그리하여 1945년 종전 직후부터 진보 사상의 위대한 희망이 다시 고개를 들고 일어났다. 빛나는 미래를 계획하는 소련의 이념에서도, 물질적 부와 번영을 꿈꾸는 산업사회의 이념에서도, 그리고 제3세계의 전역에 걸쳐서도 진보 사상의 부활을 볼 수 있었다. 제3세계는 개발이 진보를 보장해줄 것으로 믿었고 진보는 곧 빈곤에서의 해방을 의미했다.[51]

그러나 그 모든 것은 1970년 이후 크게 흔들리기 시작했다. 소련, 중국, 베트남, 캄보디아, 쿠바 등의 사회주의국가들이 그 잔혹성을 드러냈기 때문이다. 이어서 소련에서는 전체주의 체제가 붕괴되면서 '빛나는 미래'도 함께 스러져 갔다. 서구에서도 실업률의 증가, 과잉경쟁의 갈등과 모순 등의 사회문제가 발생함으로써 불안감이 증대되었다. 제3세계에서도 개발의 실패로 인해 침체, 퇴보, 기아가 발생했고 그것은 또 내전으로 혹은 종족 간 및 종교 간의 전쟁으로까지 비화하였다. 같은 시기 진보를 추종하는 믿음의 핵을 구성하고 있던 과학, 기술, 산업 등은 자체적으로 이미 파괴의 길을 걷기 시작했다.

---

50) 황종환, 「생태윤리의 근거 정립을 위한 자연관 연구」(교육학박사학위논문, 서울대, 1993), 15–16면 참조.
51) 에드가 모랭, 앞의 글, 49–50면 참조.

가령 핵에너지의 이용은 인류의 진보에도 이바지하지만 인류의 대량 살상도 초래할 수 있는 것이다.

1980년대에 들어와서는 생물학적 조작의 가능성이 높아졌다. 그리고 그것은 인류에게 커다란 이익이 될 수 있는 동시에 가장 무서운 해악이 될 수도 있는 것이다. 이와 상관관계에 있는 또 다른 문제가 있으니 그것은 바로 환경오염이다. 우리 산업사회가 배출하는 각종 오물, 쓰레기 등과 농업·어업·축산업 등에 활용되는 산업 기술은 심각한 생태계 파괴를 야기한다는 사실이 갈수록 분명해졌다.[52]

오늘날 진보에 대한 신념은 인간 삶의 모든 면에 걸쳐 침투해 있다. 하지만 위에서 보다시피 이 신념은 더 이상 지지를 받는 게 어렵게 되었다. 그것은 인간이 진보의 주체로부터 진보의 예속자로 자리바꿈을 하게 되었기 때문이다. 진보 개념은 이제 설 자리가 흔들리고 있다. 19세기에는 아름다운 꿈이었던 것이 20세기에 들어와 보니 그것은 악몽의 현실이 되었던 것이다. 19세기의 사상이 '무한한 진보'를 믿고 따랐다고 한다면 20세기의 사상은 이 세계가 유한하다는 것을 절로 깨닫게 된 것이다.

3. 진보의 빛과 그늘

오늘날 우리는 진보의 실제 속에서 살아가고 있다. 우리가 현재 누리고 있는 많은 문명의 혜택들이 지금은 대수롭지 않게 여겨지고 있으나 원래는 유토피아적 기획에 속하는 것들이었다. 자동차를 비롯

---

52) 같은 글, 50–51면 참조.

한 각종의 교통매체, 질병 치료와 수명 연장에 이바지하고 있는 생명공학기술 등과 같은 많은 문명의 혜택은 이들이 보편화되기 이전까지는 그야말로 먼 미래의 꿈에 지나지 않았다. 그 꿈에 불과했던 것들이 현실화될 수 있었던 것은 지식의 힘, 과학의 힘 덕분이었다. 이 힘에 의하여 비로소 베이컨이 380여 년 전『새로운 아틀란티스』(1626)에서 그렸던 풍요와 잉여의 왕국, 소유의 왕국, 물질문명의 왕국은 실현될 수 있었던 것이다.53)

하지만 과학기술의 진보가 늘 긍정적인 결과만 초래한 것은 아니었다. 베이컨 이후로 가속화된 과학혁명·산업혁명은 베이컨이『새로운 아틀란티스』에서 그렸던 과학의 유토피아보다 훨씬 많은 문명의 혜택을 인류에게 선사했지만, 그 이면에는 미처 예상치 못했던 문제들도 도사리고 있었다. 제1, 2차 세계대전, 파시즘, 나치즘, 지금도 여전한 지역·종교분쟁, 테러와 폭력, 인권 유린, 자연 파괴 등은 인간 사회가 무한히 진보할 것이라는 진보 신앙에 회의감을 불러일으켰다. 베이컨은, 진보란 전적으로 유용한 결과만 초래한다고 보았으나 사실은 빛과 그늘을 동시에 안겨주었던 것이다. 이제 과학기술은 인간의 생활에 엄청난 혜택을 제공할 수 있는 반면, 인간 및 자연의 생존 자체를 위협할 수도 있는 잠재성 또한 지니고 있음이 명백해졌다.54)

---

53) 베이컨이 상상했던 바를 좀 더 구체적으로 살펴보면 냉동실, 해수의 담수화, 인공 강우·강설, 여러 광물질이 섞인 온천, 제철보다 이른 과일 생산, 천연산보다 향기나 색깔, 모양이 훨씬 더 멋진 과실수 배양, 새로운 식물종의 개발, 동물 해부 및 실험, 동물 크기의 조작, 다양한 종류의 과즙 및 음료수 생산, 정교한 방법들을 이용한 의약품 생산, 현미경, 인공 무지개, 다양한 크리스털 제품, 희귀한 인공 광물, 감미로운 소리를 내는 다양한 악기, 보청기, 향수, 파괴력이 뛰어난 대포 및 전쟁용 화기 생산 등의 내용들을 포함하고 있다. 이 광범위에 걸친 베이컨의 유토피아적 구상은 이미 과거의 일이 되어 버릴 만큼 실로 과학기술의 진보는 빠르게 진척돼 왔다. 프랜시스 베이컨, 『새로운 아틀란티스』, 김종갑 옮김(서울: 에코리브르, 2002), 72–90면 참조.

이는 진보의 개념을 보다 복합적인 것으로 이해할 필요가 있음을 우리에게 시사해준다. 진보를 긍정적으로만 보는 단순한 이해에서 벗어나야 한다는 것이다. 그동안 진보라는 개념은 확정된 방향으로나 또 실제적 진행으로나 명백한 것처럼 보였다. 경제성장은 경제발전을 결정짓는 듯이 보였고, 경제발전은 사회적·개인적 발전을 결정짓는 듯이 보였다. 그러나 현실은 그렇지 않다는 것을 역사는 일깨워주고 있다. 이와 관련하여 에드가 모랭은 진보에는 반법칙(anti-loi)이 수반된다는 사실을 다음과 같이 지적한다.

> 모든 진보는 부분적이고 지엽적이고 임시적인 데다가 쇠락과 탈조직화, 즉 퇴보를 초래한다. 생물학적 진화는 원시 단세포 생명체로부터 시작된 상당히 왕성하고 성공적인 진보로 간주될 수 있다. 그러나 이 진보는 오늘날 살아 있는 종보다도 수천 배나 많은 종의 멸종을 그 대가로 치르고 획득된 것이다. 모든 조직은 그 세포들의 삶뿐만 아니라 그 죽음을 먹고 살아간다. 모든 사회는 개인들의 삶에 의해서뿐만 아니라 그들의 죽음에 의해서 유지된다. 결정적으로 약속된 진보도 없고, 오직 진보일 뿐인 진보도 없으며, 그림자 없는 진보도 없다. 모든 진보는 타락할 위험이 있으며 진행/퇴행이라는 극적인 이중게임을 동반한다.[55]

모든 진보는 피해 계정이 있고 역행이라는 이면이 있다는 것이다. 계몽주의 철학과 이성의 이데올로기가 진보의 개념을 인류 역사의

---

54) 과학기술에 있어서 진보의 축적은 분명히 존재한다. 그런데 진보주의자 특유의 환상은 이 진보가 자동적이며 무의식적으로 사회적, 윤리적, 문화적인 면에서도 대등한 진보를 가져올 것이라고 확신한다는 점이다. 그러나 과학기술은 진보의 가능 조건만을 만들어줄 뿐 그 실현은 사회적 제 관계에 달려 있음을 알아야 한다. 과학기술은 보다 더 좋은 것에도 더 나쁜 것에도 이용될 수 있는 단순한 수단으로 목적 없이 비어 있는 것이다. 다니엘 벤사이드, 「내일, 그리고 불확실을 위해」, 막스 갈로 외, 『진보는 죽은 사상인가』, 44-45면 참조.

55) 에드가 모랭, 『20세기를 벗어나기 위하여』, 고재성·심재상 옮김(서울: 문학과 지성사, 1996), 416-17면.

법칙과 필연성으로 실체화한 것은 주목할 만한 일이다. 그러나 그 개념은 현실과는 대단히 동떨어지고 유리된 것이어서 자연·우주·생명 안에 진행 중인 부패와 해체의 원칙을 간과하도록 만들었다. 더욱더 맹목이었던 것은 1960년대부터 약 20년간을 지배한 기술·관료주의적 진보의 신화였다. 그 신화는 공업 성장은 경제발전의 조작자로, 그리고 경제발전을 인류 진보의 조작자로 생각했었다. 그러나 진보의 폐기물이 증가하여 주산물이 되고 점점 더 제거할 수 없게 되는 반면, 이로운 주산물은 감소하여 부산물에 지나지 않게 될 수도 있다는 것을 사람들은 모르고 있었다. 이러한 현상은 산업 발달의 외적인 결과(식량난, 오염, 공해, 생태계 파괴) 측면뿐만 아니라 일상생활 내에서도 존재한다(연대감 상실, 고독감 증대, 개인의 원자화 현상, 시간 측정기의 리듬과 조직의 규범에 종속된 정신과 육체 등).56)

이제는 기술의 발달이 전적으로 진보적인 것만은 아니라는 사실이 명백해졌다. 그것은 나름대로의 퇴행을 수반하고 초래한다. 과학 역시 그 진보의 한가운데에도 퇴행들을 내포하고 있다. 과학의 극도로 전문화된 발달은 그 세부 전공자들 사이에 걸쳐 있는 본질적인 것들에 대해서는 맹목으로 만든다. 그러기에 발터 벤야민(W. Benjamin)은 문명의 모든 발달은 그 어두운 이면 혹은 야만적 기저를 가지고 있음을 지적했고, 마르쿠제(H. Marcuse) 역시 우리의 산업문명이 그 자체 내에 스스로의 자기 파괴를 키우고 있음을 간파하였다. 물론 이러한 주장에 대해 다 동의하는 것은 아니다. 이브 코펜스처럼 진보란 살아 있는 현실이요, 미래는 휘황찬란하므로 미래를 어둡게 그리

---

56) 같은 책, 417면 참조.

는 일은 그만두자고 주장하는 이들도 있다.[57] 하지만 진보에 관한 이와 같은 견해는 소수자에 불과한 것으로 판단된다.

4. 진보에 대한 반성과 '대항진보'

1) 진보의 척도에 대한 반성

과학기술이 진보와 퇴보를 동시에 수반한다면 우리가 그동안 믿어 왔던 진보의 잣대에 대해서도 재고해봐야 한다. 우리가 이제까지 과학기술에 바탕을 둔 물질적 번영을 진보의 기준으로 삼아 왔다. 그러나 진보로만 믿어 왔던 물질적 풍요와 편의가 결과적으로 자연의 죽음만이 아니라 인류의 종족마저 위협하는 상황에 이르렀다. 진보는 훌륭하게 진행되었으나 이전 세대들이 예상하지 못했던 결과를 낳은 것이다. 이는 자연의 무절제한 정복과 물질적 충족은 결코 참다운 인류의 번영을 지칭하는 진보의 척도일 수 없다는 것을 말해 준다. 인간은 물질로만 살 수 없다. 정신적 의미가 부여되지 않는 물질만의 충족은 무한히 공허하기 때문이다. 정신적 삶이 있을 때만 인간다운 삶이 있고, 정신적 번영을 동반하지 않는 물질적 번영은 참된 진보일 수 없다. 문명과 역사의 진보를 측정하는 궁극적 잣대는 정신적, 더 확실히 말한다면 '도덕적 가치'이다.[58]

하지만 에드가 모랭은, 우리는 지구 문명에서 물질적으로는 아직 철기시대에 살고 있고, 정신적으로는 아예 선사시대를 벗어나지 못

---

57) 이브 코펜스, 「진보는 살아 있는 현실이다」, 막스 갈로 외, 앞의 책, 111-14면 참조.
58) 박이문, 『문명의 위기와 문화의 전환』(서울: 민음사, 1999), 28-29면 참조.

하고 있다고 지적한다.[59] 솔제니친(Aleksander Solzhenitsyn) 역시 이와 유사한 주장을 펴고 있다. 그에 따르면 20세기에 들어와 인류의 도덕적 성장은 이루어지지 않았다. 그는 오히려 도덕의 상실이 전례 없는 규모로 수행됨으로써 문화는 심각하게 질이 낮아졌고 인간 정신은 퇴보했다고 말한다.[60] 아무리 물질적·기술적 진보가 이루어졌다 하더라도 그것이 정신적·도덕적 진보를 가져오는 동기로 작용하지는 못했다는 것이다. 이런 점에서 근대 이후의 문명이 그 이전에 비하여 진보했는지 의심스러울 수밖에 없게 되며, 지금까지 획득한 진보가 결코 결정적인 것이 될 수 없다는 사실 또한 분명해진다. 따라서 우리는 진보의 참된 척도에 대하여 물어야 하며 동시에 진보의 척도에 대한 획기적 사고의 전환을 이루어야 한다.

2) 세계관에 대한 반성

진보 개념의 형성은 우리의 세계관과도 밀접한 연관을 맺고 있다. 순환론적 세계관이 지배했던 고대사회나 그리스도교적 세계관이 지배했던 중세 사회에서는 진보 개념이 들어설 수 없었다는 사실이 이를 잘 말해 준다. 인간의 역사는 더 나은 미래를 향해 나아간다는 진보 개념은 기계론적 세계관이 성립되고 난 연후에 형성되었던 것이다. 시기적으로 볼 때 진보 개념은 17세기 말에 형성되기 시작하여 19세기에 절정에 이르는데, 기계론적 세계관은 이미 17세기 중반부터 19세기 말엽에 이르기까지 강력한 영향력을 발휘하였다. 그러니

---

59) 에드가 모랭, 앞의 글, 54면 참조.
60) 솔제니친, 「21세기 전야의 회고」, 나단 가델스 편, 『미래의 원시사회』, 강광식 옮김(서울: 영림카디널, 1997), 31면 참조.

까 진보 개념은 기계론적 세계관의 토대 위에서 형성되고 성장하여 오늘에 이른 것이다. 따라서 새로운 진보 개념에 대한 모색은 기계론적 세계관에 대한 반성적 성찰을 전제한다.

기계론적 세계관에 의하면 자연이란 절대적으로 자연의 섭리, 즉 기계적 법칙에 따라 움직이고 있기에 물질적 환경에 속하는 것은 무엇이건 그를 구성하는 작은 부품의 움직임과 그들의 인과적 연결, 이 두 가지만 정확히 관찰하여 기술하면 완벽히 이해될 수 있다. 고전물리학에서 가장 먼저 일목요연하게 정리된 이러한 세계관은 비단 자연과학뿐 아니라 인문과학과 사회과학에도 그대로 받아들여졌다. 예컨대 심리학이나 사회학 또는 경제학과 같은 인문사회과학을 공부하는 사람들조차 일단은 뉴턴 물리학에 기초한 사고방식을 먼저 배우게 된다.

이와 같이 거의 모든 학문 분야뿐 아니라 사소한 일상생활 전반에까지 파고들어 명실상부한 현대인의 세계관 그리고 우주관이 된 지 오래된 이 기계론적 세계관의 실제 내용을 좀 더 구체적으로 살펴보면 이러하다.[61]

① 이 세상을 구성하고 있는 것은 오직 물질이며 이 물질의 성분을 분석해보면 이들은 모두 몇 개 안 되는 기본 요소로 환원시킬 수 있다. 보통 입자라고 통칭되는 기본 요소들은 그 성격에 따라 다시 원자와 그 하위단위인 전자, 양성자, 중성자, 쿼크 등으로 분류된다.

② 물질을 구성하고 있는 기본 요소인 입자들은 서로에게 절대적

---

61) 보옴, 「온그림—우주의 숨결」, 김재희 편, 『신과학 산책』(서울: 김영사, 1998), 74-76면 참조.

으로 독립하여 존재한다. 입자들은 서로 간의 유기적 관계를 맺으면서 하나의 전체를 이루는 것이 아니라 톱니바퀴에 물려 돌아가는 기계의 부품처럼 그저 여러 개의 부품이 제자리에 들어가 있음으로써 자연스럽게 하나의 큰 기계가 구성되는 형식으로 이루어져 있다.

③ 이처럼 외형적으로만 서로에게 연결되어 있는 개체들 사이에는 오로지 기계적인 상호관계만이 존재한다. 그리고 이 기계적 상호관계의 작동 원리만 알아내면 결국 모든 개체의 모든 비밀을 다 밝혀낼 수 있다.

이러한 기계론에 기초하여 자연과학은 여러 방면에서 아주 훌륭한 업적을 남겨놓았고 인류 생활 전반에 걸쳐 종전에 없던 새로운 혁명을 일으킬 수 있었다. 그러나 기계론적 세계관은 현대물리학의 등장과 함께 더 이상 지탱할 수 없게 되었다. 고전물리학에서는 우주를 개별적으로 떨어져서 서로가 독립적으로 존재하는 무수한 입자들에 의해 이뤄지고 있는 것으로 간주하였으나 현대물리학에서는 우주가 어디에도 단절된 곳 없이 부드럽게 운동을 하는 하나의 전체로 간주된다. 특히 기계론적 세계관의 지반 자체를 파괴시킨 양자 이론에 따르면 모든 움직임이나 모든 활동이 이루어지는 종국적 단위는 더 이상 쪼개지지 않는 양자이다. 다시 말해서 삼라만상의 모든 요소는 항상 움직이고 부딪치면서 작용을 하는 가운데 끊임없이 관계를 맺어 간다는 것이다. 따라서 이 세상은 서로가 독립적으로 존재하는 조각들로 나누어질 수 없게 된다. 물질의 존재는 본질적으로 더 이상 쪼개질 수 없는 양자들이 그물처럼 얽혀 있어서 이들 간에 끊임없는 상호작용을 하고 있는 것이다. 이러한 사실을 고전물리학에서는 왜 미처 깨닫지 못했을까? 그것은 고전물리학이 사용해 온 정도의 정밀도로는 양자의 세계까지 내려갈 수 없었기 때문이다. 그러니까 기계론적 세계관은 비기계론적 세계를 보여 주는 정도의 극도로 정밀한 관측장치가 개발되기 이전까지만 효력을 발휘할 수 있었던 것이다.

이제 우리가 이 세계의 깊은 섭리를 이해하려면 무엇보다도 종래의 기계론적 사고에 의해 제한받았던 인식의 한계를 벗어나야 한다. 이는 곧 현대물리학이 제시하는 전일론적(holistic), 생태론적(ecological) 세계관을 받아들이는 것을 의미한다.

생태론적 세계관은 '역동적 세계관'에 주목한다. 하나의 시스템인 생태계 안에서는 동물과 식물 그리고 미생물과 무기물질이 상호작용을 하면서 모두가 얽히고설킨 복잡한 관계의 거대한 그물을 형성하여 끊임없는 순환을 이루면서 서로 물질과 에너지를 교환한다. 이러한 생태계에서는 하나의 원인과 그 결과로 딱 떼어낼 수 있는 직선적 인과관계는 찾아보기 어렵다. 따라서 직선적 인과관계 모델은 하나의 시스템이 어떻게 기능하는지를 설명하는 데 거의 도움을 줄 수 없다. 하나의 시스템이란 최상의 상태로 확정된 최후의(궁극의) 형식이 아니라 끊임없이 움직이는 '역동적 상호관계의 과정'에 의해 전체적인 모습이 유지되는 유연한 구조이기 때문이다.

카프라에 따르면 이러한 생태론적 세계관의 특징을 제대로 파악할 때 거기서 다음과 같은 두 가지의 중요한 법칙을 이끌어낼 수 있게 된다.[62] 제1법칙은 생태론적 세계 안에서는 아무리 좋은 것이라 하더라도 그것이 많다고 무조건 더 좋은 것은 아니라는 것이다. 어떤

---

62) 카프라, 「지구를 살리는 새로운 선택」, 같은 책, 40-41면 참조.

구조나 조직, 그리고 어떤 제도도 항상 적정한 수준의 규모가 있기에 그중에서 몇 개의 변수를 최대화시키면 그를 포함하는 전체적인 시스템 차원에서는 항상 불화와 마찰을 야기한다.

제2법칙은 전체적인 시스템이 원활한 '순환'을 하려면 자원을 가능한 한 재활용해야 하며, 그럴수록 하나의 사회나 경제구조는 화합과 안정을 이루게 된다는 것이다.

위 법칙에 비추어 볼 때 기계론적 세계관에 기초한 과학기술 개발의 논리는 이제 수정되어야 마땅하다. 자연은 더 이상 인간의 편리를 위한 개발과 조작의 대상이 되어선 안 된다. 그동안의 과학기술은 '적정한 규모'를 넘어섰을 뿐 아니라 자원 재활용에 기초한 순환형의 체제도 아니었다. 앞으로는 진보의 중요한 척도로서 생태론적 세계관에 기초한 녹색기술의 발전 정도를 활용해야 한다. 환경문제를 도외시한 상태에서의 기술 개발은 더 이상 선이 되지 못하며 사회·경제 구조의 화합과 안정도 도모하지 못하기 때문이다.

3) '대항진보(counter progress)'

우리는 그동안 문명과 역사의 진보를 재는 척도를 물질적·경제적 가치에서 구해 왔다. 하지만 이러한 관행이 오늘날에 와선 더 이상 실효성이 없다는 것을 위에서 살펴볼 수 있었다. 더불어 고전적 진보 개념 형성의 토대로 작용한 기계론적 세계관 역시 이제는 시대에 뒤처진 구시대적 산물임이 드러났다. 이러한 상황은 우리가 그동안 신뢰해왔던 진보 개념 자체에 대한 수정을 요구한다고 볼 수 있다. 이른바 새로운 진보 개념을 모색해야 한다는 것이다.

진보란 곧 '과학기술에 기반한 물질적·경제적 번영'이라고 보는 입장을 고전적 진보라 한다면, 새로운 진보는 고전적 진보 개념의 틀을 깬다는 차원에서 '대항진보(counter progress)'라 부르고자 한다.

'대항'이란 어떤 힘에 대하여 그것을 막는 운동을 의미한다. 따라서 '대항진보'란 지금까지의 '진보=경제적 성장·번영'이라는 관념을 부정하는 것이다. 앞으로 더 나은 방향으로 발전시켜야 하는 것은 경제가 아니라 경제 이외의 것이라는 입장이다. 경제 이외의 가치, 경제 이외의 인간 활동, 시장 이외의 모든 즐거움, 행동, 문화 등을 발전시킨다는 것이다.

평화운동가이자 정치사상가인 러미스에 의하면 세칭 '선진국'이라는 과잉발전한 나라들을 들여다볼 때, 이들이 경제성장을 계속해 왔지만 그 성장이 그 사회의 안전 보장이나 참다운 의미의 풍요, 쾌락, 행복과 그다지 관계가 없었다. 러미스는 오히려 경제성장이 과도하게 진행 중인 나라들에서 온갖 사회문제(무관심, 목적 상실, 우울, 폭력 등)가 발생하고 있고, 또 그 문제들은 경제성장에 의해 개선될 수 있는 것들도 아니라고 한다. 이런 사회에는 꿈이 없는 젊은이, 장래에 대한 희망이 없는 사람들이 많고, 이들로부터 많은 문제가 발생하고 있으며 경제성장이 많이 진행된 나라일수록 이런 문제가 심각하다는 것이다.[63]

그렇다면 이러한 문제들을 해결할 수 있는 방안은 없는 것일까? 필자는 고전적 진보 방식으로는 결코 이들 문제를 해결할 수 없다고 본다. 고전적 진보 방식에서는 물질적 진보 과정에서 파생되는 문제

---

63) 더글러스 러미스, 『경제성장이 안 되면 우리는 풍요롭지 못할 것인가』, 김종철·이반 옮김 (대구: 녹색평론사, 2003), 105-106면 참조.

를 해결하기 위한 대책으로서 다시금 진보를 모색할 것이나 그 진보
역시 또 다른 문제를 야기할 것이기 때문이다. 그러기에 로널드 라이
트는 "테크놀로지는 중독성이 있으므로 물질적 진보는 오직 그보다
나은 진보에 의해서만 해결 가능한 문제들을 발생시킨다"[64]고 말한
다. 결국 물질적 진보 과정에서 파생된 문제 해결을 위해선 끊임없는
진보를 이뤄나가야 하며, 이 과정에서 인간은 진보의 주체가 아닌 진
보의 종속자가 되고 만다.

그렇다고 하여 '대항진보'가 과거로 회귀한다거나 거꾸로 돌아가
자는 것은 아니다. 기술 발전의 혜택, 경제 성장의 혜택을 무시해선
안 되고 또 무시할 수도 없다. 오로지 진보의 척도를 경제성장, 경제
적 측면에서의 통계 수치를 올리는 데서 찾음으로써 그동안 파생시
켜 온 여러 사회문제들에 대한 해결책을 찾자는 것이다. '대항진보'
는 금욕주의가 아니라 참다운 의미의 행복을 모색하는 입장이다.

이와 관련하여 미국의 여류 경제학자 폴브레의 주장은 우리에게
많은 시사점을 준다. 그는 현대 경제가 경제주체의 이기심과 '보이지
않는 손'의 작동에 의해 움직인다는 주류경제학을 신랄하게 비판한
다. 그에 따르면 '보이지 않는 손'에만 맡겨둘 때 시장의 경쟁적 압력
이 서비스의 질을 악화시켜 삶의 질을 떨어뜨릴 수 있다. 따라서 그
는 현대 경제의 발전은 '이기심'이라는 '보이지 않는 손'뿐만 아니라
돌봄이라는 '보이지 않는 가슴'에 달려 있다고 주장한다. 경제발전에
는 가슴과 손이 함께 일해야 한다는 것이다. '보이지 않는 가슴'이란
사랑, 의무, 호혜와 같은 '가족 가치'를 의미한다. '가족 가치'는 단지

---

64) 로널드 라이트, 『진보의 함정』, 김해식 옮김(서울: 이론과실천, 2006), 22면.

돈을 벌겠다는 의도가 아닌 타인에 대한 애정과 존경에서 우러나오는 돌봄 노동을 구성한다. 주류경제학은 그동안 경쟁 시장에 기반한 기술 발전, 경제성장에만 관심을 둘 뿐 '돌봄 노동'의 경제적 가치를 제대로 평가하지 않아 왔다. 따라서 폴브레는 '복지국가'라는 용어 대신에 '가족국가'라는 용어를 선호한다. 가족국가란 국가가 가족을 대체하는 게 아니라 의무와 책임뿐만 아니라 돌봄과 나눔이라는 가족적 가치를 장려하는 국가를 의미한다.[65] '대항진보' 역시 자본주의 경제의 작동 메커니즘인 '보이지 않는 손'을 비판하며 '보이지 않는 가슴'을 경제를 돌아가게 하는 다른 한 축의 바퀴로 받아들인다. 그럼으로써 우리는 고전적 진보에서 무시해왔던 경제 이외의 가치인 의료, 노인 수발, 보육, 교육, 사회복지 등의 요소를 제대로 평가할 수 있을 것이다.

'대항진보'의 또 다른 특징은 진보하는 대상을 물질이 아니라 인간으로 본다는 점이다. 인간이나 문화가 바뀌는 것을 진보라고 보는 것이다. 물질적 측면에서의 발전과 성장을 진보라고 보는 고전적 진보를 플러스(+)의 진보라 한다면, 후자는 마이너스(−)의 진보라 할 수 있다. 우리는 하루도 빠짐없이 과학기술에 의지하여 살아가고 있다. 아침에 일어나 밥을 지어 먹고 출근하는 데서부터 저녁에 퇴근하기까지 일거수일투족이 기계에 의존하지 않고 살아간다는 것은 거의 불가능할 정도다. '대항진보'란 기계나 기술을 조금씩 줄여가면서 최소한의 것만으로도 살아갈 수 있도록 인간의 능력을 키워나가는 것을 지향한다. '기계가 없으면 ……을 할 수 없다'에서 '기계가 없어도

---

65) 낸시 폴브레, 『보이지 않는 가슴: 돌봄 경제학』, 윤자영 옮김(서울: 또 하나의 문화, 2007), 14–21면 참조.

……을 할 수 있다'는 사고와 생활방식으로 전환시키는 것이다. 기계에 대한 관념을 '꼭 있어야 하는 것'이 아니라 '있어도 좋지만 없어도 괜찮은 것'으로 바꿔나가는 것이다. 기계 대신에 도구를 사용함으로써 인간의 능력을 증진시켜 나가는 것이다. 목수일, 정원 손질, 재봉, 자기 집에서 먹는 것은 제 손으로 직접 길러 먹는다든가 하는 인간의 능력, 기량, 기술을 발전시켜 나가는 것이다.[66] 과거에는 일반적이었던 그런 능력들이었지만 기계·기술의 발전에 의해 그것들은 점점 퇴색되어 버렸다. 이제 기계·기술에 종속적인 인간들을 점차적으로 해방시켜 나가야 한다.

'대항진보'의 마지막 특징은 중독으로부터 해방된 인간을 지향한다는 점이다. 자본주의와 경제발전 이데올로기는 사람들을 두 가지 중독에서 즐거움을 느끼게 만들어 왔다. 하나는 일중독이고 다른 하나는 소비 중독이다. 내면세계보다 부나 명예, 돈의 양이 삶의 기준인 자본주의 세계에서 사람들은 돈과 명예를 거머잡기 위해 죽도록 일을 한다. 일을 통해 벌어들인 돈을 가지고 이번엔 소비를 통해 즐거움을 느낀다. 생산과 소비 어느 쪽이든 돈의 가치가 없으면 즐겁지 않은 것이 자본주의 체제의 사람들의 일상적 모습이다. 한마디로 경제인간이다. 경제인간은 자본주의 경제체제에선 그야말로 잘 작동하는 경제의 수레바퀴라고 할 수 있다. '대항진보'가 추구하는 인간은 그런 경제인간을 보통의 인간으로 되돌리는 것이다. 즉, 돈을 받는다는 것 또는 존경을 받는다는 것 때문이 아니라 일 자체에서 즐거움을 찾는 인간, 사고파는 일과 관계가 없는 데서 즐거움을 찾는 인간으로

---

66) 더글러스 러미스, 앞의 책, 110–111면 참조.

전환시키는 것이다.

요컨대 '대항진보'가 추구하는 것은 물질만의 풍요가 아니라 참다운 의미의 풍요를 누리는 사회, 정의에 바탕을 둔 사회이다. 이를 위해 '대항진보'는 경제성장보다도 훨씬 더 우리를 평화롭게 이끄는 프로젝트를 추구한다. 즉, '대항진보'는 물질적·경제적 성장, 번영이 곧 진보라고 보는 고전적 진보 개념을 부정하며 진보의 척도를 경제 이외의 가치에서 구한다. 또한 '대항진보'는 진보하는 대상을 물질이 아니라 인간으로 간주하며 일중독, 소비중독에서 해방된 인간을 지향한다.

5. 맺음말

'현재의 삶을 보다 나은 방향으로 개선하고 싶다', '보다 나은 사회에서 살고 싶다', '보다 나은 미래를 설계하고 싶다'는 것은 인간이면 누구나 갖는 보편적 바람이다. 특히 미래의 삶이 어제오늘보다 더 나아질 것이라고 하는 진보에 대한 믿음은 현재의 나의 삶에 활력을 주고 희망을 샘솟게 하기에 절대 필요하다고 생각된다.

그런데 여기서 '보다 낫다'라고 할 때 그 가치 기준을 이제까지 우리는 '과학기술에 기초한 경제적 번영'에서 구하였다. 경제적 성장과 번영을 곧 진보와 동일시해온 것이다. 그 결과 물질적·경제적 측면에서는 많은 것을 달성할 수 있었으나 그 과정에서 잃어버린 것들도 적지 않았다. 오히려 경제성장 과정에서 드러난 부정적 유산, 이른바 진보의 폐기물이 증가하여 주산물이 되고 원래 목표했던 주산물은 감소하여 부산물에 지나지 않게 된 상황이다. 이것이 전통적으로 믿어 왔던 진보 개념, 즉 '과학기술에 기초한 경제적 번영=진보'라는 등식이 수정되어야 하는 이유다.

보다 나은 삶이란 영혼과 육신의 조화로운 평화 속에서 진정한 행복을 만끽하며 사는 삶일 것이다. 그러나 물질과 경제는 보다 나은 삶을 이루는 데 한 요인일 뿐 전부일 수 없다. 경제 관련 지표가 높다고 삶의 질과 관련된 지표가 반드시 높지는 않다는 현실이 이를 잘 말해 준다. 우리나라의 경우만 해도 그렇다. 경제 관련 지표들은 세계 정상급인 반면 아이, 노인, 여성의 '삶의 질'과 관련된 지표들 중에는 세계 최하위가 다수로 나타나고 있다. 사회구성원 모두의 삶의 질을 정의롭게 개선시켜 나가는 것이야말로 진정한 진보일 것이다. 이런 관점에서 다소 거칠지만 '진보=사회구성원 모두의 삶의 질의 고양'이라고 등식화할 수 있지 않나 생각된다.

이 등식에 부응하고자 필자는 '대항진보'를 주장하는 바이다. '대항진보'란 진보를 재는 척도를 경제라는 단일 요인에서 구하는 고전적 진보 개념을 부정한다. 삶의 질을 개선하는 데 이바지할 수 있는 경제 이외의 가치를 더욱더 발전시켜 나가는 것이다. 그리고 '대항진보'에서는 진보의 대상으로 물질이 아닌 인간을 지목한다. 진보에 따라 바뀌는 것은 물질이 아니라 인간으로 본다는 것이다. 더불어 '대항진보'는 일중독, 소비중독으로부터 벗어난 해방된 인간을 지향한다.

그런데 이렇게 '대항진보'를 고전적 진보 개념의 대안으로 제시했을 때 '대항진보'의 정도를 잴 수 있는 기준, 이른바 '대항진보 지표'를 구체적으로 제시할 수 있어야 할 것이다. 그 지표를 제시할 수 없을 때 '대항진보'는 그저 주장 선에서 끝나버리고 말 것이기 때문이다. 그러나 그 지표를 구체적으로 제시한다는 것은 여간 어려운 일이 아니라고 본다. 전 세계의 모든 국가들에게 적용될 수 있는 단일한 지수를 개발한다는 것이 결코 간단치 않기 때문이다.

다행스러운 것은 종전의 GDP의 한계를 인식하고 이를 대체할 수 있는 지표 개발에 고심하는 단체들이 꽤 있다는 점이다.[67] 이들이 제안하고 있는 GDP의 대안 가운데 가장 널리 알려진 것은 캘리포니아 버클리의 '진보 재정의(Redefining Progress)'에 의해 개발된 GPI(Genuine Progress Indicator, 진정한 진보 지표)이다. GPI는 GDP에서 배제되는 많은 요소들을 포함하는 장점이 있다. 예를 들면 자원 감손, 오염, 장기적인 환경 피해, 가사노동과 비시장적 거래 등도 측정한다. GPI는 비용과 자원 감손을 고려하지 않은 채 성장을 추구하는 데 따르는 부정적인 결과들을 가시화하기 시작했다는 점에서 전통적인 GDP 회계를 넘어 크게 개선된 지표로 평가받고 있다.[68]

전 세계의 많은 나라들 역시 공동체의 사회적 건강과 환경적 건강을 나타내는 지표를 만드는 노력들을 펴고 있다. 시민단체들이 주도하고 있는 이런 노력은 사람들이 살고 싶어 하는 종류의 공동체에 초점을 맞추는 경향이 강하다. 여기서 채택된 지표들은 인간과 자연의 체제들 사이의 상호작용에 대해 매우 세련된 평가를 하고, 그 결과를 반영한다. 한 가지 특징은 이 단체들이 제시하는 새로운 지표들은 모

---

67) 경제적 성과에 대한 주된 측정 지표인 GDP는 사람들에게는 유익하지만 화폐화하지 않은 경제활동은 배제한다. 가장 놀라운 점은 표토, 광물, 숲, 강, 해양생물, 대기 등 자연자본이 줄어드는 것은 모든 사회의 기대를 빈궁하게 만들지만 이런 자연 자본의 감소에 대해 GDP는 설명을 하지 못한다는 것이다. 오히려 GDP의 증가는 실제로는 사회와 환경의 진보가 아닌 퇴보의 신호가 된다. 예를 들어 금을 비롯한 광물을 캐면서 그 지역의 물에 유독성 물질을 흘리고 산더미처럼 많은 양의 폐기물과 쓰레기를 강에 마구 버림으로써 토양을 파괴하는 광산회사의 사례는 아주 흔하다. 이는 지역 주민들의 생계의 원천을 파괴해 미래의 여러 세대에 걸쳐 피해를 주는 등 인간적, 자연적으로 엄청난 손실을 가져오지만, GDP 계정은 광물의 판매 수익과 그 광물을 채굴하는 데 들어간 비용만을 기록한다. 존 캐버나프 외 19인, 『더 나은 세계는 가능하다』, 이주명 옮김(서울: 필맥, 2003), 304-308면 참조.

68) 같은 책, 312-13면 참조.

두 사회의 복지가 주로 경제성장에 의존한다는 주장을 거부한다는 점이다.[69] 경제 팽창으로 이득을 보는 사람들은 경제학자, 금융업자, 기업의 간부와 같은 사람들뿐이고 가난한 사람들은 배제되기 때문이다. 어느 사회든 그 사회의 건강도를 평가하는 최선의 방법 중 하나는 가장 취약한 사람들(어린이, 빈곤층, 노인층)의 여건을 보여주는 지표를 사용하는 것이다.

'대항진보'의 지표를 선정하는 데도 위 사항들을 충분히 고려해야 함은 물론이다. 그러나 이 지표 선정은 결코 쉽지 않은 과제이기에 이에 대해선 차기 연구 과제로 남겨두고자 한다.

---

69) 같은 책, 316–17면 참조.

세계화 윤리

1. 머리말

우리 사회에서 외국인들은 더 이상 이방인이 아니다. 우리 사회 곳곳에서 외국인을 만나는 것은 흔한 일이 됐으며 내외국인 간의 결혼도 당연지사로 받아들여진다. 현재 우리나라 사람 100명당 2.8명 정도가 외국인인데 그 수치는 더욱 늘고 있는 추세라고 한다. 이렇게 사람들만 들어오는 것이 아니라 외국의 돈도 많이 들어와 있다. 국내 주식시장의 시세는 외국 투자자들의 매도·매수에 따라 등락을 거듭하며, 외국계 기업, 보험회사 등도 우리나라에서 큰 영향력을 발휘하고 있다.

우리나라로 외국인·외국 자본이 들어오는 것 못지않게 역으로 우리 또한 나간다. 해마다 많은 학생들이 어학연수와 유학길에 오르고 있고, 우리나라의 대표적 기업들 또한 전 세계를 누비며 많은 활동을 펼치고 있다.

이와 같이 나가고 들어옴에 자유가 넘쳐나는 것은 이제 하나의 시대적 흐름이 되었고, 그러한 흐름을 우리는 '세계화'라는 말로 표현한다. 세계화의 본질은 세계를 더욱 가깝게 하기 위해 개별국가가 가지고 있던 규범과 기준, 가치관 등을 지구적 규범과 기준, 가치관 등으로 대체하는 현상이다.

넓게 본다면 사실 세계화는 역사가 시작된 이래 전개돼 온 현상이지만 이 용어가 전면에 등장하게 된 것은 우리 삶이 세계적으로 연결되어 있는 현실이 가시화되고 이런 상호연결성을 포괄적으로 부를 단어가 필요해졌기 때문이다.

세계화라는 용어의 사용 빈도를 보면[70] 세계의 정치적·경제적 변화가 어떻게 전개돼 왔는지를 참고할 수 있다. 1980년대 중반까지 상품의 생산과 판매의 세계화는 서서히 진행되다가 전자금융시스템의 등장과 1986년 '금융 빅뱅'이라고 불린 영국의 금융개혁 정책을 계기로 엄청나게 증가했다. 국제통화기금이 권고한 자본시장의 자유가 진전되고, GATT가 성공적인 결과를 가져오며, 북미자유무역협정(NAFTA)이 발효됨으로써 세계 통합은 전례 없는 수준으로 강화된다. 20세기 말(1995~1997)에는 세계화 이야기가 수도 없이 쏟아져 나왔고 특히 긍정적 의미로 사용되었다. 자유시장 확대가 부정적 결과를 낳으리라는 우려는 1990년대 중반부터 조금씩 움트기 시작하여, 1997년 아시아 금융위기를 겪으면서 크게 불어났고, 마침내 1999년 시애틀의 세계무역기구 정상회담에서 분노로 폭발하기에 이

---

70) '세계화(globalization)'라는 영어 단어가 1961년 『웹스터사전』에 처음으로 등재된 이래 20년간은 거의 쓰이지 않다가 1980년대 후반에 들어와 자주 등장하더니, 20세기 말 어느 순간 혜성처럼 증가세를 보인다. 전 세계적으로 2001년에는 5만 7,235회나 언급되며, 2003년에는 사용 빈도가 다소 감소하였고, 2005년부터 4만 9,722회로 다시 상승하기 시작하여 2006년에는 10월까지 4만 3,448회에 걸쳐 언급되었다. 나얀 찬다, 『세계화, 전 지구적 통합의 역사』, 유인선 옮김(서울: 모티브북, 2007), 382–83면 참조.

른다. 2001년 세계화를 언급하는 기사의 숫자는 그간의 기록을 갱신했지만, 더는 새로운 현상을 정의하거나 세계화가 어떻게 성장을 촉진하는가에 초점을 맞추고 있지 않았다. 대다수의 신문기사는 세계화의 재앙이라고 인식된 것들에 대한 반대 또는 반세계화 운동을 보도하고 있었다.[71]

현재 세계화에 대한 논의는 극명하게 갈리고 있는 상황이다. 세계화 지지론자들 사이에 만연해 있는 견해는 자유시장과 해외직접투자는 개도국들의 다양한 병폐를 치유하기 위한 만병통치약이라는 것이다. 반면에 비판론자들은 자유시장과 해외직접투자의 세계적 확산이야말로 비서방국가에서의 집단적 증오심과 민족적 폭력을 더욱 심화시키는 주요 원인이라고 본다.

이런 상황 속에서 주목할 만한 특징은 최근 세계화 반대 진영에서 새로운 방법으로 세계화에 접근하고 있다는 사실이다. 2004년 다보스 세계경제포럼연례회의에서 반대자들은 "이윤 창출을 위해 환경과 사회문제를 짓밟는 착취뿐인 신자유주의적 세계 질서에는 지금도 반대한다[72]"라고 말했지만 세계 통합이 진전되는 일련의 과정인 세계화가 돌이킬 수 없는 현실임을 받아들였다. "우리는 세계화에 반대하지 않는다. 우리는 노동자의 권리와 환경을 보호할 수 있는 다른 유형의 세계화를 원하는 것뿐이다[73]"라는 스위스의 활동가 헤르벨트(Matthias Herfeldt)의 말처럼 반세계화운동가들은 현재 대안세계화 주장에 동조하는 입장이다.

---

71) 같은 책, 386–87면 참조.
72) 같은 책, 411면.
73) 같은 책, 같은 면.

　이처럼 세계화는 이미 하나의 역사적 추세로 자리 잡은 것으로 보인다. 상이한 나라들이 별개로 저마다의 삶을 영위하며, 서로 간의 불간섭의 의무를 당연한 것으로 자각하면서 살아가던 시절은 이미 과거지사가 되고 만 것이다. 모든 국가의 일상이 미로처럼 서로 긴밀하게 얽혀 있어서 어느 국가도 빠져 나갈 수 없는 상황이다.

　한편 세계화라는 용어와 더불어 현재 세계인들 사이에서 가장 많이 회자되는 용어 가운데 하나는 환경이다. 온난화, 자원 고갈, 생물의 멸종 등 환경에 관련된 용어는 식상하리만치 너무나도 익숙한 낱말이 되었다. 필자가 여기서 관심을 집중하고 싶은 것은 '세계화가 지구환경에는 어떤 영향을 미치고 있는가?', '세계화가 환경에 부정적 영향을 끼치고 있다면 그 개선 방법은 무엇인가?' 하는 것이다. 이러한 물음을 제기하는 까닭은 세계화가 환경에 미치는 영향을 둘러싸고 서로 다른 많은 견해들이 제시됨으로써 무척이나 혼란스럽기 때문이다. 이에 필자는 세계화가 환경에 미치는 영향에 관한 다양한 의견들을 세계화 지지론자 대 세계화 비판론자, 양측으로 나누어 살펴보고 난 뒤, 환경에 대한 세계화의 부정적 결과를 개선하기 위한 방안으로 세계화 윤리를 제안하고 그 실행 방안에 관하여 고찰해보고자 한다.

2. 세계화가 환경에 미치는 영향

1) 세계화 지지론자의 입장

(1) 세계화는 빈곤을 종식시키고 환경 보호에 필요한 물질적 부를 창출해 준다

세계화 지지론자인 미클레스웨이트와 울드리지는 반세계화 사고에 뿌리박혀 있는 '세계화는 환경을 파괴하고 있다'는 믿음은 하나의 신화에 불과하며 결코 "그렇지 않다"고 말한다. 그들에 의하면 자유무역이 기업 활동을 증대시킴으로써 단기적으로는 환경에 해를 끼치겠지만 서서히 국부를 증대시켜 주면서 국가들로 하여금 자신들의 행동거지를 바르게 고쳐나가게 해준다.[74] 이처럼 세계화 지지론자들은 세계화가 선진국뿐만 아니라 개도국에게도 부를 크게 증대시켜 준다고 본다. 오히려 세계화를 거스르는 보호무역주의와 자본 유입 통제가 빈곤 문제를 더 악화시킬 수 있다는 것이다. 북한의 사례는 과도한 보호주의가 개인의 빈곤에 얼마나 나쁜 영향을 미치는지 단적으로 보여 준다. 반대로 1960년대 이후 한국, 타이완 등의 동아시아국가들이 수용한 발전 전략은 세계 경제 편입과 특정부문 보호를 혼합한 것으로 빈곤 완화에 크게 기여했다.[75] 세계 시장에 참여하지 않고서는 개도국들이 빈곤을 퇴치할 수 있는 기회가 없다는 것이다.

세계화 지지론자인 홀랜더 역시 오늘날 세계화는 역사의 순리에

---

74) John Micklethwait and Adrian Wooldridge, "The Globalization Backlash," *Foreign Policy*(September–October 2001), pp.17–18 참조.

75) 마르크 몽투세 외, 『세계화의 문제점 100가지』, 박수현 옮김(서울: 모티브북, 2007), 247–48면 참조.

따라 지구촌 사회를 향해 나아가고 있으며, 수십억 사람들의 부의 증가와 민주적 선택의 기회를 갖도록 하는 데 중요한 역할을 할 것이라고 본다. 그는 따라서 세계 경제는 진정한 의미에서 세계화되어야 하며, 가장 중요한 것은 개도국도 선진국의 시장에 접근할 수 있도록 하는 것이라고 주장한다.[76]

지난 몇십 년 동안 전 세계적으로 이루어진 가난과의 전쟁에서 주역할은 유엔이 맡아왔다. 유엔개발계획(UNDP)은 2001년 보고서에서 새 천년에는 다음 세 가지(정보통신기술, 생명기술, 세계화)의 발전이 가난을 줄이는 데 크게 기여할 것이라고 주장하면서 세계화에 관해서는 다음과 같이 기술하였다.

> 지난 수백 년 동안 국제무역은 국가 경제 발전의 중요한 요소가 되었다. 오늘날 세계화의 의미는 더욱 커져 국가 간 경계를 넘어 인력, 제품, 서비스, 자본, 아이디어를 교환하는데 중요성과 규모면에서 급속한 증가를 뜻하게 되었다. 국제무역을 가속화시킨 근본적인 변화는 의사소통과 운송에 드는 비용이 줄어든 것이다. 시장 경제의 세계화는 개도국과 선진국 모두에서 기술 혁신을 가속화하는 경쟁과 인센티브를 제공했다. 혁신적인 기술은 생산성과 경제 성장을 향상시키고 사람들을 가난에서 벗어날 수 있게 한다.[77]

한마디로 세계화는 선·후진국 모두에게 기술 혁신을 가속화시켜 줌으로써 선·후진국 모두를 더욱 부유하게 만들어 줄 수 있는 고마운 것이라는 입장이다. 이와 같은 기술 혁신을 토대로 선진국은 이미 환경 보호를 위해 다소 불편하고 값비싼 방법을 수없이 동원하여 그

---

76) 잭 M. 홀랜더, 『환경위기의 진실』, 박석순 옮김(서울: 에코리브르, 2004), 324면 참조.
77) 같은 책, 328면.

에 맞서고 있다고 지지론자들은 주장한다. 지지론자들은 또 세계화를 통한 부가 계속 증가할수록 환경에 대한 사람들의 기대도 커질 것이고, 그들이 채택하는 환경 기준도 점점 더 엄격해질 것이라고 한다. 반면에 개도국들은 환경 보호가 다른 긴급한 국가 정책보다 훨씬 아래에 있지만 세계화가 더욱 진척된다면 개도국들 역시 기꺼이 더 좋은 환경을 위해 노력하는 파트너가 되어줄 것이라고 지지론자들은 본다.

요컨대 세계화는 빈곤을 해소시켜 주고 환경 보호에 필요한 재원을 마련해 줄 뿐만 아니라 쾌적한 환경에 대한 국민의 기대와 요구 또한 들어줄 수 있는 묘약이라는 것이다.

(2) 세계화는 첨단 환경 관리 기술을 확대하도록 도와준다

20세기에 환경적 관점에서 너무나 많은 문제를 야기했던 기술을 단계적으로 폐기하고 생태효율성을 염두에 둔 새로운 기술 개발은 매우 중요하다. 어떤 제품을 생산하는 데 드는 천연자원의 평균 소비량과 잉여부산물 발생량을 현저히 줄일 수 있는 새로운 친환경적 기술을 개발해 나가야 한다. 여기서 반가운 소식은 다양한 분야에서 큰 진보를 가져올 기술들을 위해 대규모 투자와 빠른 성장이 이루어질 것으로 예견되고 있다는 점이다.

태양광 및 풍력 발전 기술, 초효율 차량과 건물을 위한 신기술, 정보기술을 이용한 정밀농업 및 대안농업(자연적 순환과 윤작, 통합된 해충 관리를 이용하는 방식) 기술, 폐기물 최소화 기술, 수소 저장·연료 전지 등의 에너지 저장과 활용 기술 등이 그 주요 분야이다.[78]

---

78) 제임스 구스타브 스페스, 『아침의 붉은 하늘』, 김보영 옮김(서울: 에코리브르, 2005), 224-26
면 참조.

세계화 지지론자들은 이와 같은 혁신 기술들이 전 세계에 파급됨으로써 환경 보호에 기여할 수 있으려면 세계 경제가 통합되어야 한다고 본다. 그런데 문제는 친환경적 기술 관련 특허권의 97%, 저개발국의 특허권 또한 80%를 선진국 사람들이 소유하고 있고, 현재의 세계 경제 구조하에서는 이러한 첨단기술 개발 효과가 개도국 사람들에게까지 확산될 가능성이 높지 않다는 것이다.[79] 설령 국가 간 기술 이전이 이루어진다 하더라도 자유무역이란 원래 사회적 책임을 다하고자 하는 생산자보다는 최대의 이윤을 추구하려는 생산자를 더 높이 평가하므로, 이전되는 기술은 첨단기술이 아니라 공해산업기술일 가능성이 더 높다. 환경 규제가 엄격한 선진국에서는 공해산업기술이 활용 가치가 없을지 모르나 환경 규제가 느슨한 개도국에서는 아직도 활용 가치가 충분하기 때문이다. 게다가 투자 자유화와 연관된 지적재산권보호제도나 국제특허제도가 강화됨으로써 환경 보호기술의 이전은 더욱 어렵게 되고 오히려 환경오염 기술의 전파는 더욱 쉬워진다.

그러나 세계화 지지론자들은 자유무역화의 정도가 심화되면 결국 환경친화적 기술 이전이 확대되고 환경 보호에 기여한다고 본다. 라틴아메리카를 연구한 결과에 의하면 개방체제의 국가는 폐쇄체제의 국가에 비해 경제성장률이 높은 반면 유해물질 집적도는 낮다고 한다. 한편 폐쇄국가는 경제성장률이 높아질수록 유해물질 집적도도 높게 나타났다. 그 이유는 개방경제, 특히 고도로 성장하는 개방경제는 이를 채택한 국가로 하여금 청정생산기술을 이전받을 수 있도록

---

79) 정회성, 「세계화와 지속가능한 환경」, 『국토』, 250(2002. 8), 48면 참조.

혜택을 부여하기 때문이라는 것이다.[80]

기술 이전과 관련된 지지론자들의 입장을 간추려 보면 다음과 같다.

> 개방화된 경제, 역동적인 자유무역은 특히 개도국의 입장에서는 과거에 비해 유리한 점이 더 많다. 지금의 개도국은 기술 분야에서 모든 경험적 학습과정을 다시 밟을 필요가 없게 되기 때문이다. 그들은 선진국들이 지나간 경로나 실수들을 뛰어넘어 21세기의 친환경적이며 더욱 우수한 기술에 곧장 도달할 수 있다. 개도국의 농업과 어업, 제조업은 이전된 새로운 기술을 통해 자원 효율적이고 환경적으로 지속 가능한 잠재력을 얻게 될 것이다.

2) 세계화 비판론자의 입장

(1) 세계화를 위한 각종 정책은 환경 파괴적인 성장을 확대한다

세계화가 가장 두드러지게 추진되고 있는 분야는 경제 면이다. 경제 면에서 세계화의 한 축을 이루고 있는 것은 바로 무역자유화정책인데, 이는 환경 파괴의 증대와 직접적으로 연관된다. 자유화 또는 시장주의정책은 수입·수출 과정에서의 관세장벽 제거를 비롯한 규제완화를 전제한다. 이러한 규제완화는 상품 교역을 크게 확대시키겠지만 환경 악화 요인에 대한 제한은 더욱 힘들게 만든다. 환경 악화 요인에 대한 제한은 상품 교역 증대에 걸림돌로 작용할 수 있기 때문이다. 자유화 조치가 도입된 나라들에서 환경운동단체들이 엄격한 심사를 요구하고 있는 광산 채굴 허가 건수가 오히려 늘어난 사례는 그런 점을 잘 반증해주고 있다.[81] 이와 같은 규제완화 노력에 힘입어 목재, 어류, 농산물, 광물과 같이 환경적으로 민감한 상품 교역

---

80) 같은 글, 48–49면 참조.
81) 이대훈, 『세계의 화두』(서울: 개마고원, 1998), 148면 참조.

이 급속하게 성장해 왔다.

규제완화 조치는 개도국으로 하여금 세계 시장을 향한 자원 개발과 토지 개간을 더욱 장려하고 이는 삼림을 파괴하고 생물 서식지를 파괴함으로써 생물종 다양성을 감소시킨다. 그리고 세계 시장을 향한 대량 생산은 작물종의 단순화를 초래하여 주요 작물에 대한 의존도를 심화시킨다. 녹색혁명을 그 대표적 사례로 들 수 있다. 개도국의 급속한 식량 증산을 위한 녹색혁명은 벼·밀·옥수수의 단작을 조장함으로써 수천 종의 다양한 농작물 품종을 전멸시켰다. 뿐만 아니라 화학비료와 농약 사용을 범세계화하여 생태계 파괴, 생물종 다양성의 감소를 촉진하였다.[82]

또한 자유화 정책은 외채 및 구조조정 프로그램을 통해서도 환경 파괴에 영향을 미친다. 외채 위기에 처한 개도국 정부는 환경 의제보다는 차관 조건으로 따라 오는 구조조정 정책을 우선시하게 된다. 외환 보유고를 높이고 달러 부채를 갚아야 하므로 천연자원의 수출, 자원 개발, 공해산업의 유치 등 통상적인 규제하에서는 불가능했던 일들이 가능해진다.

무역 확대는 또 화물 수송에 따른 환경오염과 파괴를 초래하기도 한다. 즉, 자유무역은 재화의 생산, 분배, 소비를 위한 수송 부문의 확대로 수송 과정상 여러 가지 오염 사고가 빈발하며, 그로 인해 환경오염과 파괴가 막대할 수 있다는 것이다.

---

82) 정회성, 앞의 글, 45면 참조.

(2) 세계화는 환경파괴적인 거대 기업을 양산하며, 거대 기업은 또
자신들의 기업 활동을 제한할 수 있는 각국 정부를 무력화시킨다

자유무역정책과 더불어 세계화의 또 한 가지 축은 해외직접투자정
책이다. 해외직접투자의 선봉에 서 있는 것은 거대 기업이고 거대 기
업은 이제 세계 시장을 지배하는 초국가기업으로 발전하여 크게 번
성하고 있다.

초국가기업은 경제적으로 대다수의 국가보다 더 강력한 힘을 행사
하고 있으며 거의 모든 나라의 정치에까지 영향을 미친다. 세계 시장
에서 초국가기업들이 기록한 매출액이 한 국가의 국내총생산(GDP)
을 능가하는 경우도 허다하다.[83] 이렇게 생산량과 매출액이 높은 만
큼 배출되는 오염 물질 또한 압도적이다. 현재 전 세계 모든 산업이
배출하는 온실가스의 절반 이상이 초국가기업들의 공장에서 배출되
고 있으며, 오존층 파괴 물질 거의 전부가 그곳에서 생산되고 있다.
대지 오염의 주범은 광산인데, 알루미늄 광산인 경우 전 세계의 63%
를, 농약 무역의 90%를 20개 초국가기업들이 장악하고 있다.[84]

나아가 이들 초국가기업들의 세계적 기업 활동은 환경문제 역시
세계화시킨다. 초국가기업들은 임금이 낮은 시장에서 이윤을 추구할
뿐만 아니라 북반구의 엄격한 규제를 피하려 하기 때문에 남반구의

---

83) 세계의 100대 경제 시스템 가운데 47개가 기업이며 이들보다 가난한 나라가 130개국이나
된다. 제너럴 모터스의 매출액보다 GDP가 높은 나라는 17개국 정도이며, 1992년 이스라
엘의 GDP는 698억 달러였으나, 같은 해 엑손의 매출액은 1035억 달러였다. 1992년 이
집트의 GDP는 336억 달러였지만 같은 해 필립콘터스의 매출액은 502달러였다. 전 세계
생산 자산의 1/4 이상을 소유하고 있는 200여 기업이 비교적 약한 나라들에게 엄청난 정
치적 압력을 가하고 있다. 프란츠 브로스위머, 『문명과 대량 멸종의 역사』, 김승욱 옮김(서
울: 에코리브르, 2006), 174면 참조.

84) 이대훈, 앞의 책, 147-48면 참조.

생태계와 생물 다양성 파괴를 크게 가속화하는 결과를 낳고 있다. 게다가 21세기의 농업 기업들은 식품에 대한 전례 없는 유전자 조작 기술과 새로운 합성 비료, 살충제, 제초제 개발을 선택했다. 기업의 세계화라는 배타적 영역으로 끌려들어가는 지역이 점점 늘어남에 따라 생태계 파괴 속도는 더욱더 빨라지고 있다.[85]

그런데 문제는 여기서 그치지 않는다. 초국가기업들이 전 세계 거의 모든 나라들을 상대로 무역과 투자를 할 수 있을 만큼 막강한 자유와 힘을 누릴 수 있게 됨에 따라 이들의 활동을 제한할 수 있는 각국 정부의 힘이 크게 축소되고 있다는 점 또한 문제이다. 초국가기업은 사회와 생태계에 엄청난 피해를 입히는 자신들의 활동을 합법화하거나 평가절하하거나 효과적으로 사람들의 입을 막음으로써 그 지위를 계속 유지한다. 본질적으로 대단히 비민주적인 초국가기업은 지구를 사회 붕괴와 생태계 붕괴 직전으로 몰고 온 세계 자본주의 정책에서 핵심 역할을 하고 있다.[86] 이와 관련하여 반다나 시바는 이렇게 말한다.

> 자유 무역은 결코 자유롭지 않다. 그것은 막강한 초국가기업의 경제적 이해를 옹호한다. 그런데 이러한 초국가기업은 이미 세계 무역의 70%를 장악하고 있으며, 그들에게 국제무역은 절체절명의 것이다. …… 기본적으로 GATT는 개별 국가들의 민주적 체제들—지방의회, 지방정부, 의회 등—을 자신들의 시민들의 의지를 집행하지 못하게 함으로써 절름발이로 만들어 버렸다.[87]

---

85) 프란츠 브로스위머, 앞의 책, 175–76면 참조.

86) 같은 책, 174–75면 참조.

87) 반다나 시바, 『자연과 지식의 약탈자들』, 한재각 외 옮김(서울: 당대, 2000), 207면.

이와 같이 세계화는 자유무역과 해외직접투자정책을 토대로 초국가기업의 힘을 거대하게 확장시켜 놓았고, 자신들의 활동에 브레이크를 걸 수 있는 개별 국가들의 능력마저 사장시켜 버리고 있다. 더불어 우루과이라운드의 진정한 권력 집단으로 부상한 초국가기업들은 노동자들의 권리와 환경을 보호해야 하는 의무는 구시대적 의무로 도외시해 버렸다.

(3) 세계화는 국가 간 빈부 격차를 악화시킴으로써 환경문제 개선을 더욱 어렵게 만든다

경제성장과 환경문제 간에는 긴밀한 상관관계가 있다고 보는 것이 일반적이다. 이 양자 간의 관계에 대한 가장 대표적인 견해는 그로스만과 크루거의 가설을 통해 엿볼 수 있다.[88] 이 가설에 따르면 경제성장과 환경문제 사이의 관계는 경제성장 단계에 따라 달라지는데 경제성장의 초기(대체로 1인당 국민소득 5,000달러 이하 단계)에는 경제성장이 이루어짐에 따라 환경 파괴도 가속화하는 경향이 있으나 1인당 국민소득이 1만 달러 이상의 단계에 이르면 오히려 환경파괴의 정도가 약화되는 경향이 있다는 것이다. 이와 같이 1인당 국민소득이 5천 달러와 1만 달러가 전환점이 된다고 하여 이 가설을 5천 달러-1만 달러 가설이라고도 한다. 상식적으로 생각하더라도 경제성장에 의한 소득 증가가 환경 효과를 가져온다는 주장은 일리가 있어 보인다. 최빈국에서는 기초생활을 유지하는 데 필요한 기본적인 조건마저 구비돼 있지 않기 때문에 환경문제에 관심을 가질 만한 여유가 전혀 없는

---

88) G. M. Grossman and A. B. Krueger, "Economic Growth and the Environment," *The Quarterly Journal of Economics* 110, 1995, pp.352-57 참조.

것이다.[89]

그렇다면 문제는 세계화와 경제성장 간에는 어떤 상관관계가 있는가 하는 점이다. 만일 세계화가 경제성장을 가져오는 보증수표라면 세계화와 환경문제는 정의 상관관계에 있다고 할 수 있을 것이고, 반면에 세계화가 경제성장이 아니라 빈곤을 초래한다면 세계화와 환경문제는 부의 상관관계에 있다고 할 수 있을 것이다.

세계화 비판론자들은 당연히 세계화는 경제성장보다는 오히려 빈곤을 초래한다고 결론짓는다. 물론 그들이 세계화가 선·후진국 구분 없이 모두에게 빈곤을 초래한다고 말하는 것은 아니고, 대체로 선진국의 경우는 이득을 본다는 입장이다. 즉, 세계화는 선진국 기업들에게 수출 상품을 위한 새로운 판로를 제공해 준다. 또한 세계화로 인해 세계 시장에서 공급자들의 경쟁이 격화됨에 따라 생산 비용 절감이 가능하며, 기업 투자의 지리적 스펙트럼이 확대된다. 더욱 확대된 자본시장에서의 좀 더 용이한 자금 조달 등 선진국의 생활수준 향상에 기여한다.[90]

반면에 세계화가 경쟁력이 낮은 개도국들에게는 세계화의 형태가 무엇이든 빈곤을 증대시킨다고 보는 것이 비판론자들의 입장이다. 세계화는 개도국들로 하여금 국제 경쟁으로 심각한 타격을 입게 하고, 그 결과 실업이 증가하고 불안정이 심화된다. 게다가 경쟁력 제약으로 인해 정부는 공공투자와 사회보장제도 지출을 축소하거나 제한할

---

89) 그러기에 에너지 및 자원 연구자인 홀랜더는 세계에서 가장 심각한 환경문제는 가난이라고 단언한다. 세계 곳곳에 만연해 있는 가난을 줄이는 것이 환경주의자들이 가장 우선적으로 해야 할 일이며, 부와 기술혁신은 미래 지구에 지속 가능한 환경을 이룩하기 위해 가장 중요한 요소 중 하나라고 주장한다. 잭 M. 홀랜더, 앞의 책, 44면 참조.

90) 마르크 몽투세 외, 앞의 책, 110–13면 참조.

수밖에 없게 된다. 또 기업에는 임금 동결, 비정규직 고용, 생산시설을 해외로 이전해야 할 요인이 생긴다. 개도국 중에서도 최빈국들은 더욱 취약한 상황에 놓이게 된다. 자본 수출과 유입으로 인해 금융 불안정 상황에 처하게 되고, 그 결과 성장이 저해된다. 또한 최빈국들은 세계 자본 흐름에 편입되어 과도한 외채에 시달리며 결국 국부의 상당부분은 국민 복지 향상이 아니라 외채 상환에 소진되는 것이다.[91]

결과적으로 세계화는 선진국들과는 달리 개도국들에게는 경제성장을 저해함으로써 환경문제 개선에도 역효과를 초래하고 있다.

3. 세계화 윤리

1) 세계화 윤리의 요청

이상에서 보았다시피 '세계화가 환경에 어떠한 영향을 미치고 있는가?' 하는 문제에 관해서는 세계화를 보는 관점에 따라 그 의견이 크게 갈리고 있다.

세계화 지지론자들(시장만능주의적 세계화론자)은 세계화로 인한 현재의 각종 불만스러운 현실은 결국 '시장주의 개혁'이 덜 이루어져 생겨나는 것이라고 본다. 환경문제의 가장 큰 적은 다름 아닌 가난인데, 이 가난을 해결하는 최선의 방법뿐만 아니라 지속가능한 개발을 위한 친환경적 기술 이전 또한 세계 시장의 통합, 더 완전한 시장 개방이 이루어진다면 얼마든지 해결해 나갈 수 있다는 입장이다.

반면에 세계화 비판론자들은 세계화가 오히려 선·후진국 간의 빈

---

91) 같은 책, 245-46면 참조.

부격차를 확대·심화시켰고, 초국가기업들의 세계 시장 지배를 위한 과잉생산을 불러왔으며, 개도국으로 공해산업기술을 이전하게 함으로써 환경 파괴적인 결과를 낳고 있다고 주장한다.

이와 같이 세계화가 환경에 미치는 영향을 놓고 세계화 지지론자와 세계화 비판론자 간 의견대립의 각이 너무 커 어느 쪽의 입장이 더 설득력이 있는지 판단하기 힘든 상황이다. 하지만 이 문제를 둘러싼 다양한 의견들을 종합적으로 고려해볼 때, 대체로 비판론자들의 입장이 우세함을 알 수 있다. 이와 관련하여 몰은 이렇게 말하고 있다. "대부분의 학자가 제기한 공통된 의견은 다소 비관적이다. 세계화의 과정과 흐름이 환경 악화를 부추기고 현대적 제도를 통한 환경 문제의 통제를 위축시키며, 사회에 따라 다르게 나타나는 환경적 결과와 위험의 편차를 심화시키고 있기 때문이다. 자본주의적 세계화 과정은 종종 이러한 환경적 해악의 근본 원인으로 여겨진다."92)

이처럼 세계화가 환경에 부정적으로 작용하는 까닭은 세계화를 앞서서 이끌고 있는 강대국들 정부가 사사로운 상업적 이익을 추구한 나머지, 세계은행과 WTO를 위해 유엔의 위상을 격하시키고 환경 기준을 최소화함으로써 자국의 경쟁력을 증대시키면서 점점 늘어나는 초국가기업들의 방만한 행동을 허용하고 있기 때문이다.93)

특히 미국의 신자유주의에 기초한 세계화는 사회를 물질주의로 물들이고 더욱더 정글의 장으로 만들어갈 뿐이다. 경제적 이윤 추구만을 위해 매진하는 세계화는 G-7국가들에게는 이득을 안겨줄지 모르

---

92) Arthur P. J. Mol, *Globalization and Environmental Reform*(Cambridge, Mass.: MIT Press, 2001), p.199.

93) Martin Khor, "Globalization and Sustainable Development: The Choices Before Rio +10," *International Review for Environmental Strategies 2*, no.2(2007): 210–12 참조.

지만 그 이외의 국가들에게는 재앙이 될 가능성이 매우 높다. 그렇다고 해서 세계화가 이 시대의 시대적 흐름이 되어 버린 이상 이를 거부하거나 회피할 수도 없다. 이 상황에서 우리가 택할 수 있는 최선의 대안이 있다면, 세계화가 환경에 미치는 부정적 영향은 과감히 수정·개혁하면서 긍정적 영향은 더욱더 신장시켜 나가는 일이다. 말하자면 기존의 세계화 흐름을 '생태적 세계화', '녹색 세계화'로 전환시켜 나가는 것이다.

이를 위해서는 세계화가 환경에 부정적으로 작용하는 근본 원인에 대한 반성부터 요구된다. 세계화에 가한 최초의 근대적 비판이라 할 수 있는 『공산당선언』은 이렇게 말하고 있다.

> 부르주아는 생산물의 판로를 끝없이 넓히려는 욕구에 떠밀려 지상의 모든 곳을 누비고 다닌다. …… 과거의 수요는 국내 생산물이 채워주었지만 아주 멀리 떨어져 있는 다른 풍토의 나라에서 온 생산물로만 채울 수 있는 새로운 수요가 생겨난다. 오래도록 살아온 고향과 국가에 은둔한 채 자급자족하는 대신 민족들 상호 간의 전면적인 교류가 이루어지고, 세계 모든 국가들의 상호의존이 등장한다.[94]

마르크스는 자본주의자들이 끊임없이 이윤을 추구한 결과 '세계 모든 국가들이 상호의존'하게 되었다고 보고 있다. 그의 말을 빌리자면 "잉여노동을 좇는 귀신 들린 늑대인간의 엄청난 굶주림"[95]의 결과이다. 세계화가 확대되고 있는 본질적 이유는 '이윤 추구'에 사활을 걸고 지구촌 곳곳을 누비려고 하는 세계적 자본주의의 속성에 있는 것이다. 바로 이 '이윤 추구'만을 내세울 때 세계화는 결코 개도국

---

94) 마르크스·엥겔스, 『공산당선언』, 남상일 옮김(서울: 백산서당, 1989), 61면.
95) 칼 마르크스, 『자본론』, 김수행 역, 제2개역판(서울: 비봉출판사, 2006), 321면.

사람들을 위해서는 물론 환경을 위해서도 작용하지 않는다. 이윤 창출을 위해 환경과 사회 문제를 짓밟는 착취뿐인 신자유주의적 세계 질서에는 누구나 반대해야 한다. 이러한 세계 질서는 수단방법 가리지 않고 이윤을 추구하고 천연자원을 과도하게 개발하는 과정에서 가난한 사람들의 생계를 위협한다. 뿐만 아니라 환경 규제가 미약하거나 아예 존재하지 않는 국가로 기업 활동을 옮겨 감으로써 지구 전체의 환경을 파괴한다.

바로 여기서 요청해 볼 수 있는 것이 거대기업을 앞세워 무한대의 이윤만을 추구하고 있는 선진국 사람들의 반성적 태도이다. '자신들의 이윤 추구에 기초한 세계화 정책이 과연 이 지구촌의 발전과 안정에 어떤 도움이 되고 있는가?', '노동자들의 권리와 지속 가능한 환경을 유지하는 데 어떤 영향을 미치고 있는가?' 하는 윤리적 반성이 요구된다. 이른바 '세계화 윤리', '지구 윤리'가 요청된다는 것이다.

세계화를 위한 각종 정책이 전 세계적 범위에 걸쳐 이루어지고 있는 만큼 도덕공동체의 범위 역시 전 세계로 확대되는 것이 옳다. 우리는 오랫동안 외교와 공공정책뿐만 아니라 윤리 역시 주권국가라는 범위 내에 한정시켜 생각해 왔다. 하지만 세계화 시대의 전 지구적 사회에서는 경제정책뿐만 아니라 윤리 역시 현존하는 민족국가 개념을 뛰어넘는 것으로 받아들여야 한다. 이러한 관점에서 피터 싱어는 "우리가 세계화시대를 어떻게 겪어내느냐 하는 문제는 하나의 세계에 살고 있다는 생각에 우리가 어떻게 윤리적으로 대응하는가에 달려 있다"[96]고 주장한다. 따라서 부자 나라들이 세계화를 통해 많은

---

96) 피터 싱어, 『세계화의 윤리』, 김희정 옮김(서울: 아카넷, 2003), 37-38면.

이득을 누리면서도 전 지구적 차원의 윤리관을 갖지 않는 것은 도덕적으로 아주 큰 잘못이라고 할 수 있다.

2) 책임의 윤리

'녹색 세계화', '생태적 세계화'를 위해 우선적으로 요청되는 세계화윤리는 책임의 윤리이다. 세계화를 이끌고 있는 선진국들의 변함없는 입장은 세계화가 선진국은 물론이고 개도국에도 소득을 증대시킬 수 있다고 보는 것이다. 그런데 현실은 그렇지 않기 때문에 여러 가지 문제가 생긴다.

세계화를 통한 이윤은 아주 불균등하게 배분되고 있다. 투자, 성장, 신기술은 전 세계 몇몇 지역(유럽, 북아메리카, 일본, 동아시아의 신흥공업국)에만 집중해 있고, 두 번째 서열에 속하는 나라들은 떡고물에 해당하는 어느 정도의 세계화 이득을 보고 있다. 하지만 그 밖의 나라들은 전적으로 성장에서 배제되어 있거나 단지 패배자로서 참여하고 있을 뿐이다.[97] 가난한 나라들은 대부분 빚더미에 눌려 국민의 기본 욕구조차 채워주지 못하고 있으며, 가난한 나라와 부자 나라 사이의 간극은 점점 넓어만 가고 있다.[98]

10억이 넘는 사람들이 아직도 하루 1달러 미만의 돈으로 생활하고 있고, 대부분은 전화를 걸어본 적도, 태어난 곳을 벗어나본 적도 없다. 거의 20억의 사람들이 내가 탄 비행기로 접근할 수 없는 세계에

---

97) 세계화는 아프리카, 발칸반도, 코카서스, 중앙아시아, 서남아시아부터 남아시아와 카리브해의 일부 국가, 동남아시아 일부 국가까지 거대한 지역을 외면해 왔고, 이들 빈곤 국가들이 세계무역에서 차지하는 비중은 지난 20년간 계속 감소해 왔다. 나얀 찬다, 앞의 책, 473면 참조.

98) 마틴 코어, 「인간의 지구화」, 에른스트 울리히 폰 바이츠제커, 『환경의 세기』, 권정임·박진희 옮김(서울: 생각의 나무, 1999), 252–53면 참조.

서 식수, 초등교육, 공공의료, 도로, 전기, 항만 같은 기본적인 사회 기반시설이 부족한 환경에 살고 있다. 이들은 잊혀진 거주자, 보이지 않는 거주자들인 것이다. 바로 이들이 선진국가들에게 정신적·현실적 도전이 되고 있다. 부자 나라들의 농업보조금정책이 일부 원인이 되어 농업이 파산한 아시아와 아프리카에서는 영양실조와 질병으로 고통받는 어린이들이 계속 늘어가고 있다. 부자 나라의 정책 입안자들에게 잊혀진 거주자들은 그저 불법이민과 마약밀수, 범죄라는 불안의 근원일 뿐이며, 병원균의 매개체일 뿐이다.[99]

이들에게 환경을 거론하는 것은 어불성설이고 사치이다. 가장 기본적인 삶의 필요조건마저 구비되지 못한 사람들에게 환경을 거론한다는 것은 가진 자들의 횡포이다. 환경의 최대의 적은 가난이라고 했듯이 이들의 가난을 외면한 상태에서의 세계화는 인간적 도리에도 어긋나며, 생태학적으로도 부정적인 결과를 초래한다.

굶주릴 필요도 없고, 적절한 의료 혜택을 못 받아 죽어갈 필요도 없고, 문맹이어야 할 이유도 없고, 절망과 슬픔에 짓눌려 지내야 할 이유도 없는 세상임에도 실제로는 그런 처지에서 살아가는 사람들이 많다는 것은 그저 일과성인 '안타깝고 불쌍하다'는 동정심만으로는 해결이 안 된다. 물론 동정심과 역지사지의 태도, 연민의 정도 필요하지만, 이와 더불어 반드시 요구되는 것은 개도국의 빈곤 문제를 근원적으로 해결해나갈 수 있는 가시적인 대책을 세우고 이를 실행하고자 하는 선진국들의 책임감과 의무 의식이다. 이러한 시각에서 뚜웨이밍역시 "한창 모습을 드러내고 있는 세계화 공동체에서 빈곤을 퇴치하

---

99) 나얀 찬다, 앞의 책, 473-74면 참조.

는 일은 가장 위대하고 공정한 사업[100]"이라고 주장하고 있다.

다음으로 강조하고 싶은 것은 환경에 대한 보다 더 적극적이면서 강한 책임 의식이다. 현재 우려의 목소리가 점점 높아지고 있는 지구온난화는 세계 경제를 20%까지 위축시킬 수 있고, 세계 양차 대전과 대공황 때와 같은 경제적·사회적 분열을 야기할 수 있는 잠재력을 가지고 있다고 한다. 그럼에도 불구하고 세계는 이 문제 해결에 적극적이지 못하다. 세계에서 가장 많은 온실가스를 배출하는 미국은 교토의정서 서명을 거부했고, 이미 서명한 국가들도 지구온난화의 위협에 맞서 싸우는 시늉만 하고 있다. 교토의정서를 전면적으로 이행한다 해도 온실가스 억제 효과는 미미한 정도에 불과한데, 그마저도 외면하고 있는 것이다. 교토의정서에 관한 협의가 시작되고 16년이 흐르는 동안에도 온난화의 원인인 온실가스는 착실히 증가해 왔고, 전문가들은 교토의정서가 발효된다 해도 계속 증가할 것이라 믿고 있다.[101]

온난화 문제가 현재 인류가 직면한 가장 심각한 문제라는 것을 알고 있으면서도 이에 대한 대책이 이 정도일진대 그 밖의 문제에 대한 대책을 어떻게 기대할 수 있겠는가? 세계에서 가장 부유한 나라들은 자신들의 활동으로 전 세계적인 환경 악화의 42%를 유발했으면서도 그로 인한 비용의 단지 3%만을 떠맡고 있다는 현실을 부끄럽게 여겨야 한다.[102] 부자나라들은 이러한 현실을 직시하고 환경문제 개선을 위한 보다 현실적이면서 구체적인 정책 수립과 그 집행을 도모해 나가야 한다.

---

100) 뚜웨이밍, 『문명들의 대화』, 김태성 옮김(서울: 휴머니스트, 2006), 122면.
101) 나얀 찬다, 앞의 책, 485–86면 참조.
102) 마이크 데이비스, 「인류는 녹아내리고 있다」, 『창작과 비평』, 141(2008 가을), 135면 참조.

3) 공평성의 윤리

세계화가 비판받는 가장 중요한 요인은 공정성의 문제이다. 자유무역의 확대 및 해외직접투자정책이 모든 국가들에게 이득이 될 수 있으려면 공정한 분배 결과가 초래되어야 한다. 그런데 시장에서의 공정성은 초기 자원의 배분 상태, 즉 소유권의 보유 상태와 같은 교역 조건의 영향을 받게 마련이다. 시장에서의 지배력의 차이가 크면 클수록 교역의 결과가 공정성과는 거리가 멀어진다.

그런데 불행하게도 현재 세계화의 논리를 펴는 주체세력이면서 작금의 세계 경제를 지배하고 있는 것은 다름 아닌 초국가기업이다. 바로 이 초국가기업의 시장 지배력이 막강한 상태에서 이뤄지고 있는 세계 시장 구조는 불평등할 수밖에 없고, 따라서 세계화에 대한 비판 가운데 불공정성의 문제는 큰 호소력을 지니게 마련이다.

교역 조건상 절대 불리한 주체는 보통 개도국들인데 자유무역이 이루어질 경우 경제적 약자의 위치는 더욱더 취약해지는 경향이 있다. 자유무역에 따른 경제적 이득이 불공정하게 배분되면 세계화는 부와 권력을 특정국가나 계층에 보다 집중하게 되어 상대적 빈곤감의 팽배로 정치 및 사회적 불안정을 초래할 가능성이 높다.

이와 같은 불공정성을 시정해 나가려면 먼저 '하나의 세계'라는 개념을 민족국가를 뛰어넘는 도덕기준으로 삼을 수 있어야 한다. 세계화 과정에서 불공정성의 문제가 제기되는 근본 까닭은 자국민의 이익을 타 국민의 이익보다 훨씬 더 우위에 두기 때문이다. 사람들은 보통 관심의 대상을 자기 나라 사람들로 한정한다. "자선은 가정에서부터 시작된다"[103]는 말처럼 자기 나라의 가난부터 돌보려 하지 해외의 가난을 먼저 돌보려 하지 않는다. 사람들은 국경이 도덕적으로 중요하며 그래서 곤궁한 처지에 있는 다른 나라에서 온 사람을 방치하는 것보다도 마찬가지로 곤궁한 자기 나라 사람을 방치하는 것이 더 나쁘다는 것을 당연시한다. 대부분의 사람들은 인간의 평등에 대해 떠들어대지만 그들의 관심 범위는 자기 나라의 국경을 거의 넘지 못한다.

다른 나라에서 일어난 일들은 도덕적으로 고려해야 할 문제가 전혀 아닌 것으로 여기는 것이다. 자국 바깥의 고통은 그저 다른 사회의 일로 여길 뿐이다. 다른 도덕공동체의 일이기 때문에 그것을 줄이기 위해서 우리가 도움의 손길을 뻗어야 할 의무도 없다. 의무란 상호협력과 호혜의 끈으로 묶인 단일 공동체의 구성원들 사이에서나 성립하는 것으로 간주한다. 우리가 강조하는 것이 어떤 의무든지 간에 모든 의무는 사회적 맥락에 의해 제한되는 것이다. 이러한 믿음에는 서로 관련되어 있는 두 가지 주장이 내포되어 있다. ① 사회란 무엇인가에 관한 주장과 ② 도덕성의 범위는 그와 같은 사회의 정의(定義)에 따라 제한된다는 주장이다. 이런 관점에서 볼 때 도덕은 하나의 공동체 안에 살고 있는 도덕 행위자들의 상호관계를 규제하는 일련의 규칙들로 간주된다.[104]

그러나 도덕을 위의 두 주장과 다른 시각에서 해석하면 전혀 다른 견해가 받아들여질 수 있다. 즉, 도덕을 개인의 행위와 책임이라는 관점에서, 바꿔 말하면 타인들에 대한 나의 배려에 기초해서 행동해야 할 책임감이라는 관점에서 본다면 행복을 바라는 '타인들'이 동일

---

103) 피터 싱어, 앞의 책, 197면.
104) 나이젤 다우어, 「세계의 빈곤」, 피터 싱어, 『응용윤리』, 김성한 외 옮김(서울: 철학과현실사, 2005), 26면 참조.

한 도덕공동체의 호혜적 구성원인가의 여부는 중요하지 않으며, 심지어 그들이 도덕 행위자인가의 여부도 중요하지 않게 된다. 중요한 것은 타인들의 선의나 행복이 행위자의 선택에 의해 영향을 받을 수 있다는 점이다.105) 이러한 관점에서 싱어는 "다른 나라에 사는 이방인을 도와야 하는 의무가 우리의 이웃이나 동포 중 한 사람을 도와야 하는 의무만큼이나 크다"106)고 말한다. 우리나라 국민과 다른 나라의 국민을 공평하게 고려해야 한다는 것이다. 싱어의 지적처럼 도덕공동체의 범위를 설정하는 데 그 사람이 어디에 사는지 장소의 문제는 더 이상 고려 조건이 되어선 안 된다. 만약에 그 사람이 어디에 살든지 관계없이 모든 사람들의 이익이 진지하게 고려된다면 우리의 행위는 크게 달라질 수 있을 것이다.

아울러 도덕공동체의 범위 설정은 시대성도 뛰어넘을 수 있어야 한다. 우리의 결정에 의해 중대한 영향을 받게 될 미래세대도 고려 대상이 되어야 한다는 것이다. 가령 현세대의 방만한 세계화 정책에 의해 열대우림, 오존층, 해조류 등이 파괴될 경우 미래세대들은 자신들의 의지와는 무관하게 피해를 입는 것이 불가피해진다. 따라서 우리에게는 미래세대들의 이익 또한 공정하게 고려할 의무가 있다.

도덕공동체의 범위 설정은 전 세계인과 미래세대를 포함하는 인간

---

105) 이러한 관점에서 나이젤 다우어는 우리와 공간상으로 멀리 떨어져 있는 사람들뿐만 아니라 미래세대, 동물, 생명 일반, 특정한 생물 종, 더 나아가서는 가치를 갖는다고 생각되는 모든 존재가 고려 대상이 될 수 있다고 말한다. 같은 글, 25–27면 참조.

106) 물론 싱어가 이렇게 주장한다고 하여 우리 삶이 모든 면에서 편향성을 보여서는 안 된다고 말하는 것은 아니다. 그에 따르면 자녀, 배우자, 연인, 친구 등에 대한 편향적 애정 없이는 행복한 삶을 살 수 없다. 편향적 애정을 억압하면 커다란 가치를 가진 어떤 것을 파괴할 것이고, 따라서 공평한 관점에서도 정당화될 리 없다고 그는 지적한다. 그러나 이러한 범위를 넘어서는 편향주의는 배제되어야 한다는 것이 그의 입장이다. 피터 싱어, 앞의 책, 205면.

공동체를 초월하여 더 확대되어야 한다. 인간과 마찬가지로 동물들의 이익 역시 우리의 행위에 의해 영향을 받기 때문이다. 이런 시각에서 본다면, 일찍이 벤담이 동물의 이익도 우리의 도덕적 고려 대상에 포함시켜야 한다고 주장한 것은 옳았다.[107] 그의 주장처럼 인종이나 성별, 국적이 도덕적 숙고 대상을 결정하는 조건이 될 수 없듯이, 단지 인간과 종이 다르다는 이유로 동물들을 도덕적 고려 대상에서 제외하는 것도 정당화될 수 없다. 공정성이란 개념은 공간(사회성)과 시간(시대성)을 초월할 뿐만 아니라 동물과 인간의 경계(종)까지 초월하여 도덕공동체의 범위를 설정하도록 요구하고 있는 것이다.

4. 맺음말

이 글에서 필자가 주목했던 분야는 세계화가 환경에 미치는 영향이다. 이 문제를 둘러싸고 세계화 지지론자들은 세계화가 환경문제의 최대의 적으로 간주되는 빈곤을 충분히 해결해 줄 수 있으며, 생태효율성이 높은 선진국의 첨단기술 또한 전 세계에 파급시킴으로써 환경 보호에 크게 기여할 수 있다고 주장한다. 반면에 세계화 비판론자들은 세계화가 선진국들에겐 이익을 안겨주지만 개도국에겐 빈곤을 심화시킴으로써 환경을 더욱 악화시키고 있다고 본다. 또한 그들은 세계화가 환경적으로 민감한 상품 교역을 급속히 성장시킴으로써 개도국들로 하여금 무분별한 자원 개발과 토지 개간으로 내몰고 그에 따라 생물종 다양성의 감소, 공해산업의 유치 등의 파괴적 결과를

---

107) Jeremy Bentham, *The Principles of Morals and Legislation*(Oxford: Oxford Univ. Press, 1907), ch. 17, sec. 1, footnote 참조.

초래하고 있다고 주장한다.

이와 같이 세계화가 환경에 미치는 영향에 관해 세계화 지지론자 대 세계화 비판론자 간 의견 대립의 각도가 커 어느 쪽의 입장이 더 타당한지 그 파악이 어려운 상황이다. 하지만 이 문제를 놓고 제시되고 있는 많은 견해들을 종합적으로 고려해 봤을 때 대체로 그 결론은 비판론자의 입장으로 기울고 있었다. 그렇다고 해서 세계화를 거부하거나 피할 수도 없는 현 상황에서 우리가 취할 수 있는 최선의 대안으로 필자는 세계화의 부정적 유산은 개선하면서 긍정적 측면은 더욱 신장시켜 나가는 것을 제안하였다. 바꿔 말하면 기존의 승자독식의 세계화를 청산하고 '생태적 세계화', '녹색 세계화'의 길로 세계화의 물줄기를 바꿔 나가자는 것이다.

이를 위한 과제로 필자는 세계화를 추동하고 있는 선진국가들의 윤리적 반성에 기초한 세계화 윤리, 지구 윤리의 형성을 주장하였고, 그 실행 방안으로서 책임의 윤리와 공평성의 윤리를 제안하였다.

세계화가 환경에 부정적 요소로 작용하는 원인은 세계화를 이끌고 있는 선진국들이 세계화를 자국의 이익 충족 수단으로 활용하는 데 있다. 선진국들은 자신들의 이득 확보를 위해 초국가기업의 방만한 활동을 허용하고 세계은행과 WTO의 영향력은 더욱 확대하면서 세계화 정책에 걸림돌이 되는 환경 기준은 최소화하고 있는 것이다. 그 결과 세계화가 부자나라들만의 잔치라고 불릴 만큼 세계화 추진 국가들은 이득을 차지하는 가운데 가난한 나라들의 삶은 더욱 궁핍해져 왔다. 세계에는 비참할 정도로 살아가는 사람들이 10억 이상이 되며 매년 천만 명 이상의 5세 미만 아이들이 영양실조, 비위생적 식수, 가장 기본적인 의료 혜택의 부족과 같은 충분히 해결할 수 있는 원인으로 죽어가고 있다. 이러한 현실을 외면한 채 세계화를 추진하는 것은 인간적 도리에도 어긋나며 환경적으로도 바람직하지 않다. 세계는 거미줄처럼 긴밀하게 연결되어 있으므로 나의 이익 추구는 타자의 희생과 손해를 전제한다는 의식의 전환이 있어야 한다. 그동안의 세계화 정책이 초래한 부정적 결과에 관심을 가질 뿐만 아니라 이를 개선하기 위한 책임과 의무의식이 있어야 한다.

개도국의 빈곤은 많은 부분 불평등에서 비롯되고 있기도 하다. 불평등과 빈곤은 떼어놓고 생각할 수 없는 것이다. 세계화 과정에서 불평등의 문제가 끊임없이 제기되는 것은 세계화를 추동하고 있는 선진국들이 세계의 모든 것에서 이익을 얻고 있으면서 생각은 국가라는 경계 안에 있는 땅과 사람만을 보호하는 데 머물고 있기 때문이다. 세계화 시대에 살고 있는 우리들은 국경에 부여하고 있는 도덕적 중요성을 재고해야 한다. 도덕공동체의 범위가 국가의 경계를 넘어 전 세계로 확대되어야 한다는 것이다. 더 나아가 우리가 지구적 책임을 다하고자 한다면 우리의 행위에 의해 영향받을 수 있는 미래세대는 물론이고 동물까지도 도덕공동체의 범위에 포함시킬 수 있어야 한다.

윤리 이론이라면 기본적으로 지녀야 할 최소한의 조건이 있다. 그것은 바로 우리의 행위로 인해 영향받을 모든 존재들의 이익을 공평하게 고려하는 것이다.[108] 작금의 인간의 능력은 존재하는 모든 것들뿐만 아니라 미래에까지 영향을 끼칠 수 있을 만큼 막강해졌다. 이 시대의 인류는 생태계 전체를 꿀꺽 삼켜 버릴 수 있을 만큼 식도가 거대한 동물인 '호모 에소파구스 콜로서스(Homo esophagus colossus)'로

---

108) 제임스 레이첼즈, 『도덕철학의 기초』, 노혜련 외 옮김(서울: 나눔의집, 2006), 48면 참조.

변해 버린 것이다.[109] 그러기에 세계화 윤리는 국경을 초월할 뿐만 아니라 시간과 종의 경계까지도 초월하여 그 이익을 공평하게 고려하는 것을 지향해야 한다. 하지만 세계화 윤리가 아직은 이론적 토대가 미약하고 선언적 의미가 큰 단계에 있다. 하나의 윤리 이론으로서 인정받으려면 이론적 근거를 확보하는 작업이 요청되는데, 이 작업은 차기 연구 과제로 남겨두고자 한다.

---

109) 프란츠 브로스위머, 앞의 책, 19면, 184면 참조.

개럿 하딘의
'구명보트 윤리'

1. 머리말

생태학자 개럿 하딘(Garrett Hardin, 1915~2003)이라는 이름이 윤리학계에서 주목받게 된 계기는 그의 두 논문 「공유지의 비극」과 「구명보트 윤리」의 발표에 있다. 전자는 1968년에, 후자는 1974년에 발표되는데, 이 발표 시기가 환경윤리학이 대두하는 시기(1960년대 후반~1970년대)와 맞물리면서 그 두 논문은 환경윤리학자들의 주목을 받게 되었다. 두 논문은 모두 자원문제, 인구문제, 환경문제 관련 주제를 다루고 있고, 이들 논문이 발표되는 시기에 환경윤리학이 대두하면서 자연스럽게 윤리학자들의 관심을 끌게 되었던 것이다.

「공유지의 비극」은 공유지의 유한한 자원을 사람들이 지속적으로 수탈하고, 더구나 공유지의 부양 능력을 초과할 만큼 인구가 증가하게 되면 공유지의 황폐화, 곧 비극이 찾아온다는 주장이다. 「구명보트 윤리」는 인류의 존속을 도모하려면 선진국[110)의 개도국[111)에 대한 지원 중단, 개도국 국민의 선진국으로의 이민 제한, 정책적 인구 억제 등을 주장하고 있는데, 이는 순전히 선진국의 입장에서 환경 문제에 접근하고 있기 때문에 많은 논란을 불러왔다. 주목할 만한 점은 하딘이 「구명보트 윤리」를 발표했을 당시의 기본적 입장을 최근까지도 여전히 유지하고 있었다는 것이다. 하딘은 1993년에 『한계 내에서 살기』, 1999년에는 『타조 인자』를 펴내지만 환경문제에 대한 언급이 약간 늘고 있을 뿐 그의 기본적 입장에는 변함이 없었다.

필자가 '구명보트 윤리'를 문제 삼고자 하는 것은 현재까지도 환경에 대한 선진국들의 태도가 구명보트 윤리적 시각에서 크게 벗어나 있지 않기 때문이다. 경제성장을 통해 부를 축적해온 많은 선진국들은 그 과정에서 다량의 온실가스를 배출하여 지구를 뜨겁게 만들었고, 이로 인해 지구의 생명유지시스템은 거의 파괴될 정도에 이른 상황이다. 그럼에도 선진국들은 "환경 문제는 역사적으로 선진국의 책임이 크지만 중국과 인도 등 개도국도 동참하여 전 세계가 조속히 그 대응에 나서야 한다"라고 주장한다. 현재의 환경 상황을 개선시켜 나가는 데 1차적 책임을 지고 우선적으로 모범을 보여야 함에도 결과론

---

110) 고도의 경제발전을 이룬 나라를 의미한다. 선진국으로 분류하는 기준은 굉장히 모호하지만 일반적으로 과거 제1세계로 분류되는 서방국가로 인간개발지수가 0.900 이상이며, 1인당 GDP가 높은 국가로 국제기관(OECD, IMF, 세계은행) 또는 국제사회로부터 발전된 국가로 분류되는 국가를 의미한다. 그러나 소득이 높더라도 산업이 발전하지 못한 자원부국 등은 선진국이 아니다. 국제통화기금에서 선진국으로 분류하는 국가는 모두 34개국에 해당한다.

111) 선진국에 비해 산업의 근대화와 경제 개발이 크게 뒤지고 있어 현재 경제성장을 목표로 하는 나라를 일컫는다. 이전에는 이러한 나라를 저개발국(less-developed country) 또는 후진국(undeveloped country)이라 불렀으나 차별적이라는 비판 때문에 지금은 일반적으로 개발도상국이란 용어가 쓰이고 있다. 고도의 산업 발전을 이루고 있는 소수의 선진국가를 제외한 대부분의 국가가 여기에 포함되며, 개도국 대부분은 아시아, 아프리카, 중동 및 중남미에 위치하고 있다. 국제통화기금의 분류에 따르면 개도국에 포함되는 나라의 수는 129개국이다.

적으로 환경이 파괴되고 있으니 그 개선에 전 세계가 동참해야 한다는 식의 주장을 함으로써 자신들의 책임을 희석시키고 있는 것이다.

환경문제의 주요 원인 중의 하나는 다름 아닌 가난이다. 많은 개도국들은 환경문제의 심각성을 제대로 깨닫지 못한다. 그들은 환경보다 생존의 문제가 더욱 절실하기 때문이다. 설령 환경문제에 대한 대책을 세우더라도 그것을 구체적으로 실행할 만한 여력이 없다. 최근 인천에서 개최되었던 '2009 세계환경포럼'에서 개도국을 대표한 탄자니아 바틸다 부리안 환경장관의 말이 이를 입증해 준다. "탄자니아도 기후 변화로 인해 물 부족 문제가 발생하고 세렌게티 국립공원의 야생동물이 줄어들고 있다. 국가 차원에서 환경 중시 경제계획을 이미 세웠지만 국제적 재정 지원이 절실하다."112) 개도국들은 환경문제 개선을 위한 어떤 정책을 구체적으로 집행해 나갈 만한 여력이 부족한 상황이다.

따라서 선진국들은 자기들 주장대로 전 세계가 환경문제 개선에 동참할 수 있도록 하려면 각종 환경문제에 취약한 개도국과 빈곤국가들도 그 문제에 대처하며 공존해 나갈 수 있도록 관심과 지원을 아끼지 말아야 한다. 선진국들은 지금까지 해온 '자원 폭식'을 멈추고 개도국들도 자원을 공유할 수 있도록 도와야 한다. 개도국들도 안정적인 상황에서 환경문제 개선에 동참할 수 있도록 유도해야 한다. 그러나 이러한 상식이 통하지 않고 있는 게 우리의 현실이다. 원인은 선진국들의 인색한 개발 원조에 있다. 게다가 개도국의 선진국 시장 진입을 막고 개도국의 경쟁에 맞서 선진국이 자국의 농업 분야에 보

---

112) 조선일보, 2009년 8월 13일자 A6면 참조.

조금을 지원하는 불공정 무역 체제 때문에 상황은 더 악화된다. 여기에 계속되는 국제 부채의 부담과 기술에 대한 접근 제한 등이 악화를 더욱 가속화시킨다. 이러한 현실은 하딘이 「구명보트 윤리」에서 밝힌 주장과 많은 부분 일치한다.

하딘에 따르면 부유한 선진국가는 세계의 빈자들이 익사 위험 속에서 구조를 바라며 헤엄치고 있는 대양의 구명보트와 같다. 하딘은 구명보트에 해당하는 풍요로운 선진국들이 자원의 안전 요인을 잘 지킴으로써 그들 자신의 생존을 확보해야 한다고 주장한다. 선진국이 빈곤국가들에게 자국의 자원을 지원하거나 빈궁한 이주민들을 수용하는 것은 구명보트를 전복시키는 위협 요인이 될 수 있다. 이러한 여건하에서 선진국의 도덕적 의무는 가난한 자들을 도와주는 일을 억제하는 것이라고 하딘은 주장한다.[113]

하딘의 「구명보트 윤리」가 발표된 지 30여 년이 흘렀음에도 거기에서 주장한 내용과 대동소이한 환경정책, 이른바 선진국중심주의적 환경정책이 현재까지 이어지고 있다. 이에 필자는 '구명보트 윤리'가 나오게 된 배경을 먼저 살펴보고 난 뒤, 그것이 품고 있는 윤리학적 문제점들을 지적하고 비판함으로써 선진국중심주의적 환경정책이 개선돼 나가기를 바라는 의도로 이 장을 전개하고자 한다.

2. '구명보트 윤리'의 등장 배경과 그 핵심

하딘은 「구명보트 윤리」를 발표하기에 앞서 「공유지의 비극」, 「생

---

113) Garrett Hardin, "Lifeboat Ethics," in Louis P. Pojman ed., *Environmental Ethics: Readings in Theory and Application*, 3rd ed.(Belmont: Wadsworth, 2001), p.356 참조.

존을 위한 새로운 윤리 모색(Exploring New Ethics for Survival)」
(1972)을 발표하여 환경문제에 대한 자신의 견해를 일찌감치 표명하
였다. 위 논문 중 많은 반향을 불러일으킨 것은 「공유지의 비극」이
며, 「구명보트 윤리」 역시 이 논문의 시각을 일정 부분 반영하고 있
기에 먼저 「공유지의 비극」에 대하여 살펴보기로 한다.

　공유지(commons)란 '한 사회구성원이라면 누구나 그에 대한 공동
소유권을 가지고 있는 토지'를 의미한다. 예를 들면 누구에게나 개방
돼 있는 목초지가 있다고 해보자. 이때 가축지기들은 누구나 공유지
에 가능한 한 많은 가축을 방목하고 싶어 한다. 부족 간의 전쟁이나
밀렵, 질병 등에 의해 인간과 동물의 수가 제한되고, 그것이 목초지
의 동물부양능력의 범위 내에서 유지되는 한은 아무 문제가 발생하
지 않는다. 하지만 합리적 인간으로서의 가축지기 개개인은 자신들
의 이득을 극대화하려고 한다. 이를 위해 가축지기는 "내 가축 떼에
한 마리 더 늘릴 때 나에게는 어떤 효용이 생길까?" 하고 자문한다.
그 자문에 대한 결과는 두 가지 답변이다. 한 가지 답변은 가축 한 마
리가 늘어날 경우 가축지기는 그 가축의 매각에 의한 이익 전부를 손
에 넣을 수 있기 때문에 플러스 1의 긍정적 효용이 발생한다. 또 한
가지 답변은 그 한 마리의 가축으로 인해 부가된 '과도한 방목'의 효
용이다. 그러나 과도 방목의 효과는 모든 가축지기들에게 부담되기
때문에 결단을 내리려는 어느 특정한 가축지기에 대한 부정적 효용
은 마이너스 1의 몇 분의 1에 지나지 않게 된다.[114]

　이 양쪽의 결과를 고려한 합리적인 가축지기는 자신이 취해야 할

---

114) Garrett Hardin, "The Tragedy of the Commons," in K. S. Shrader-Frechette, ed.,
Environmental Ethics, 2nd ed.(Pacific Grove: Boxwood Press, 1991), pp.244-45 참조.

유일한 행동은 한 마리, 또 한 마리씩 계속 늘려 나가는 것이 바람직하다고 결론짓게 된다. 그러나 이러한 결정은 혼자만이 아니라 공유지를 서로 나누고 있는 합리적인 가축지기 모두가 똑같이 내린다. 비극은 바로 여기서 발생한다. 너도나도 가축을 늘려나감에 따라 공유지는 황폐화되고 마는 것이다. 공유지에 대한 자유를 신봉하는 공동체에 있어서 각인이 자신의 최선의 이익을 추구하고 있을 때, 파멸이야말로 전원이 돌진하는 목적지가 되는 것이다. 공유지에서의 자유는 이렇게 모든 이에게 파멸을 초래한다는 것이 하딘의 주장이다.[115]

위의 비유에서 가축의 수를 인구로 바꾸면 이 목초지의 경과는 인간 사회에도 그대로 적용할 수 있다. 공유지 내(공해)의 유한한 자원(어족자원)을 사람들이 계속 수탈하고, 인구가 증가하여 공유지의 부양 능력을 초과했을 때 비극이 찾아온다. 또 하딘은 공유지로부터의 자원을 수탈하는 것과는 역으로 공유지에 무엇인가를 부가함으로써 생기는 문제에 대해서도 논하고 있다. 인구 증가에 의해 오물, 쓰레기 등의 배출이 늘어나 환경의 자기 회복 능력을 넘어서면 여기서도 또한 비극이 발생한다는 것이다.[116]

이러한 비극을 회피하는 방법에는 여러 가지가 있을 수 있다. 하나는 공유지를 사유화하는 것이다. 무책임한 자원 수탈이 공유지라는 이유로 발생한다고 하면, 공유지를 사유지화함으로써 소유자로 하여금 책임 있는 관리를 하도록 하자는 것이다. 그밖에 공유지를 공유재산으로 놔둔 채 사용권리를 배분하는 방법도 모색할 수 있고, 선착순이라는 원칙에 의거한 대책도 마련할 수 있다. 그러나 이들 선택지는

---

115) Ibid., p.245 참조.
116) Ibid., p.246 참조.

모두 합리적 가능성도 있지만 여러 가지 반론도 제기될 여지가 있는 것들이다.

그러기에 하딘은 새로운 해결책, 인구 억제에 관심을 집중한다. 그는 환경오염의 문제가 발생하는 근본 원인이 인구 증가에 있다고 보고 있는 것이다. 인구가 적절하게 관리되면 자원을 쓰더라도 지구의 부양 능력 범위 내에서 해결될 수 있다는 입장이다. 하딘은 그 때문에 피임이나 중절과 같은 출산 억제에 의해서 인구를 조절할 필요성을 주장하지만,117) 이는 가톨릭교회 등의 전통적 윤리관과 양립하지 않는다.

과연 인구는 환경 악화의 주요인으로 볼 수 있는가? 널리 알려진 IPAT공식(환경영향=인구×풍요도×기술)에 따르면 환경에 미치는 영향(Impact)은 인구(Population) 규모와 생활의 풍요도(Affluence) 및 소비 양상, 그리고 경제활동에 사용된 기술(Technology)의 산물이다. 이 세 가지가 환경 악화의 전적인 요인으로 볼 수는 없다 하지만 주요인이라는 것이다.118) 저출산·고령화 문제에 직면한 한국과 일본 등에서는 인구가 줄어들어 위기감을 느끼고 있지만 그래도 세계 전체적으로 보면 인구가 계속 늘고 있다.

제임스 스페스에 따르면 20세기에 인구는 4배 증가했고 생활은 5배나 풍족해졌다. 결국 세계 경제는 전체적으로 20배 정도 성장한 셈이다. 개인 소비는 실질적으로 5배 증가한 데 불과하지만 부자 나라에서의 증가폭은 더 크며, 특히 환경적으로 위험한 재화와 서비스의

---

117) Ibid., pp.246-48 참조.
118) 제임스 구스타브 스페스, 『아침의 붉은 하늘』, 김보영 옮김(서울: 에코리브르, 2005), 176면 참조.

소비는 월등히 증가했다. 예를 들어 20세기에 들어와 1인당 산업활동이 12배 증가하는 동안 1인당 화석연료 소비는 세계적으로 7배 증가했다.[119] 더욱이 인구 증가율이 높은 개도국이 선진국만큼의 자원 소비 사회가 되고 환경 파괴에서도 선진국 철을 밟는다면 인류에게 미래가 없는 것은 명백할 것이다. 그러나 개도국 사람들이 풍족한 생활을 바라는 것을 부정할 권리를 도대체 누가 갖는 걸까? 우리는 위기에 직면해 있는 것처럼 보인다.

이러한 위기의 타개책으로 볼딩(Keneth Boulding)은 '우주선 지구호'라는 비유를 들어 대안을 제시하였다.[120] 그에 따르면 세계 자원의 유한성이 명확하게 자각되고 있는 오늘날, 우리는 무한한 개발을 꿈꿔 왔던 과거의 '카우보이 경제'를 버리고 태양광 이외는 외부로부터의 유입이 없이 모든 것을 절약하지 않으면 안 되는 '우주선 경제'로 이행해야만 한다. 하딘은 이 비유의 절반, 즉 지구는 유한한 자원으로 꾸려나가지 않으면 안 되는 폐쇄적 시스템이라는 점은 인구 억제 정책을 촉진하는 이미지로서 긍정한다. 그러나 또 절반, 지구는 '하나의' 우주선이고, 인류는 전체적으로 이 위기에 맞서야 한다는 이미지는 부정한다. 그 이유는 지구 전체를 하나의 것으로 총괄하는 주권이 존재하지 않는 이상(UN은 이빨 빠진 호랑이로 전락했다고 봄), 지구 자원을 인류 전체의 공유물로 간주한다면 무책임한 자원 이용이 인구와 함께 증가하여 공유지의 비극이 발생한다는 판단에서다.[121]

---

119) 같은 책, 181면 참조.

120) Keneth Boulding, "The Economics of Coming Spaceship Earth," in H. Jarrett, ed., *Environmental Quality in a Growing Economy*(Baltimore: Johns Hopkins Univ. Press), pp.3–14 참조.

121) Hardin, "Lifeboat Ethics," pp.356–57 참조.

그래서 하딘은 1974년, '구명보트'의 비유를 들어 색다른 윤리를 제시하였다. 그에 따르면 우리가 타고 있는 것은 하나의 우주선이 아니라 해상에 떠 있는 복수의 구명보트이다. 부유한 국가는 제각기 부유한 사람들로 가득 찬 구명보트이고, 거기에 타고 있는 사람들은 세계 인구의 대략 3분의 1을 차지한다. 그 이외의 3분의 2에 해당하는 사람들은 가난하고, 부유한 국가의 구명보트보다 훨씬 혼잡한 다른 구명보트에 타고 있다. 가난한 국가의 구명보트에는 늘 사람들이 넘쳐나서 해상으로 떨어지는 가운데 그들은 부유한 국가의 구명보트에 인양되길 바라거나 식량을 얻을 수 있기를 원한다. 그리고 가난한 국가의 구명보트는 인구증가율이 높기 때문에 이러한 상황은 시간이 경과함에 따라 심해진다. 예를 들면 정원인 60명인 부유한 구명보트에는 지금 50명이 타고 있고 해상에는 100명이 구조를 바라고 있다고 해보자. 앞으로 10명까지는 수용할 수 있지만 그렇게 하면 부유한 구명보트는 침몰할 위험이 있다. 부유한 구명보트의 탑승자들은 어떻게 해야 할까?[122]

만일 100명 전원을 승선시키게 되면 보트는 침몰하여 모두가 익사하고 만다. '완벽한 정의의 실현이 완벽한 파국'을 낳는 형국이다. 또 10명만을 승선시키게 되면 그 10명을 어떻게 선정하며, 나머지 90명에겐 뭐라고 말해야 하는가 하는 문제가 남는다. 그래서 하딘이 선택하는 대안은 보트에 누구도 태우지 않고 구명보트의 현 탑승인원의 생존을 확보하는 것이다. 이는 결국 선진국은 현재의 생활을 계속 유지하면서 개도국이 선진국 무리에 들어오는 것을 거부하여 인류의

---

122) Ibid., pp.356-63 참조.

존속을 도모하는 것을 의미한다.

이러한 자신의 주장을 정당화하기 위하여 하딘이 제시하고 있는 근거는 이렇다. 첫째, 만일 선진국들이 빈곤 국가들에게 자원을 베풀거나 관대한 이민정책을 통해서 빈곤 국가의 사람들을 대거 받아들인다면 선진국은 머지않아 재난으로 덮치게 된다. 이는 빈곤 국가의 인구가 2배가 되는 데 요하는 시간이 어림잡아 선진국의 1/4이기 때문이다. 만일 이 같은 경향이 계속된다면 그때는 다산한 승객들에 의해 구명보트는 가라앉고 말 것이다.

둘째는 만일 지구의 자원이 모든 사람들이 쓸 수 있는 공유물의 일부로 인정돼 버리면 '공유지의 비극'이 일어날 수 있다는 점이다. 즉, 사람들은 자신들의 이익을 위해 지구 자원을 무제한으로 사용하게 될 것이고, 이는 결국 모든 사람들을 파멸로 이끈다는 것이다.

셋째는 만일 빈곤 국가들이 위기에 직면할 때마다 '보석(bailed off)'된다면 그 국가들은 자신들의 경험으로부터 아무것도 배우지 못할 것이라는 점이다. 하딘은 오히려 그 국가들이 위기에 대처하기 위해 외부로부터의 원조에 의존하지 않는다면 인구는 국토의 수용능력이 허락하는 한도 이내까지 감소할 것이라고 본다. 외부로부터의 원조는 인구 증가를 재촉하므로 최종적으로는 빈곤한 국가에 해를 끼치게 된다는 것이다. 따라서 식량 원조가 '인구 억제를 방해하는' 역할을 하게 된다고 그는 주장한다.

인구 증가, 무제한의 이민, 경제발달의 촉진이 환경에 부과하고 있는 무거운 짐은 이미 그에 적합한 한도를 넘어섰다고 하딘은 결론짓는다. 따라서 우리는 '구명보트 윤리'에 따름으로써 이러한 경향 전체에 대해 제한을 가해야 한다는 것이다. 만일 그렇지 않으면 미래세

대의 청결하고 풍부한 환경을 향유할 권리를 침해하게 된다는 것이
하딘의 견해이다.

3. 윤리학적 문제

1) 편향된 생물학주의

하딘의 주장에 포함된 윤리학적 문제점으로 우선적으로 제기하고
싶은 것은 빈곤국가들을 도와주는 정책은 부유국가, 빈곤국가 양쪽
모두에게 재난을 초래한다는 주장이다. 이 주장의 이면에는 다윈의
진화론이 전제되어 있다.

일찍이 맬서스는 『인구론』에서 인구는 1·2·4·8……, 즉 기하급
수적으로 증가하는 데 반하여, 식량은 1·2·3·4……, 즉 산술급수
적으로밖에 증가하지 않기 때문에 빈곤이 필연적으로 발생한다고 주
장하였는데, 이러한 생각은 다윈의 생존투쟁과 자연선택 사상에도
영향을 주었다. 선진국만의 존속을 지향하는 하딘의 구명보트 윤리
역시 이 사상을 기반으로 하고 있고, 생물학적·진화론적 개념을 누
차 인간사회에도 그대로 적용하고 있다.

예를 들면 일정 구역에 서식하는 순록은 평소엔 포식자나 재해 덕분
에 그 토지의 부양능력에 걸맞은 개체수로 유지되지만, 포식자가 없어
지면 과잉증가하여 토지의 부양능력을 넘어서게 되고, 그 결과 토지가
황폐해져 순록은 절멸하게 된다. 그러므로 하딘은 중요한 것은 토지의
부양능력에 걸맞은 개체수를 유지하는 것으로 포식자의 존재나 재해
는 생물계에 있어서 개체수를 조절하는 신의 축복이라고 한다.[123]

이러한 근거에서 하딘은 빈곤국가들에게 자원을 지원하는 것은 중단되어야 한다고 주장한다. 가령 빈곤국가들에게 식량 공급을 위해 '세계식량은행'을 설립한다고 해보자. 하딘은, '세계식량은행'은 하나의 공유지로서 그곳으로부터의 식량 지원은 인구 과잉국가에서의 인구 감소를 억제할 수 있기 때문에 공유지는 인구에 대한 단계적 확대 효과를 가져올 것으로 본다.[124] 그러므로 선진국의 개도국에 대한 원조는 개도국들에게 궁극적 재난을 초래할 뿐만 아니라 선진국에게는 자멸적 행위가 될 것이다. 이러한 시각에서 하딘은 기아에 시달리는 개도국에게 식량을 지원하는 것은 생물학적 법칙을 어기는 것이고 게다가 개도국들을 위해서도 선진국을 위해서도 안 되는 것이다. 왜냐하면 지원을 하지 않으면 개도국은 토지의 부양능력에 걸맞은 인구가 되고 생활의 질도 높아지는데 원조를 하면 빈곤자의 수는 늘기만 하고, 원조의 부담 또한 증대되기 때문이라는 것이다.

그러나 이러한 논의에는 중대한 오류가 내포되어 있다. 하딘은 기아에 시달리는 후손은 변함없이 계속 시달릴 수밖에 없다고 보고 있는데, 이는 토지의 부양능력에 변화가 없다는 잘못된 전제에 서 있는 것이다. 순록과는 달리 인간 사회의 경우 토지의 부양능력은 단순히 국토면적이나 녹지면적만으로는 결정되지 않으며 크게 변동한다. 그러므로 원조 형식을 농업기술과 같이 개도국의 부양능력을 높이는 방식으로 하면 비극의 확대는 충분히 막을 수 있는 것이다.

이와 같은 '부양능력'이라는 개념의 애매성, 인간사회만의 특수성

---

123) 이러한 시각에서 하딘은 3세기의 신학자 테르툴리아누스의 말을 인용한다. "전염병의 천벌, 기근, 전쟁 그리고 지진은 인구과잉국가들에게는 축복으로 간주된다. 왜냐하면 그것들은 인류의 과도한 성장을 막는 데 도움이 되기 때문이다." Ibid., p.366.

124) Ibid., pp.358–59 참조.

을 하딘 스스로도 인정하고 있고, 『한계 내에서 살기』 제20장에서는 '문화적 부양능력'이라는 개념을 도입하고 있다.[125] 만일 우리가 인구 부양능력을 문화 면에까지 확대한다면(당연히 그러해야 하지만) 부양능력의 한계를 확인하는 것은 더욱 어려워진다. 원자재나 제품의 항상적인 수출입, 생산 거점의 국외화, 인적자원이나 정보의 국경을 초월한 고속 이동이나 전파 등을 고려하면 도대체 무엇을 기준으로 그 국가 고유의 부양능력을 측정해야 하는가? 그것은 이미 명확한 내실을 갖춘 개념이 못 된다.

인간사회에 자연선택원리가 단순하게 적용될 수 없는 것은 우리의 시선을 식량 등의 자원 문제에서 환경문제 차원으로 옮겨 보면 한층 더 명확해진다. 자연선택원리에서의 자연은 인위적으로 조작하기 어려운 대상으로 간주된다. 진화란 말하자면 생물종이 자연환경에 대면하여 실제 모습을 바꿔가는 것으로 생존의 길을 모색하는 것이다. 그러나 인류는 자연환경이나 유전자 배열에까지 자신들의 의도대로 손을 가하는 종이고, 그 점에서 자연선택의 종래의 도식을 일탈하고 있다. 환경문제는 이와 같이 인류라는 종이 자연을 대규모로 개변시키는 데서 발생하는 문제이고, 이를 생각할 때 자연선택의 원리를 단순히 인간사회에 적용하는 논의는 기본적으로 혼란을 야기한다.

2) 책임론

선진국이 빈곤국가를 도와주는 것은 양쪽 모두에게 재난을 초래하므로 그러한 원조는 중단되어야 한다는 하딘의 주장에는 선진국의

---

125) Garrett Hardin, *Living within Limits*(New York: Oxford U. P., 1993), 제20장 참조.

책임 회피를 정당화해보려는 의도가 깔려 있지 않나 생각된다.

인구성장 과정은 경제발전에 따라 보통 4단계로 구분하여 설명된다. 출생률과 사망률이 모두 높아 인구 증가율이 낮은 제1단계(산업혁명 이전의 유럽 지역과 현재의 제3세계권에 살고 있는 원주민집단), 출생률은 높으나 의학의 발달로 사망률이 낮아져 인구가 급증하는 제2단계(산업혁명 직후의 유럽, 현재 아프리카의 여러 국가들, 아시아의 개도국), 산업화의 진행과 경제성장으로 여성들의 지위 상승이 두드러지는 시기로 인구 증가가 차츰 둔화되는 제3단계(개도국 중 경제발달이 급속히 진행되는 나라들), 출생률과 사망률이 모두 낮아져 인구가 정체하는 제4단계(서부유럽이나 일본 등의 선진국, 우리나라)가 그것이다.

인구 문제가 개선돼 나가려면 제2단계에 머무르고 있는 많은 개도국들이 인구증가 둔화 단계인 제3단계로 이행해야 한다. 그럼에도 그렇지 못하는 것은 식민지 시대에 형성해 놓은 부를 지배자인 선진국이 착취해갔기 때문이다. 인구증가가 둔화될 수 있는 여건이 파괴되고 만 것이다. 풀러(Fuller)에 따르면 개도국들의 곤경은 "대해적들이 수 세기에 걸쳐 개도국들을 강탈하고 거기서 빼앗을 전리품들을 유럽으로 갖고 돌아가 현금화한 때문이다."[126] 안타깝게도 하딘은 바로 이러한 점을 고려하지 않고 있다. 오늘날 대부분의 선진국들의 부는 과거에 가난한 국가들로부터 수탈하거나 값싸게 구입한 자원을 활용하여 그 국가들이 제조할 수 없는 완성품을 만들고 그것을 다시 높은 가격으로 그 국가들에게 되판 덕택으로 얻어진 것이라는

---

126) R. Buckminster Fuller, *Operating Manual for Spaceship Earth* (New York: Pocket Books, 1969), p.97.

사실을 하딘은 지적하지 않고 있는 것이다. 하딘이 이러한 사실을 지적하지 못하는 것은 그의 주장 안에 부유한 국가는 '자급 가능한 구명보트'라는 전제가 깔려 있기 때문이다. 이와 관련하여 칼라한(Daniel Callahan)은 미국에서 소비되는 석유의 50%가 수입에 의존하고 있고, 그 일부는 개도국들로부터 오는 것임을 감안한다면 미국을 어떠한 점에서도 '무산자(have nots)'에 의존하지 않는 '유산자(have)'로 묘사하는 것은 잘못이라고 한다.127) 칼라한의 주장에 의거할 때 하딘의 전제는 오류로 판정되며, 따라서 선진국들은 자신들이 누리고 있는 부의 근거에 대한 반성과 함께 자신들의 과오를 인정하고 그 책임 이행에 나서야 한다.

선진국들의 책임은 여기서 끝나지 않는다. 현 세계가 생태학적 재앙을 향해 나아가고 있다면, 그것은 선진국들의 과잉개발을 통한 자연 파괴와 풍요로운 소비사회의 영향 때문이기도 하다. 세밀하게 따지자면 이론도 있을 수 있겠지만 자원·인구·환경에 관한 현재의 위기에 대해서 선진국들에게 중대한 책임이 있다는 것은 많은 사람들이 공감하는 바이다. 이와 관련하여 데이비스는 "세계에서 가장 부유한 나라들은 자신들의 활동으로 전 세계적인 환경 악화의 42%를 유발했으면서도 그로 인한 비용의 단지 3%만을 떠맡고 있다는 현실을 부끄럽게 여겨야 한다"128)라고 꼬집는다. 하딘은 그러나 어떤 행위의 윤리성은 그 행위가 행해질 당시의 시스템 상황에 의해서 결정된다고 본다.129) 결국 선진국은 자원을 대량으로 소비하고 오염을

---

127) K. S. Shrader-Frechette, "'Frontier Ethics' and 'Lifeboat Ethics'" in K. S. Shrader-Frechette, ed., *Environmental Ethics*, 2nd ed.(Pacific Grove: Boxwood Press, 1991), p.41 참조.
128) 마이크 데이비스, 「인류는 녹아내리고 있다」, 『창작과 비평』, 141(2008 가을), 135면.

야기해 왔지만, 그 당시(프론티어윤리 시대)는 자원문제나 환경문제
에 대해서 고민할 필요가 없었기 때문에 선진국의 행위는 정당한 것
이고 책임 따위는 없다는 것이다. 그러나 지구가 유한한 공간이라는
것은 이미 관념상으로 잘 알려진 사실로 새롭게 출현한 상황이 아니
다. 또한 설령 장래에 문제가 생긴다는 것을 예견할 수 없다 하더라
도 책임은 남는다. 졸음운전으로 차가 민가의 벽을 향해 돌진하고 있
음을 모른다 하더라도 그 파괴의 책임은 남는 것처럼 말이다.

3) 해외 원조와 인구 증가 간의 문제

하딘은 외부에서 식량 지원이 없을 때, 개별적으로 책임을 질 줄
아는 주권국가들이 차지하고 있는 세계에선 각국의 인구가 〈그림 1〉
과 같은 사이클을 반복적으로 되풀이한다고 주장한다.[130] 이에 관한
그의 주장을 잠시 따라가 보자.

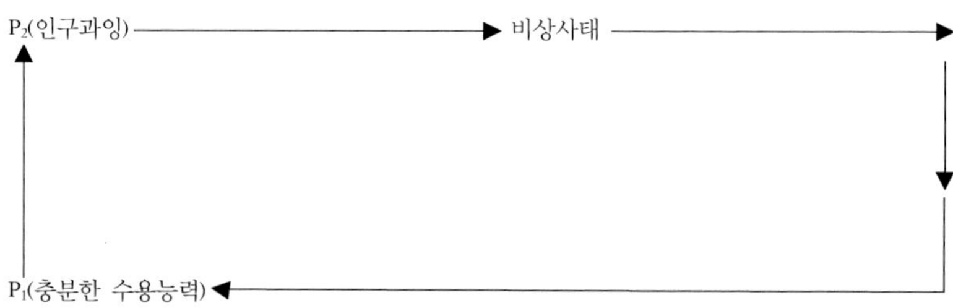

〈그림 1〉 효율적이면서 의식적인 인구 조절이 이루어지지 않거나 외부로부터의 원조가 없을
때를 보여주는 한 국가의 인구 사이클

---

129) Hardin, "The Tragedy of the Commons," p.247 참조.
130) Hardin, "Lifeboat Ethics," pp.359-60 참조.

P_2는 절대적 인구 숫자 면에서 P_1보다 훨씬 더 많다. 그리고 식량 공급의 악화가 안전요인을 제거함으로써 자원 대 인구 비율이 P_1보다 훨씬 더 위험한 수준에 처해 있다. P_2는 인구과잉상태를 나타낸다고도 할 수 있으며, 인구과잉상태는 예를 들면 흉작과 같은 '사고'가 났을 때 더욱 뚜렷해진다. 만일 '비상사태'가 외부의 도움을 받지 않으면 인구는 '정상' 수준(환경의 '수용능력')으로 되돌아가거나 그 이하로 떨어진다. 주권국가(또는 그 통치자)에 의해 인구 억제가 이루어지지 않을 때, 조만간 인구는 P_2까지 다시 증가하고 사이클은 반복된다. 장기적인 인구 곡선은 수용능력과 어느 정도 균형을 이루면서 불규칙하게 오르내린다.

위 주장의 핵심은 외부의 도움, 즉 식량지원이 없으면 자연히 인구는 감소로 이어진다는 것이다. 그러나 이 주장에 선뜻 동의할 수 없다. 만일 식량이 부족해지면 오히려 그것은 보다 많은 아이를 낳는 것을 크게 장려하는 강력한 요인이 될 수도 있기 때문이다. 이와 관련하여 슈레더-프레체트는 "결국 매우 가난한 나라에서는 많은 아이를 낳고 그들을 살아 남기려고 노력하는 것 이상으로 자신들의 노후를 돌보기 위한 보장이 되는 길이 그밖에 또 뭐가 있을까" 하고 반문한다.[131]

또, 머독(William Murdoch)과 오틴(Allan Oaten)에 따르면 인구성장률은 식량공급 외에 많은 복합적 여건들의 영향을 받는다. 그들은 특히 일련의 사회경제적 여건이 부모들로 하여금 자녀를 훨씬 덜 갖도록 동기화시킨다고 말한다. 이들 여건하에서는 출산율이 아주 급격하게 떨어질 수 있다는 것이다. 그들에 따르면 인구성장은 아무

---

131) Shrader-Frechette, "'Frontier Ethics' and 'Lifeboat Ethics'," p.41 참조.

일도 하지 않거나 '자연적인 인구 사이클'에 내맡기는 것보다 적절한 여건을 마련하는 현명한 인간의 중재에 의해 더 효과적으로 조절될 수 있다. 그 여건이란 미래에 대한 어버이다운 신뢰, 여성의 지위 개선, 읽고 쓰는 능력 등인데, 이들 여건이 충족되려면 낮은 유아 사망률, 기본적 의료, 증가된 소득과 고용, 교육비, 적절한 건강 서비스, 농업 개혁 등이 요구되며, 해외원조는 이를 해결하는 데 큰 도움이 될 수 있다.[132]

해외 원조가 인구 증가를 부채질한다는 것은 결코 분명한 사실이 아니라는 것이다. 많은 증거로 미루어 기본적인 개발 원조(식료품의 공급, 기본적 보건체계의 확립, 안정된 노후생활 등)가 이루어지면, 출생율 면에서 훨씬 더 낮은 수준으로의 '인구통계학적 이행'이 일어난다는 것을 알 수 있다. 그래서 '개발 원조는 최고의 피임약'이라는 말까지 생겨났다.[133]

4) 분배정의의 문제

하딘은 "완벽한 정의는 완벽한 파국을 낳으므로"[134] 우리에게 정의를 행할 의무는 없다고 주장한다. 세계의 부를 공정하게 재분배하는 것은 불가능하므로 우리들로서는 가난한 국가들의 요구에 대해서 염려할 필요가 없다는 것이다.

그러나 롤린에 따르면 국제적 환경위기의 원인은 개도국의 빈곤과

---

132) William W. Murdoch and Allan Oaten, "Population and Food: A Critique of Lifeboat Ethics," in Louis P. Pojman, ed., *Environmental Ethics: Readings in Theory and Application*, 3rd ed.(Belmont: Wadsworth, 2001), pp.365–66 참조.

133) 피터 싱어, 『응용윤리』, 김성한 외 옮김(서울: 철학과현실사, 2005), 19면 참조.

134) Hardin, "Lifeboat Ethics," p.357.

선진국의 풍요에서 비롯한다.[135] 국가 간 빈부격차가 국제적 환경문제의 개선을 어렵게 만들고 있다는 주장이다. 지구정상회담장(1992)에서 행해진 쿠바의 카스트로 수상의 연설은 이를 잘 반영하고 있다.

> 불평등한 보호무역주의의 운용과 대외채무는 생태계에 대한 능욕이며 환경 파괴를 구조화하는 것이다. 이용 가능한 부와 기술의 보다 나은 배분이야말로 이러한 파괴로부터 인간성을 지키는 데 필요하다. 소수의 국가가 사치와 낭비를 억제한다면 그만큼 지구상의 보다 많은 인간이 빈곤과 기아를 면할 수 있다. 환경 악화를 초래하는 제3세계의 생활양식과 소비 행동으로 가는 길은 피해야만 한다. 인간의 생활을 이성화하자. 올바른 국제 경제질서를 모색하자. 과학이 순수하게 지속적으로 발전할 수 있도록 하자. 대외채무가 아닌 생태적 채무(ecological debt)를 지불해야 한다.[136]

위 발표문이 나온 지 세월이 꽤 흐르긴 했지만 상황은 별반 그때와 다르지 않다. 환경문제를 개선해 나가는 데 있어 분배정의의 실현이 중요하다는 주장은 여전히 효력을 발휘한다.

하지만 선진국은 카스트로의 발언과 같은 개도국의 주장을 외면해 오고 있다. 설령 개도국에게 자금 지원을 한다고 해도 늘 그때마다 조건 설정이라는 명목하에 긴축 재정 → 군축 → 인권 → 환경 등 국가 운영의 근본과 관계되는 부분에 북측의 가치 기준이 차례로 적용됨으로써 결국 거대한 내정 간섭을 이루고 만다.[137] 선진국은 개도국

---

135) Bernard E. Rollin, "Environmental Ethics and International Justice," in Larry Mary and Shari Collins Sharratt, eds., *Applied Ethics: A Multicultural Approach*(Englewood Cliffs, N. J.: Prentice Hall, 1994), p.79 참조.

136) 요네모토 쇼우헤이, 『지구환경문제란 무엇인가』, 박혜숙 · 박종관 옮김(서울: 따님, 1995), 143-44면에서 재인용.

137) 같은 책, 151면 참조.

의 내정에 간섭하려 하기 전에 생태적 채무를 지불한다는 자세로 분배 정의의 실현에 적극 나서야 한다. 이렇게 소중한 국제적 과제가 우리 앞에 가로놓여 있음에도 완벽한 정의를 달성하는 것이 불가능하다는 것을 근거로 모든 의무의 면제를 부르짖는 하딘의 주장은 옳지 않다.

그리고 하딘의 '구명보트 윤리'의 논의에서 무시되고 있는 또 한 가지는 부유한 국가들이 이 지구상의 자원을 불균등한 비율로 소비하고 있다는 사실, 또 그들 국가들에 의해서 야기되는 재생 불가능한 자원 고갈이 미래세대에 대해서 해를 끼치게 될지도 모른다는 사실이다. 만일 '구명보트 윤리'가 미래 사람들을 위한다는 명분하에 논의되고 있다면 선진국의 과도한 자원 소비 문제에 대해서도 마땅히 논의돼야 하는데 그러한 논의가 전혀 없다는 점이 의아하게 생각된다.

4. 맺음말

이상에서 살펴보았듯이 하딘의 구명보트 윤리가 안고 있는 윤리학적 문제점들을 간추리면 다음과 같다.

먼저 구명보트 윤리는 자연선택이론을 배경으로 하고 있었다. 자연선택은 다윈이 처음 제기한 이론으로서 다윈의 진화론에서 가장 핵심이 되는 위치를 차지한다. 문제는 하딘이 이 이론을 인간사회에도 그대로 적용하는 오류를 범하고 있다는 점이다. 기아에 시달리는 개도국들을 지원하지 않고 그냥 방치하면 개도국의 인구는 자연 도태되어 적절한 인구가 유지되는 반면, 지원을 하게 되면 오히려 생물학적 법칙을 어김으로써 개도국·선진국 양쪽 모두에게 부정적 결과를 초래한다고 하딘은 주장하였다. 그러나 인간 사회에는 다른 동물

종과는 달리 고유한 부양능력이라는 요소가 있다. 부양능력을 통해 인간 사회는 자연도태의 문제를 충분히 해결해 나갈 수 있음에도 이를 인간사회에 무리하게 적용하는 오류를 범하고 있는 것이다.

구명보트 윤리에는 또 개도국에 대한 선진국의 책임 회피를 정당화하려는 의도도 담겨 있다. 선진국이 누리고 있는 부는 전적인 자급자족 방식으로 충족되고 있는 게 아니라 과거 식민지 시대에 피식민 국가들로부터 수탈해간 자원에 일정 부분 의존하고 있다. 역으로 말하면 개도국들의 빈곤 원인 가운데는 일정 부분 서구 선진국의 제국주의 침략정책에도 있다는 것이다. 국제적 환경 위기의 원인은 이와 같은 개도국의 빈곤과 선진국의 풍요에서 비롯되고 있다. 선진국은 과소비, 과파괴의 삶의 방식을 통하여, 개도국은 경제개발이라는 미명하에 환경 파괴를 야기하고 있다. 그 해결을 위한 1차적 책임은 선진국에 있다고 할 것이다. 선진국 사람들은 적절하고 균형 잡힌 소비와 성장 패턴을 이루도록 해야 하며, 개도국들에게 끼친 부정적 영향을 깊이 반성하고 그들의 빈곤 해결에도 적극 나서야 한다.

하딘은 '개도국에 대한 식량 원조의 중단=개도국의 인구 감소'라는 식으로 등식화함으로써 식량 원조의 중단은 곧 적절한 인구로 이어지는 하나의 방안임을 밝히고 있다. 그러나 식량 원조의 중단이 반드시 인구 감소로 이어지는 것은 아니며, 오히려 인구를 증가시키는 요인으로 작용할 수도 있다. 또 하딘의 주장은 출산율과 사회경제적 여건 간의 상호관계를 무시하고 있었다. 적절한 사회경제적 여건이 충족되면 가난한 나라들에서도 출산율이 급격히 하락할 수 있다는 증거들이 충분히 제시되고 있는 것이다.

하딘의 주장에는 분배정의와 크게 어긋나는 부분도 있다. 완벽한

정의는 불가능하므로 우리에게 정의를 실현할 의무는 없다는 하딘의
주장에는 결코 동의할 수 없다. 환경 문제는 남측의 빈곤과 함께하고
있고, 더구나 개도국의 빈곤은 많은 부분 불평등에서 비롯되고 있다
고 본다면 분배정의 없이 환경문제 해결은 불가능하다. 그럼에도 정
의를 외면하는 것은 개도국 사람들의 희생을 담보 삼아 자신들이 누
리고 있는 부를 지속시키려는 의도가 숨어 있다.

　윤리 이론이라면 기본적으로 지녀야 할 최소한의 조건이 있다. 그
것은 바로 우리의 행위로 인해 영향받을 모든 존재들의 이익을 공평
하게 고려하는 일이다.[138] 현재 선진국 사람들의 무절제한 소비와
경제성장은 개도국 사람들은 물론 미래세대에게까지 해를 끼칠 만큼
환경에 많은 부작용을 낳고 있다. 구명보트 윤리가 하나의 윤리 이론
으로서 인정받으려면 개도국 사람들은 물론 미래세대까지 배려하는
자세가 요구된다. 그러나 오히려 구명보트 윤리는 그러한 분야에 관
한 논의가 전혀 없다. 오히려 개도국 사람들이 위기에 직면했을 때
방치함으로써 자연 도태되기를 바라는 구명보트 윤리는 윤리 이론으
로서 지녀야할 최소한의 조건인 공평성마저 결여하고 있다.

　이상에서 살펴본 바와 같이 구명보트 윤리는 공평성, 분배정의, 책
임, 편향된 생물학주의 등의 사항에 관한 많은 문제를 안고 있기에
현실적 적용 가능성이 크게 떨어지는 실패한 이론이라 할 수 있을 것
이다.

---

138) 제임스 레이첼즈, 『도덕철학의 기초』, 노혜련 외 옮김(서울: 나눔의집, 2006), 48면 참조.

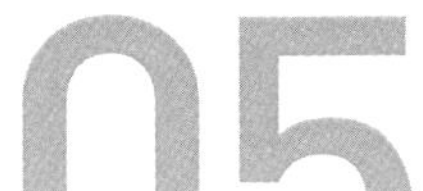

'자발적인 소박함(Voluntary Simplicity)'의 윤리

1. 머리말

지금 이 세계에는 어플루엔자(Affluenza)[139]라는 바이러스가 곳곳을 누비며 침투하고 있다. 선·후진국 구분 없이 오늘을 사는 현대인들은 자기 의지와 무관하게 어플루엔자에 감염되어 버렸고,[140] 또한 어플루엔자에 대한 면역체계의 고장으로 후천성 의지력 결핍증에라도 걸린 듯하다.

---

139) Affluent(풍부한)와 Influenza(유행성 독감)의 합성어다. 끊임없이 더 많은 것을 추구하고 소비하는 태도에서 비롯하는 전염성이 강한 사회적 질병(소비중독질환)으로 과중한 업무, 빚, 낭비 등의 증상을 수반한다. 존 더 그라프·데이비드 왠·토머스 네일러, 『어플루엔자』, 박웅희 옮김(서울: 한숲, 2002), 20면 참조.

140) 최근 연구에 의하면, 현재 전 세계 인구의 27%인 17억 명이 소비사회에 접어들어 있다. 그중 약 2억 7,000만 명이 미국과 캐나다에, 3억 5,000만 명이 서유럽에, 1억 2,000만 명이 일본에 있다. 하지만 현재 전 세계 소비자의 거의 절반이 개도국에 살고 있는데, 2억 4,000만 명이 중국에, 1억 2,000만 명이 인도에 있다. 세계화에 의해 소비사회를 확산시키는 데 필요한 기술과 자본이 제공되는 한편, 수많은 사람들에게 소비재를 접하게 해 지난 20년간 극적으로 증가한 수치이다. 월드워치연구소, 『지구환경보고서 2004』, 오수길 외 옮김(서울: 도요새, 2004), 8면, 33면 참조.

어플루엔자의 첫 번째 증상은 쇼핑에 매달리는 것으로 나타난다. 현대인들에겐 쇼핑몰이 공동체의 중심이 되다시피 하고 있다. 어른들은 물론 아이들도 응당 쇼핑센터를 지루할 때 가장 먼저 찾는 곳으로 꼽고 있을 정도다. 심지어 해외에서만 향유할 수 있는 서비스 상품이라 하더라도 그 소비를 마다하지 않는다. 교육·의료·레저·예술 등 해외에서의 서비스 쇼핑, 이른바 서비스 투어리즘마저 점차 사회 전반으로 확산되고 있는 중이다. 어플루엔자, 곧 고삐 풀린 소비주의야말로 우리 시대를 규정짓는 시대정신이요, 우리 시대를 바라보는 렌즈가 되고 있는 것이다.

물론 소비는 인간의 삶과 복리에 필수적이다. 우리는 생존을 위해 소비를 해야 하며, 더구나 극빈자들은 삶의 존엄성을 유지하기 위해 더 많은 소비를 해야 한다. 그러나 최근 수십 년 동안 부유한 엘리트와 중산층에게 소비는 필요의 충족 차원을 넘어 하나의 목표가 돼 버렸다는 점이 문제다. 마치 전 세계가 전후 미국 소매업 분석가인 빅터 레보우(Victor Lebow)의 다음과 같은 충고에 따르고 있는 것처럼 여겨진다. "우리의 엄청난 생산 경제는…… 소비를 생활양식으로 만들고, 재화의 구매와 사용을 종교적 의식으로까지 전환시키며, 소비를 통해 영적인 만족과 자아 만족을 추구하게 만들고 있다."[141] 이렇게 소비주의에 탐닉한 결과 나타난 놀라운 현상은 현재 소비재의 다양성이 생명 다양성을 능가하기에 이르렀다는 점이다. 역사상 처음으로 쇼핑몰과 슈퍼마켓의 진열대에 들어찬 소비재가 지구상의 생물 종의 수를 넘어섰다는 것이다.[142]

---

141) 같은 책, 9면.
142) 그라프 외, 앞의 책, 152면 참조.

이와 같이 소비 그 자체가 목표가 되어 버릴 만큼 무제한적인 소비 추구는 엄청난 비용을 지불케 해왔다. 오늘날의 소비는 막대한 양의 자원을 희생시킨 대가이다. 지난 50년 동안 물 사용량은 세계적으로 3배, 화석연료 사용량은 5배가 증가하였다. 시간이 갈수록 자원 이용의 효율성은 증가해왔고 고갈된 자원은 다른 자원으로 대체되어 왔지만 지난 반세기의 패턴은 뚜렷하다. 즉, 소비가 지속적으로 증가한 만큼 오염이 늘고 자원이 감소되고 있으며, 그 비용은 생태계에서만이 아니라 인간, 특히 가장 가난한 사람들의 질병과 고통에서도 나타나고 있다는 것이다.

문제는 이러한 사실이 엄연한 현실로 드러나고 있음에도 불구하고 현대인들은 아무런 문제도 없는 듯이 소비의 유토피아 실현을 여전히 꿈꾸고 있다는 점이다. 가장 비근한 예를 하나 들어 보자. 최근 기름 값이 고공행진을 지속하고 있다는 반갑지 않은 소식이 자주 들린다. 사상 최고 가격을 맴돌고 있는 국제 유가가 세계 경제를 위축시킬 것이라는 경고가 현실화되고 있는 것이다. 이러한 현실을 감안한 세계 각국은 그 대책에 많은 공을 들이고 있긴 하지만 고유가 위기를 극복할 뾰족한 대책이 없어 크게 고심하고 있다고 한다. 안타까운 것은 여러 가지 고유가 대책에 부심하고 있는 정부와는 달리 개개인의 의식은 여전히 절약보다 소비에 머물러 있다는 점이다. 유가 급등이 개개인의 절약의식에 어느 정도 영향을 주긴 하겠지만, 그러나 그것은 일시적일 뿐이다. 이미 소비지상주의에 깊이 물든 현대인들은 유가 급등이 자신들의 생활양식을 근원적으로 전환시킬 만큼 큰 계기가 아닌 찻잔 속의 태풍 정도로밖에 간주하지 않는다.

우리가 알아야 할 것은 현재 세계 경제에 타격을 줄 정도로 국제

유가가 치솟는 원인 또한 소비에 있다는 사실이다. 한 경제 전문가에 따르면 "현재의 고유가는 소비가 공급을 웃도는 구조적인 변화가 원인이기에 향후 지속될 가능성이 높다."143) 그러기에 아무리 정부적 차원에서 다양한 에너지 절약 대책을 제시한다 하더라도 그것은 임시방편책일 수밖에 없으며, 따라서 그 효과 또한 크게 기대할 수 없다.

정부 주도의 에너지 절약 대책이 없는 것보다는 낫겠지만 이보다 더 중대하고 절실히 요청되는 것은 사회구성원 각자가 자발적으로 소박하면서 검소하게 사는 방식을 택하는 것이라 본다. 자발적으로 소박하고 검소하게 사는 삶의 방식이야말로 현재 직면한 에너지 위기 해소는 물론 한계상황에 이르고 있는 각종 환경문제의 개선, 그리고 더 나아가 내면적으로 풍요로운 삶을 성취하는 데도 소중한 단초를 마련할 수 있으리라 본다.

그러나 '자발적인 소박함'이 우리에게 여러 가지 장점을 줄 수 있다는 필자의 주장에 동의하는 사람들도 있는 반면 여기에 반대의견을 펴는 이들도 만만치 않다. 이에 필자는 '자발적인 소박함'의 의미와 이를 둘러싼 찬반 논쟁, 그리고 이를 위한 실천적 대안을 제시해 보는 순으로 이 장을 전개하고자 한다.

2. '자발적인 소박함'이란?

'자발적인 소박함'이란 용어는 듀안 엘진(Duane Elgine)에 의해 대중화되었지만, 맨 처음 그 용어를 사용한 사람은 마하트마 간디의

---

143) 『매일경제』, 2005년 8월 18일자, A3면 참조.

신봉자인 리처드 그레그(Richard B. Gregg)였다.

> '자발적인 소박함'은 외적인 조건과 내적인 조건을 다 포함한다. 그것은 인생의 중요한 목표와 상관없는 지나치게 많은 재산이라든지 외적인 번잡함을 거부하는 것뿐만 아니라 목적의 단일함, 성실, 내면의 정직함을 의미한다. 그것은 우리의 에너지와 갈망을 조절하고 정렬하는 것이며, 다른 방면에서 더 멋지고 풍부한 삶을 유지하기 위해 어떤 방면에서의 부분적인 속박을 받아들이는 것을 뜻한다. 그것은 어떤 목적을 위해 삶을 신중하게 조율하는 일이다.[144]

인류가 이와 같은 '자발적인 소박함'을 실행해 온 것은 아주 오래전의 일이었다. 불교, 그리스도교, 도교 창시자뿐만 아니라 그 추종자들, 스토아 철학자들 역시 '자발적인 소박함'을 거룩한 덕으로 추구하였다. 이들은 내면의 성취를 외적인 재산에서가 아니라 내적인 삶의 풍요로움에서 찾고자 했던 것이다.

이와 관련하여 헨리 데이비드 소로는 『월든』에서 이렇게 말하고 있다. "중국, 인도, 페르시아 및 그리스의 옛 철학자들은 외적인 재산이라는 면에서는 누구보다도 가난했지만 내적으로는 누구보다도 부유했다. 우리가 자발적인 가난이라고 부르는 유리한 고지에서 내려다보지 않고서는 누구도 인간 삶에 대한 공정하고도 현명한 관찰자가 될 수 없다."[145]

오래전에 많은 사람들에 의해 실행된 적이 있었던 이러한 '자발적인 소박함'이 오늘날에 와서 다시 자각되는 이유는 무엇인가? 그것은 무엇보다 우리를 서서히 옥죄고 있는 환경적 이유와 인격적 이유 때

---

144) 존 레인, 『언제나 소박하게』, 유은영 옮김(서울: 샨티, 2003), 18면에서 재인용.
145) 헨리 데이비드 소로, 『월든』, 강승영 옮김(서울: 이레, 1994), 24면.

문이라고 본다.

　자본주의적 개발과 기술이 낳은 황폐한 결과가 자연과 후손에게
미칠 영향을 진심으로 우려하지 않을 수 없다. 환경보호론자들에 따
르면 지구상의 모든 생명체계가 쇠락해가고 있다. 온난화, 생물 다양
성 파괴, 오존층 파괴, 사막화, 물 부족 등의 제반 환경문제들이 인
류의 미래를 어둡게 하고 있다는 점을 그들은 누차 지적해왔다. 그러
한 지적에도 불구하고 환경문제가 개선되어 가고 있다는 반가운 소
식은 듣기 어렵다. 그것은 우리들이 오래전부터 습관화되어 버린 생
활양식 문제 때문이기도 하다. 인류가 더 이상 지탱할 수 없는 삶의
방식 ― 소비지상주의 ― 을 청산하지 않고서는 환경문제를 개선하고
자원을 보존한다는 것은 불가능하다는 사실을 알아야 할 것이다.

　'자발적인 소박함'이 자각되는 또 한 가지 이유는 마음이 충만하고
영혼이 안정된 삶을 원하기 때문이다. 현대인들의 삶은 외적인 면에
너무 치우쳐 있다. 탐욕과 물질주의야말로 현대인들의 대표적인 사
고방식이다. 우리의 삶이 탐욕과 물질주의에 집중할수록 영혼은 황
폐화되기 마련이다. 자발적으로 소박한 삶을 산다는 것은 끊임없는
소비주의의 강압에 규정되는 삶이 아니라 스스로 선택하는 삶을 살
아가는 인간적 자유의 표현이다. 그것은 우리의 황폐해진 영혼을 치
유하는 하나의 치료 수단이 된다.

　이러한 자각을 잘 반영하고 있는 '자발적인 소박함'의 생활방식은
퀘이커교도들의 견해에서 찾아볼 수 있다. 퀘이커교도들이 정식화하
고 있는 규범은 세 가지로 정리된다. 첫 번째 규범은 우리가 무엇인
가를 소유·구입·소비함으로써 수동적이거나 의존적으로 살아갈
것이 아니라 오히려 자신의 능동성·독립독행·어떤 일에 대한 참여

가 증진된다고 여겨지는 경우에만 그 소유·구입·소비를 해야 한다는 것이다. 둘째는 우리의 소비 패턴이 그저 단순한 욕구나 타인들의 기대를 충족시키는 것이 아니라 오히려 진정한 필요와 확실한 만족을 얻는 데 근거를 두어야 한다는 것이다. 마지막 규범은 우리가 자발적으로 소박한 삶을 살아가는 경우, 우리의 소비 패턴은 다른 사람들과 전 세계의 복리에 미칠 것으로 예측되는 영향력에 의해서 어느 정도 규정되어야 한다는 것이다.[146] 요컨대 '자발적인 소박함'이란 우리의 소비 패턴이 우리의 능동적 삶을 위해, 진정한 필요와 확실한 만족을 위해, 타인과 지구 전체에 미치는 영향력을 고려한 바탕 위에서 행해지는 것을 말한다.

우리가 유의해야 할 것은 '자발적인 소박함'이 궁핍을 견뎌내는 것과는 다르다는 점이다. '자발적인 소박함'의 지지론자들에 따르면, 우리에게 어느 정도의 재화가 없으면 우리 자신의 소유와 구입 패턴에 대해서, 그리고 그것이 환경과 자신의 자유와 성장에 미치는 결과에 대해서 검토해보고 싶어도 이를 위한 여가는 물론 정신적 능력 또한 생기지 않는다. 궁핍으로 인해 우리 인생은 지구의 가치와 다른 사람들의 필요에 대해 자각하면서 살아가기 위한 기회가 되기보다는 오히려 투쟁의 장으로 변모돼 버릴 가능성이 있다. 때문에, 궁핍은 소박하게 또는 청빈하게 살아가는 것과는 반대의 삶을 불러올 수도 있다고 그들은 경고한다.[147]

'자발적인 소박함'은 또한 자연으로 돌아가라는 운동에 기초한 생

---

146) K.S. Shrader—Frechette, "Voluntary Simplicity and the Duty to Limit Consumption," in K. S. Shrader—Frechette, ed., *Environmental Ethics*, 2nd ed.(Pacific Grove: Boxwood Press, 1991), pp.169—70 참조.

147) Ibid., p.170 참조.

활방식과도 다르다는 점을 알아야 한다. 도시에서의 생활 역시 소박하게 살아가는 것과 결코 양립 불가능하지 않기 때문이다. 시골 거주자나 도시 거주자 모두 다 자신들의 소비를 욕망이나 타인들의 기대보다도 오히려 필요에 기초해서 해나갈 수 있다는 것이다.[148]

'자발적인 소박함'은 또한 결코 수치로 측정될 수 있는 것이 아니라는 점을 알아야 한다. '자발적인 소박함'은 각자의 마음가짐에 달려 있기에 그 절대적 기준을 제시하기가 곤란하다.

자발적으로 소박하게 사는 것은 가난과 부유함, 최소한주의와 최대한주의의 중간 길, 즉 중용을 택하는 것이다. 양보다는 질에 더 많은 관심을 두며, 더욱 균형 잡히고 신중한 삶을 찾는 것이다. 그것은 편안하지만 호사스럽지 않은 삶, 소박하지만 쪼들리지 않는 삶, 단아하지만 따분하지 않는 삶을 유지하는 길이다.

따라서 필자는 '자발적인 소박함'을 "끊임없는 소비주의의 강압에 규정되는 삶을 청산하고 가난과 부의 중용을 스스로 선택함으로써 내면적인 풍요로움을 누리는 삶"이라고 정의하고 싶다. '자발적인 소박함'은 궁핍이나 인색, 단순한 자연 복귀가 아니라 우리에게 고갈된 정신적 풍요를 회복하는 삶의 방식인 것이다.

3. '자발적인 소박함'을 둘러싼 철학적 논쟁

1) '자발적인 소박함'을 지지하는 논거

'자발적인 소박함'을 지지하는 많은 사람들은 자발적인 소비 제한

---

148) Ibid., 참조.

이야말로 ① 세계적 규모의 환경문제를 개선케 해주고, ② 여러 국민들 간의 공평성을 달성케 해주며, ③ 사람들로 하여금 심리적, 정신적 발전을 도모하는 데 도움이 될 수 있다고 주장해 왔다. 여기서는 이들 세 가지 논거를 중심으로 논의를 전개할 것이다.

(1) '자발적인 소박함'은 환경문제를 개선하는 데 도움을 준다

현재의 소비 패턴은 지구공동체를 파국으로 몰고 갈 가능성이 크기 때문에 소비를 제한하는 것이 바람직하다는 신념은 『성장의 한계』에서 강력히 표명된 바 있다. 이 책의 저자들에 의하면 세계를 와해시키는 가장 중대한 5가지 요인 가운데 4가지가 높은 수준의 소비에 기인한다. 그 네 가지 요인이란 산업화, 오염, 식량생산 그리고 자원고갈이다(5번째 요인은 인구성장). 그들은 만일 세계 사람들 및 국가들이 지구 전체적인 평형상태로 이어지는 소비 패턴을 채택하지 않는다면, 100년 이내에 성장의 파국적 한계가 돌연히 지구를 덮치게 될 것이라고 주장한다.[149]

더불어 그들은 유한한 세계 안에서 성장의 한계에 우리 사회를 적응시켜 나가려면 두 가지 조치가 취해져야 한다고 말한다. 첫째는 인구의 기하급수적 증가와 1인당 평균 소비의 기하급수적 성장을 정지시키는 것이고, 그다음에는 이를 기초로 가속화되고 있는 오염과 자원고갈을 억제하는 것이다.

그들은 만일 그러한 제한이 조속히 행해지지 않으면, 우리 모두는 '공유지의 비극'에 이르게 될 것이라고도 말한다. '공유지의 비극'이란 잘못된 이기심으로 인해 우리들 각자가 자신의 소유와 소비율의

---

149) D.H. 메도우즈 외, 『人類의 危機』, 김승한 역(서울: 삼성미술문화재단, 1989), 23면 참조.

규모를 확대하도록 이끄는 파국을 가리킨다. 이러한 행위의 결과로 모든 사람들이 손실을 입게 되는데 그것은 우리의 소비 패턴이 초래하는 결과가 '공유지'의 부양능력을 초과해 버리기 때문이다. 이 비극이 의미하는 바는 지구의 유한한 부로부터 가능한 한 많은 것을 차지하려고 하는 각 개인의 전략이 모든 사람들에게는 재앙으로 나타나기 때문에 사회적으로 무책임하다는 것이다.[150]

『성장의 한계』는 많은 사람들에게 영향을 주기도 했지만 경제학자들로부터 광범한 공격을 받아오기도 했다. 이 책에 대한 여러 가지 비판적 분석 가운데 눈여겨 볼만한 것은 패빗, 프리먼, 예호더 등이 공동으로 지은 『미래에 대한 생각: "성장의 한계"에 대한 한 비판』이다.[151] 이 책의 공동저자들이 옳게 지적하고 있듯이 『성장의 한계』의 제 결론이 옳다고만 볼 수는 없다. 왜냐하면 그 결론들은 많은 부분 미지의 매개변수들에 의거하고 있고, 또 이 매개변수들의 값을 정확하게 결정할 수 있는 방법이 없는 관계로 그 결론들은 추정되거나 또는 단순히 추측된 것으로 볼 수밖에 없기 때문이다.

하지만 슈레더-프레체트는 이와 같은 『성장의 한계』 비판자들의 주장과는 달리, 전체적인 관점에서 볼 때 『성장의 한계』 저자들의 주장이 더 진실에 가까우며 거기에는 두 가지 이유가 있다고 주장한다.[152] 첫째 이유는 자원이 사용되고 있는 비율이라든가 오염의 한계에 이르는 것이 100년 이내에 일어날지의 여부는 별문제로 하더라

---

150) G. Hardin, "The Tragedy of the Commons," in L.P. Pojman, *Environmental Ethics*, 3rd. ed.(Belmont: Wadsworth, 2001), pp.311-17 참조.

151) K.L. Pavitt, C. Freeman, and M. Jahoda, eds., *Thinking about the Future: A Critique of "The Limits to Growth"*(London: Sussex University Press, 1973) 참조.

152) Shrader-Frechette, *op. cit.*, p.172 참조.

도, 많은 자원이 유한하며 재생 불가능하다는 것만큼은 분명하다는 것이다. 때문에, 만일 세계의 소비가 현재 추세대로 지속된다면 마침내 『성장의 한계』 저자들의 예측이 사실로 판명될 수 있다고 그는 강조한다. 그리고 이러한 자신의 생각이 옳다면 자원고갈과 오염을 가능한 한 억제하는 것이 합당한 처사이며, 그것을 이뤄내는 하나의 방법이 소비와 생산을 제한하는 일이라는 것이다. 두 번째 이유는 장래 새로운 기술이 개발되거나 새로운 자원이 거듭 발견될 수는 있겠지만 이것은 몇 가지 어려움에 의해 상쇄되고 만다는 것이다. 슈레더-프레체트는 기술이 자원고갈과 오염으로부터 우리를 구제할 수 있을지 확실히 알고 있는 이는 없으며, 기술이 그렇게 할 수 있을 것이라고 주장할 만한 근거 또한 없다고 보는 것이다. 그에 의하면 더구나 현재의 소비와 생산 패턴이 100년 이내에 환경위기로 이어지게 된다고 주장하는 점에서는 『성장의 한계』 저자들이 설령 옳지 않았다 하더라도 현재의 소비와 생산 수준이 정치적 위기로 이어질 수도 있다.

예를 들면 다수의 후진국들이 핵탄두를 건조하고 사용하는 능력을 지니게 될 때 정치적 파국이 찾아올 가능성이 있다. 그리고 부유한 국가들이 점점 더 많은 자원을 사용함에 따라서 이들 국가에 비해 아주 적은 특권을 가지고 있는 국가들은 자신들보다 더 잘사는 나라들에 대해 더욱더 적대적일 수 있다. 슈레더-프레체트는 후진국들의 공격적 태도로 인해 세계적 규모의 정치적 불안정이 초래될 가능성이 매우 높다고 보고 있는 것이다.

이와 같은 슈레더-프레체트의 견해가 옳다면, 높은 수준의 소비를 제한하는 것은 매우 유익하면서 바람직한 일이라 판단된다.

(2) ‘자발적인 소박함’은 공평성을 달성하는 데 도움을 줄 수 있다

공평성을 유지하려면 부유국가들만 비재생자원의 대부분을 이용할 게 아니라 모든 국가들이 지구상의 자원을 이용할 수 있도록 해야 한다. 지구상의 자원을 공평하게 분배하는 것은 분배정의 실현의 한 조건이 되며, 이는 또한 현시점에서의 공평뿐만 아니라 미래의 공평을 달성하기 위해서도 필요하다. 도너건(Alan Donagan)이 기술했듯이, “소유자들이 미래세대에 대해 지고 있는 보존(preservation)의 의무를 위반해도 개의치 않는 소유권 형식에는 결함이 있다.”[153]

굴렛(Denis Goulet)은 만일 우리가 지구적 규모 차원에서 분배정의를 이루려면 최소한 다음과 같은 권리와 의무를 이행할 수 있어야 할 것이라고 말한다.[154]

① 모든 사회의 모든 사람은 최소한도의 생활수준을 유지하는 데 필요한 자원을 손에 넣을 자격이 있다.

② 가난한 나라들의 국민은 자국 영내의 자원에 대해서 우선적 권리를 갖는다.

③ 보다 많은 자원을 가진 국가들의 국민은 보다 적은 자원을 가진 국가들에 대해서 얼마간의 이용권을 인정할 의무가 있다.

④ 그리고 위의 ①, ②, ③ 조항에서 언급되고 있는 제 권리는 한 국가 내부의 개인들 사이에서도 유효하다.

굴렛은 또한 우리의 소비 패턴을 보다 공평한 방향으로 이끌 수 있는 우선필수품의 이론을 제시한다.[155] 이 이론에 따르면 재화는

---

153) Ibid., p.173에서 재인용.
154) Denis Goulet, *The Cruel Choice*(New York: Atheneum, 1971), pp.118–19 참조.
155) Ibid., p.245 참조

㉠ 제1필요성을 갖는 필수품, ㉡ 고차원의 필수품, ㉢ 사치를 위한 필수품, 이 세 가지로 분류된다. ㉠에 들어가는 품목에는 식량, 의류, 주거가 있고, ㉡에 들어가는 재화는 ㉠보다 구분하기가 다소 어렵다.

굴렛에 따르면 ㉡에 속하는 재화는 사람들로 하여금 초월(transcendence)에 이르게 해주고, 창조하게 해주며, 자기 자신을 표현케 해주고, 자신들의 미래를 선택할 수 있도록 해준다. 이와 같은 재화야말로 '가장 인간적인' 필수품이라고 굴렛은 말한다. 이런 재화들은 단순한 생존을 초월한 필수품이라고 할 수 있다.

한편 사치를 위한 재화 역시 단순한 생존을 초월한 것이긴 하지만 고차원의 필수품만큼 우리의 자기 실현을 이루는 데 필수적인 것은 아니다. 이런 종류의 재화는 인간의 생활이나 복리에 있어서 필수적이진 않기 때문에 여기에는 일부 사람들이 '낭비(waste)'라고 명명한 것들이 포함된다. 비록 사치를 위한 필수품을 충족시키는 것이 반드시 사람들을 타락시키지는 않는다 해도, 이런 종류의 재화는 그것이 투입되는 용도나 그것을 향유할 때의 정신에 따라 고상해질 수도 있고 천해질 수도 있다.

위의 세 가지 가운데 개인과 사회 모두가 적어도 제1필요성을 갖는 필수품 정도는 무엇보다 먼저 충족시키는 것이 합리적일 것이다. 그러나 이마저도 실행되지 못하고 있는 게 현실이다.[156] 현재 수많은 정치적 제약으로 인해 모든 사람들이 최소한의 생활수준에 이를 수

---

156) 1999년 세계 인구 5명당 2명꼴인 28억 명의 사람들이 UN과 세계은행에서 정한 최저생계비인 하루 2달러 미만의 수입으로 살아가고 있고, 약 12만 명이 하루 1달러 미만의 소득으로 살아가는 '극단적인 빈곤(extreme poverty)'에 처해 있다. 이들을 포함한 전 세계 모든 가난한 사람들에게 소비라는 것은 기본적인 생계유지를 의미할 뿐이다. 월드워치연구소, 『지구환경보고서 2004』, 32-33면 참조

있도록 하기 위한 공평한 자원 분배의 길이 막히고 있는 것이다.

그래서 슈마허(E. F. Schumacher)는 현재의 자원 소비 패턴에 의해 지탱되고 있는 생활방식은 '영속성을 전혀 가질 수 없는' 것이라고 경고해왔다. 만일 선진국이 비재생자원을 계속적으로 고갈시킴으로써 자원을 공정하게 분배할 수 없게 되고, 그에 따라 보다 낮은 소비수준을 추구하지 못한다면 파괴의 길을 따르게 된다는 것이다. 더구나 그는 선진국의 소비 행위는 "자연에 대한 폭력 행위이며, 그것은 거의 불가피하게 인간 상호 간의 폭력으로 이어질 것임이 틀림없다"라고 말한다.157)

"나의 삶이 다른 사람들이 궁핍해 있는 상황 속에서 영위되는 경우에는 언제나…… 그들의 궁핍에 대해 내가 책임이 있든 없든 나는 도둑놈이 되고 만다"158)라는 간디의 말이 다소 극단적으로 들리긴 하지만 소비사회에 속하는 사람들은 누구나 한 번쯤 되새겨볼 만한 표현이다. 가난한 국가의 시민이건 부유한 국가의 시민이건 지구상의 모든 국가의 사람들은 지구의 모든 자원을 이용할 수 있는 평등한 기회를 가질 권리가 있다는 점을 인정할 줄 아는 자세가 필요하다.

(3) '자발적인 소박함'은 인격적 성장을 도모하는 데 도움이 된다

현대인들은 한 사람의 사람됨을 평가할 때 그가 소유한 재산에 기초하는 수가 많다. 그가 어떤 사람인가는 그가 얼마나 소유하고 있는가에 따라 평가되는 것이다. 이러한 사회적 풍토 속에서는 누구나가 탐욕과 물질주의의 노예가 될 수밖에 없을 것이다.

---

157) E.F. 슈마허, 『작은 것이 아름답다』, 金鎭郁 譯(서울: 범우사, 1992), 65면 참조.
158) Shrader-Frechette, *op. cit.*, p.176에서 재인용.

　‘자발적인 소박함’, 자발적인 금욕생활은 이러한 사회적 풍토를 거부한다. ‘자발적인 소박함’은 ‘현실(reality)’에 대한 정의를 돈과 경쟁에 기초하여 내리는 풍토로부터 우리를 벗어나게 해준다. 그 대신에 ‘자발적인 소박함’은 우리로 하여금 우리 주변에 있는 것을 배우고, 감상하고, 사랑한다는 관점에서 ‘현실’을 정의하게 해준다. ‘자발적인 소박함’의 라이프스타일은 우리가 보다 많은 물질적 재화를 축적하고 사용하는 것을 중심축으로 구축하는 라이프스타일에 비해 훨씬 더 즐겁고, 매력적이며, 그리고 윤리적일 수 있다.

　강박관념에 사로잡힌 소비는 이 시대의 명령이 되어 왔고, 많은 사람들은 자신들도 모르게 점점 더 많은 것을 갖고 싶어 하도록 조작당해 왔다. 그 결과 구매자 자신들보다도 오히려 광고와 과학기술이 소비 수준을 지배하는 경우가 많아졌다. 사람은 소비하면 할수록 소비해야 할지 말아야 할지의 여부를 자유로이 선택하지 못할 가능성이 점점 더 강해지는 것이 사실이다. 높은 소비에 기초한 라이프스타일은 우리의 욕구 기제를 사회적으로 조작하는 것과는 또 다른 방식으로 개인의 자유에 대한 제한을 조장할 수 있다. 즉, 이 라이프스타일은 우리가 결핍이나 풍부함에 대해서 침착하게 맞설 수 없도록 만드는 인격적 상황으로 이끌 수 있다는 것이다. 만일 ‘좋은 삶’이 보다 많은 재화의 축적이라는 관점에서 정의된다면, 그리고 만일 인간의 동일성(identity)이 이 정의와 결부된다면, 우리는 덜 풍부한 상황이나 보다 낮은 소비 상황을 자유로이 누리지 못할 수도 있다. 진정 자유로운 사람은 만일 자신의 기본적인 필수품만 충족된다면 극히 하찮은 물질적 재화만 갖고 있더라도 평화와 행복을 발견할 수 있을 것이다. 중국 철학자 샤오 융(Shao Yung)이 말했듯이 “정신은 그 통일성을 계속 유지하고 분열되지 않을 때 만물에 감응할 수 있다. 그러므로 뛰어난 사람의 정신은 공허하며(절대적으로 순수하고 평화스럽다), 혼란스럽지 않다.”159)

현대인들은 선택할 수 있는 재화가 외면적으로 많다는 이유에서 재화의 생산과 소비 증가를 자유의 고양으로 간주한다. 반면에 ‘자발적인 소박함’의 자유는 내면적인 억제를 고양시키는 자유이다. 이 자유는 선택을 위해 보다 많은 재화를 제공하는 것을 목표로 삼는 게 아니라, 자기 앞에 있는 선택지의 수에 관계없이 현명한 선택을 보다 잘 할 수 있는 인격 양성을 목표로 삼는다. 만일 어떤 사람이 외면적으로 선택할 수 있는 것들을 많이 가지고 있으나 내면적으로는 불필요한 욕망이나 자기 욕망의 조작으로부터 자유로울 수 없다면, 그는 그 반대의 사람(선택할 수 있는 것들은 조금밖에 없으나 욕망 조작에 의한 소비, 그리고 강박적인 소비 욕구로부터 자유로운 사람)에 비해 덜 자유로운 것은 너무도 당연하다.

2) ‘자발적인 소박함’을 반대하는 논거

‘자발적인 소박함’의 생활방식이 바람직하다는 것을 지지하는 환경적, 윤리적, 인격적 이유가 있음에도 불구하고 이에 반론을 펴는 사람들의 입장도 만만찮다. 반대론자들이 반론을 펴는 근거는 ① 현행의 생산·소비 패턴에 의해 환경위기가 초래되는 일은 없을 것이라는 점, ② 소비제한, ‘자발적인 소박함’이 가난한 사람들을 도울 수 없다는 점, ③ ‘자발적인 소박함’의 생활방식에는 몇 가지 개념상의 문제

---

159) Ibid., p.179에서 재인용.

가 있다는 점, 이 세 가지이다. 이 근거들을 차례대로 검토해 보도록 하자.

(1) '자발적인 소박함'은 과연 환경문제를 개선하는 데 필요한가?

'자발적인 소박함'에 반대하는 대부분의 사람들(이하 반대론자)은 생태학적 파국의 절박함이라는 것이 이제까지 너무 과장되어 왔다고 주장한다. 그들에 따르면, 이러한 과장을 함에 있어서 사람들은 '새로운 자원의 발견'이라든지 '새로운 기술'의 발달에 관해 잊어 왔다.[160] 더욱이 반대론자들은 비록 우리가 과학기술 발달에 의해서 재생 불가능한 자원의 대체물을 발견하지 못한다 해도, 가격이 희소물질의 배급 수단으로서 작용하기 때문에 환경위기와 자원고갈은 발생하지 않는다고 주장한다. 더 나아가 그들은, 가격이 위기에 처한 자원의 비축을 보호해 주지 못할 것이라고 믿는 것, 그리고 비용증가가 소비자에게 미치는 결과로서 소비가 줄지 않을 것이라고 믿는 것은 경제학적 시각에서 볼 때 너무 나이브하다고 말한다.[161]

반대론자들은 소비제한을 지지하는 논거들이 미래의 과학기술 진보라든가 수요에 대한 가격의 영향력을 무시하기 때문에 환경위기의 발생가능성을 과장하고 있다고 보는 것이다. 그들에 의하면 소비제한 찬성론은 '감정에 호소하는 구절들'에 기초하고 있고, 그것을 지지하는 사람들은 "통계를 가지고 놀고 있다."[162] 이른바 반대론은 환

---

160) 이러한 주장을 펴는 대표적인 사람이 코울이다. 그는 전반적인 에너지 공급에 대해서는 아무런 문제가 없다고 본다. 만일 증식로(breeding reactor)가 완성된다면 수 세기에 걸쳐서 상승하고 있는 에너지 수요를 충족시키는 데 충분한 핵분열 물질을 얻을 수 있다는 것이다. 그는 또 핵융합이 실용화된다면 에너지 공급은 무한해진다고 주장한다. Alsley J. Coale, "An Economist's Review of Resource Exhaustion," in K. S. Shrader-Frechette, ed., *Environmental Ethics*, 2nd ed.(Pacific Grove: Boxwood Press, 1991), p.160 참조.

161) E. C. Pasour, "Austerity, Waste, and Need," in K. S. Shrader-Frechette, ed., *Environmental Ethics*, 2nd ed.(Pacific Grove: Boxwood Press, 1991), pp.153-64 참조.

경위기라는 것이 과장되고 있기 때문에 소비를 자발적으로 제한하는 것이 바람직하다고 단언하는 데에는 어떠한 정당화 근거도 없다는 입장이다.

그러나 이 반대론은 몇 가지 윤리적 전제에 기초하고 있는데, 이 전제들이 반대론의 타당성을 잃게 만들고 있다. 여기서는 이들 전제 가운데 두 가지를 문제 삼기로 한다.163) 첫째는 미래의 과학기술 발전이 현행의 사용과 낭비 패턴의 결과로부터 후세대를 보호해 줄 것이므로 비재생자원을 기하급수적인 비율로 계속 이용하더라도 윤리적으로 아무런 지장이 없다는 것이다.

미래에 과학기술 진보가 이루어지기는 하겠지만 이 개연성만으로는 현재의 소비수준을 충분히 정당화하지 못한다. 이유는 위 전제가 나중에 되갚을 수 있을지 없을지 확실히 알지 못하는 경우에도 부채계약을 하는 것이 윤리적으로 타당하다는 가정을 포함하고 있기 때문이다. 현세대와 미래세대 간의 공평성을 위해서는 미래세대에 대한 의무는 반드시 이행되어야 하며, 또한 그 필연적 귀결로서 지불이 가능하다고 확신할 수 없으면 부채계약이 이뤄져서는 안 된다. 만일 이 부채계약이 이루어진다면 우리는 공평한 정의와 공평한 기회에 대한 미래세대의 권리를 침해하는 위험을 무릅쓰게 된다.

현행 소비수준이 환경위기로 이어지지는 않는다는 명제에 수반된 두 번째 문제는 가격이 자원고갈을 억제해 줄 것이라는 사고와 관계돼 있다. 경제적 인센티브들이 희소한(그리고 그런 이유로 비싼) 재화의 급속한 사용 또는 낭비를 막아준다는 것이 사실이라 하더라도

---

162) Shrader-Frechette, *op. cit.*, p.181 참조.
163) Ibid., pp.181-82 참조.

자원 부족에 대한 이러한 '해결책'은 그 나름대로의 문제를 야기한다. 그러한 문제 가운데 하나는 희소재화를 단지 구매자의 지불능력에만 기초해서 분배하는 것이 과연 공평한가 하는 것이다. 이러한 분배 방법은 분배정의의 원리를 위반할 것으로 간주된다. 만일 모든 사람들이 지구상의 부에 대한 동등한 권리를 가져야 하는 것이 마땅하다면, 이러한 권리를 행사할 수 있는 기회를 누가 갖느냐 하는 것이 경제적 우연에 의해서 결정된다는 것은 공평하지 않다. 따라서 반대론이 이와 같은 약점들을 지니고 있는 이상, '자발적인 소박함'이 바람직하다는 주장을 반박하기에는 충분치 못하다고 할 수 있다.

(2) '자발적인 소박함'은 과연 빈자들을 돕는 데 필요한가?

소비제한은 바람직하지 않다는 주장을 위해 자주 이용되는 또 한 가지 이유는 소비제한이 빈자들이나 미래세대에게 반드시 도움을 주는 것은 아니라는 것이다.[164] 이를 위해 반대론자들이 제시하는 첫 번째 근거는 '번영과 비재생자원의 소비 사이에는 수학적 관계'가 있다는 점이고, 두 번째 근거는 소비 속도를 늦추는 것은 대폭적인 실업의 증가라는 결과를 초래할 수도 있다는 점이다.

반대론자들이 반론을 펴는 세 번째 근거는, 공평성에 수반되는 현재의 어려움은 부자들에 의한 과소비와는 관련이 없고 오히려 재분배와 자원 이전의 문제이기 때문에 자발적 금욕생활을 실천하더라도 빈자들을 도와주지는 못한다는 것이다.

자발적 금욕생활이 빈자들을 돕는 데 이롭지 못하다는 반론의 네 번째 근거는, 빈자들도 부자들이 소유하고 있는 것만큼이나 많은 것

---

164) Ibid., pp.182-85 참조.

을 생산하고 소비할 권리를 갖기 때문에 소비제한은 불공정하다는 것이다. 바꿔 말하면, 만일 어느 선진국의 한 국민이 소비제한 찬성론을 편다면 그것은 구명 뗏목에 타고 있는 어떤 사람이 다른 생존자들이 있다는 사실에도 불구하고 자신이 타고난 후에는 사다리를 철거하지 않으면 안 된다고 주장하는 사람과 다소 비슷하다.

'자발적인 소박함'에 대한 이들 네 가지 반론의 근거들을 순서대로 검토하고 이들이 과연 타당한지의 여부를 살펴보기로 하자.

반론의 첫 번째 근거는 '번영과 비재생자원의 이용 간에는 직접적 관계가 있기에 소비를 제한해서는 안 된다'는 것이었다. 그러나 만일 미샨(Evra Mishan)과 같은 경제학자의 주장이 옳다고 한다면 번영과 물질적 재화의 소비 간에는 믿을 만한 관계를 전혀 찾아볼 수 없게 된다. 양자 간의 상호관계는 없다고 주장하는 미샨은 그 근거를 어디에서 구하고 있는지 이에 대해 살펴보도록 하자. 미샨이 제시하고 있는 첫 번째 근거는 실질 국민소득이 어느 기간 동안에 크게 상승한다 하더라도 빈자들은 다른 국민들에 비해 상대적으로 여전히 예전과 같은 입장에 그대로 남겨진다는 것이다. 때문에 설령 소비에 의해서 번영을 누릴 수 있다 해도 '절대적(hardcore)' 빈곤층은 공동체의 실질소득의 성장으로부터 직접적인 영향을 받지 않는다. 미샨에 의하면 '절대적' 빈곤층의 문제는 선택적 이익의 방법을 쓰는 직접적인 정부의 행동에 의해서만 개선될 수 있다.[165]

이와 같이 경제성장과 소비증가가 언제나 한 나라의 빈자들에게 이익을 안겨다주지 않는 것과 꼭 마찬가지로, 그것들이 선진국으로

---

165) E.J. Mishan, *21 Popular Economic Fallacies*(New York: Praeger, 1969), pp.232-37 참조.

하여금 늘 후진국의 빈곤층을 도와주게 만드는 것도 아니라고 미샨은 주장한다. 그에 의하면 해외원조 규모라는 것이 속죄헌금을 생각나게 할 뿐 사람들에게 깊은 감명을 주지 못한다. 해외 원조가 실질적으로 후진국을 도와줄 만큼 이루어지고 있는 게 아니라 생색내기에 그치고 있다는 이유에서 이런 말을 하고 있는 것이다. 따라서 미샨은 만일 해외원조 패턴이 근본적으로 바뀌지 않으면 세계의 빈자들의 곤경을 의미 있을 만큼 개선하는 결과는 가져오지 못할 것이라고 주장한다.[166] 이와 같은 주장에 의한다면 우리는 소비와 번영 사이에는 어떠한 직접적 관계가 있다고 단정할 수 없게 된다.

반론의 두 번째 근거는, 자발적 금욕생활은 실업률을 높일 수 있기 때문에 바람직하지 않다는 것이었다. 이 말을 역으로 표현하면 소비의 증가는 고용의 증가와 비례한다는 것이다. 그러나 슈레더-프레체트는 이와 입장을 달리하는데, 지난 40년 동안 미국의 제조업 부문에서의 총고용량이 이를 잘 설명해 준다고 한다.[167] 그동안 재화 생산업은 노동자들을 보다 덜 사용함으로써 노동자 1인당 생산고를 증가시키도록 노력해 왔다. 그 최종적 결과는, '생산성 지수란 사실은 자동화 지수', 즉 에너지가 일자리를 대신해 온 정도를 알게 해주는 열쇠라는 것이다. 에너지 비율이 높은 반면 일자리 비율이 낮은 제조업계의 대표적인 예가 알루미늄 공업이다. 마찬가지로 농업에서도 에너지, 비료, 농약, 도구의 소비 증가에 의해 고용된 사람의 수는 꾸준히 감소해 왔다. 고용량이 높아지는 것은 반드시 재화의 보다 높은 소비의 결과가 아니라 오히려 서비스 경제 부문의 확대 결과였다. 이

---

166) Ibid., p.237 참조.
167) Shrader-Frechette, *op. cit.*, p.184 참조.

상에서 보듯이 재화(예를 들면 에너지)의 소비가 늘면 일자리도 반드시 늘어난다고 볼 수는 없는 것이다.

반론의 세 번째 근거는 자발적인 금욕생활이 빈자들을 도와주지는 못한다는 것이었다. A라는 선진국에서 '포기된' 재화가 반드시 후진국 B에게 도움이 되는 것은 아니며, 한 나라 내부에서 부자들의 금욕생활 실행이 그 자체로 빈자들의 궁핍을 완화시켜 주지는 못한다는 주장은 과연 타당한 것인가? '절대적' 빈자들의 복지는 거의 늘 궁극적으로는 정치적 결정에 의존하고 있기 때문에 어느 정도까지는 타당하다고 볼 수 있을 것이다.

슈레더–프레체트에 의하면 '자발적인 소박함'이 빈자들을 돕는 효과적인 수단이 되려면 적어도 두 가지 조건이 충족돼야 한다.[168] 첫째는 자원절약을 가치 있는 것으로 만들기 위해선 모든 또는 거의 모든 대공업국가들이 저소비로 이행해야만 한다는 것이고, 둘째는 '자원 이전을 위한 효과적인 기제'가 있어야만 한다는 것이다.

선진국에서 소비를 감소시키는 것은 빈자들을 이롭게 하도록 부의 재분배를 위한 필요조건이긴 하지만 충분조건은 아니다. 그러나 만일 재분배가 달성되어야 할 하나의 선이라면 그것을 위한 필요조건(소비제한)이 단순히 충분조건을 겸하지 않는다는 이유만으로 충족시키지 않는 것은 불합리하다.

반론의 네 번째 근거는 빈자들 역시 부자들만큼이나 소유, 소비할 권리를 가지고 있는데 자발적 소비제한은 이를 침해하기 때문에 바람직하지 못하다는 것이었다.

---

168) Ibid., 참조.

이 근거는 공평성을 강조하고 있기 때문에 호소력이 있긴 하나 논점선취의 오류를 범하고 있다.[169] A(예를 들면 부유국가)가 C(예를 들면 소비 제한을 회피하는 것)를 할 기회를 가지고 있기 때문에, B(예를 들면 빈국) 또한 C를 할 기회를 갖는 것이 도덕적으로 바람직하다고 주장하는 것은 증명하려 하고 있는 것(즉, C가 도덕적으로 바람직하다는 것)을 전제하는 셈이 된다. 만일 C가 도덕적으로 바람직하지 않다면, A는 C를 할 수가 있었기 때문에 따라서 B 또한 C를 당연히 할 수 있어야 한다고 주장할 수는 없다. 예를 들어, 만일 C가 '정당하지 못한 살인에 개입'했다고 한다면 우리는 A가 C를 할 수 있었기 때문에, 따라서 B 또한 C를 당연히 할 수 있어야만 한다고 주장하지 못할 것임이 분명하다. 그러나 만일 그리 주장해도 된다고 한다면, A가 먼저 C를 했었다는 이유만으로 B는 C를 당연히 할 수 있어야 한다는 어떠한 논의도 C가 도덕적으로 바람직하다는 것을 전제하고 있다는 것은 분명하다. 이러한 전제 때문에 위 논법은 증명하려는 바로 그 명제를 전제하고 있고, 따라서 논리적으로 오류가 된다. 이러한 논리적 오류와 앞에서 제시한 논거들을 살펴볼 때, 무제한적인 소비를 하는 것이 도덕적으로 바람직하지 못하다는 주장은 타당하며, 설득력이 있음을 알 수 있다.

(3) '자발적인 소박함'이 수반하고 있는 개념상의 문제

소비를 제한한다는 사고에는 몇 가지 개념적 문제들이 수반되고 있다고 반대론자들은 주장한다. 그들이 지적하는 가장 대표적인 것은 '무임승객'의 문제와 '충분한(enough)'이라는 용어에 대한 정의가

---

169) Ibid., p.185 참조.

불가능하다는 점이다.

퍼소(E. C. Pasour)는 자발적인 소비 제한이라는 사고가 수반하고 있는 문제를 다음과 같이 지적한다. 즉, 자발적인 소비 제한은 '혜택받은 만큼의 대가를 요구할 수 없는 사람들에게 이익을 줄' 가능성이 있다는 것이다. 예를 들어 많은 사람들이 휘발유 소비를 제한함으로써 휘발유 가격을 하락시켰다고 하자. 그런데 X라는 사람은 휘발유 사용을 억제하기는커녕 아무런 노력도 기울이지 않았다. X는 가만히 있어도 혜택을 누리게 된 것이다. 하지만 그에게 그 혜택에 대한 대가를 요구할 수 없다. 즉, X는 '무임승객'이 되어 아무런 지불도 없이 이익을 얻게 되는 것이다.170)

'무임승객'의 문제는 자발적으로 이루어지는 모든 집단 활동의 불행한 결과이지만, 이 문제로 인해 금욕생활을 실천하는 것이 도덕적으로 바람직하다는 주장이 부정되는 것은 아니다. 여기에는 몇 가지 이유가 있다. 첫째, 만일 '무임승객'의 문제에서 비롯되는 이러한 결과가 자유롭게 이루어진 집단행동에 반론을 펴는 근거가 된다면 할 만한 가치가 있는 많은 활동들이 다 부적절하다고 말해져야 할 것이다. 가령 빈자들이나 재난을 당한 사람들에게 베푸는 의연금의 경우를 생각해 보자. 의연금을 베푸는 행위는 비록 혜택받은 만큼의 대가를 요구할 수 없는 사람들에게 돌아가지만 우리가 행해야 할 선(善)임은 분명한 것이다. 둘째, 비록 '무임승객'의 문제가 '자발적인 소박함'의 실행이 초래하는 원치 않는 결과라 하더라도, 자발적인 선택에 의한 소비제한이 바람직하다는 것을 부정할 만한 충분한 근거는 되

---

170) Pasour, *op. cit.*, p.165 참조.

지 못한다. 오히려 우리가 따라야 할 합리적 절차는 '자발적인 소박함'의 실천으로부터 생길 수 있는 모든 긍정적, 부정적 결과를 '자발적인 소박함'의 불이행 시 생길 수 있는 모든 결과와 비교 고찰하는 것이다. 양자를 비교했을 때, 앞에서 살펴보았듯이 소비제한을 소홀히 했을 때의 부정적 결과들(예를 들면 세계적인 환경위기 초래, 공평성의 지속적인 위반, 영혼의 불안정)이 소비제한을 이행했을 때의 부정적 결과들(예를 들면 '무임승객'의 문제)보다도 더 중대하다는 사실을 알 수 있을 것이다.[171]

'자발적인 소박함'이 수반하고 있는 또 하나의 개념적 문제는 '낭비', '필요' 그리고 '충분한' 등과 같은 용어들에 대한 정확한 정의가 어렵다는 점이다. 이런 이유로 반대론자들은 자발적으로 소비를 제한하는 것이 바람직하다는 주장은 불확실하다고 본다.

슈레더-프레체트에 의하면, 비록 용어의 정의를 명확히 해두는 것은 칭찬할 만한 일이지만 반대론자들의 주장에는 근본적인 문제가 있다. 즉, 그것은 타당한 가치 판단에는 어떠한 주관적 구성요소도 없어야 한다고 잘못 전제하고 있는 점이다.[172] 바꿔 말하면 반대론자들의 주장은 우리가 '낭비', '필요', '충분한' 등과 같은 용어들을 객관적으로 정의할 수 없는 이상, 어떠한 윤리적 선택도 할 수 없다는 점을 전제하고 있는 것이다. 예를 들면 "우리는 재화를 <u>낭비</u>할 것이 아니라 오히려 자신의 기본적인 <u>필요</u>를 충족시키기에 <u>충분</u>한 것만을 사용해야 한다"라고 말하는 것은 하나의 가치판단을 내리는 것이다. 그러나 이들 세 용어 각각은 각 개인에게 있어서 다소 다르게

---

171) Shrader-Frechette, *op. cit.*, p.186 참조.
172) Ibid., 참조.

정의될 수 있기 때문에, 위 진술이 반드시 옳지 않다거나 완전히 모순된 것이라는 것을 의미하지는 않는다. 가령 "선을 행하고 악을 피하라"는 가치판단의 경우를 생각해 보자. 여기서도 '선'이라는 용어에 대해 의견의 일치가 이루어진 명확한 정의는 없다. 그렇다고 해서 이 명령이 이해될 수 없다거나 옳지 않은 것으로 간주되지는 않는다. '선'을 '쾌락'으로, 또는 '행복'이나 '유용성'으로 정의할 수도 있을 것이다. 그러나 이러한 편차에도 불구하고, 원래의 가치판단의 타당성에 대해 대부분의 사람들은 부정하지 않을 것이라 판단된다.

그리고 '충분한'이라는 말이 상대적인 용어라 하더라도 우리는 이 말의 의미를 이해할 수 있다고 본다. 예를 들면 "'충분한' 것을 갖는다는 것은 최소한 인간의 기본적인 생물학적 필요가 충분히 충족됨으로써, 인간이 자기 에너지의 일부를 생존 이상의 일에 쏟을 수 있다는 것"으로 이해할 수 있다. 물론 '충분한', '필요', '낭비'라는 용어들이 상대적인 용어이기에 전문가들이 객관적 용어로 정의할 수 없다는 점을 부정하지는 않는다. 그러나 이런 점을 기초로 '자발적인 소박함'을 거부하는 반대론자들은 더 중요한 사실, 즉 수많은 사람들이 '충분한' 식량, 의료, 주거 등을 결여하고 있다는 사실을 놓치고 있다. 만일 이 사실이 진실이라면 그리고 만일 우리가 분배정의를 이행함과 동시에 환경적 파국을 피해야 한다면, 소비를 제한하는 것, 즉 '자발적인 소박함'을 실천하는 것은 매우 바람직한 일이라 판단된다.

4. 맺음말: '자발적인 소박함'을 위한 실천적 제 대안

필자는 위 제3절에서 '자발적인 소박함'을 지지하는 논증과 이에 반대하는 논증에 대해 살펴보았고, 더불어 반대 논증 각각에 대한 그 타당성 여부도 검토해 보았다. 그 결과 반대 논증들이 전부 다 부당하고 따라서 참고할 만한 가치가 전혀 없는 것은 아니나, '자발적인 소박함'을 지지하는 논증이 부당하다는 점을 밝혀내지는 못하고 있었다. 따라서 이제 필자가 해야 할 일은 '자발적인 소박함'이 바람직하다는 전제하에 그 실천적 대안을 구체적으로 제시해 보는 것이다.

1) 개인적 차원의 대안

(1) 돈에 대한 사고방식의 전환

사실 자발적으로 소박하게 산다는 것은 그리 쉬운 일이 아니다. 이 생활방식의 실현을 위해선 그동안 깊이 체질화되어 버린 기존의 생활방식을 크게 수정해야 하기 때문이다. 그러나 생활방식의 전환은 하루아침에 이루어지지 않는다. 그렇다고 '자발적인 소박함'의 생활방식을 위한 즉효약이 있을 것 같지도 않다. 따라서 소박한 삶의 방식을 위한 기초를 놓는 것은 기나긴 과정으로 봐야 한다고 본다. 그래서 필자는 이 생활방식의 실현을 위한 즉효약을 제시하기보다 이를 방해하는 장애물부터 걷어내는 것이 현실성이 있다고 생각한다.

필자가 보기에 '자발적인 소박함'을 방해하는 여러 가지 장애물들 가운데 최악의 것은 '돈만 있으면 모든 것을, 심지어 행복마저 가질 수 있다'는 사고방식이다. 일찍이 많은 조사에서 부유한 국가에서는 돈과 행복이 일치하지 않는다는 사실이 누차 밝혀져 왔다. 예를 들어 미국의 경우 1인당 평균 소득은 1957년과 2002년 사이에 두 배 이상 증가했지만 스스로 '매우 행복하다'고 여기는 사람들의 비율은 동일

기간 동안 거의 그대로였다고 한다.[173] 이와 같은 많은 반대 증거들이 있음에도 불구하고 현대인들은 여전히 돈이 우리를 행복으로 이끌어 주리라는 꿈을 꾼다. 돈에 대한 욕망으로 인해 현대인들은 일확천금이 떨어지기를 바라는 소망, 탐욕과 시샘, 중독 증세로 시달리고 있다. 그리고 돈을 위해 깨어 있는 삶의 대부분을 바친다. 자본주의적 인간이 한 평생 노력하여 이루고자 하는 유일한 목적은 "보다 많은 돈과 재화를 가지고 무덤 속으로 들어가는 데 있다"[174]라는 막스 베버의 표현은 아주 적절해 보인다. 현대인들은 살기 위해서 돈을 버는 것이 아니라 돈을 벌기 위해 산다는 의미이다.

존 레인에 의하면 이러한 현대인의 삶의 근원적인 토대에는 세 가지 전제가 깔려 있다.[175]

성공이란 곧 물질적 성공이다.

물질적 성공과 번영이 곧 행복이다.

물질적 성공은 모든 인간의 목표이다.

이 세 가지 전제는 일찍이 서구 사회에서 뿌리를 내렸고, 지금은

---

173) 삶의 만족과 돈의 관계는 빈국과 부국에서 상이하게 나타난다는 사실을 지적할 필요가 있을 것 같다. 가난한 사람들의 소득은 대개 기본적인 욕구를 충족하는 데 사용되기 때문에, 소득과 행복은 실제로 밀접한 관계를 보인다. 1990년과 2000년 사이에 65개가 넘는 국가들에서 삶의 만족도를 평가한 세계가치조사(World Values Survey)에 따르면, 소득과 행복은 1인당 평균 소득이 13,000달러(1995년 구매력 평가액)일 때까지는 상관관계가 있는 것으로 나타난 반면, 그 이상의 추가 소득은 당사자의 행복을 크게 증가시키지 않는 것으로 나타났다. 이는 한 나라가 개도국에서 선진국으로 나아갈 때 적어도 첫 단계에서는 사람들의 행복감이 증가할 수 있음을 말해준다. 그러나 그 단계를 넘어서게 되면 사람들은 높아진 생활수준과 보조를 맞추기 위해 욕망의 수준도 올라가게 된다. 결국 장기적으로는 부와 행복 간의 상관관계가 미약해지게 된다는 것이다. 월드워치연구소, 앞의 책, 214면 참조.
174) 막스 베버, 『프로테스탄티즘의 윤리와 자본주의 정신』, 박성수 옮김(서울: 문예출판사, 2000), 53-54면 참조.
175) 레인, 앞의 책, 77면 참조.

전 세계 모든 국가로 널리 확산되고 있다. 현대인들 대부분이 성공=물질적 성공=행복=삶의 목표라는 등식 속에 살고 있기에 이에 대해 함부로 비난하지도 못한다. 이 등식을 향해 달리는 인간의 욕망은 이제 논쟁의 여지가 없다.

왜 이렇게 돈이 우리 삶의 전부인 양 여겨지게 되었는가? 그것은 이제 돈이 다른 모든 것의 판단 기준이 되어 버렸기 때문이다. 이 판단 기준에 따르면 성공한 사람이란 곧 돈이 많은 사람을 뜻한다. 물론 현대사회에서 살아가기 위해선 돈이 반드시 필요하다. 그러나 얼마 안 되는 소수의 사람들이 엄청난 돈을 벌어들이고, 그 밖의 대다수 사람들이 그 소수의 사람들과 같아지기 위해 일확천금을 추구하는 것이 현실이 되어선 안 된다. 그렇다고 해서 고통과 절망·좌절을 강제하는 가난을 칭송하는 것은 아니다. 다만 여기서 강조하고 싶은 것은 가난과 부유함은 경제적인 문제이기도 하지만 문화적이고 정신적인 문제이기도 하다는 점이다. 가난과 부유함은 상대적인 용어이며 사회의 일반적인 선입견 속에서 판단되는 것이다.

오랫동안 길들여져 온 성공=돈=행복이라는 우리의 신념은 우리의 삶의 가치를 왜곡하고, 우리의 영혼을 병들게 하는 잘못된 신념임을 깨달아야 한다. 그러한 인식하에서만 우리는 물질의 부유함에서 정신의 부유함으로, 정신적 가난에서 정신적 풍요로 나아가려는 일관된 노력을 기울여 나갈 수 있을 것이다.

(2) 소비에 대한 사고방식의 전환

소박한 삶의 방식을 저해하는 또 하나의 심각한 장애물은 어플루엔자이다. 현대인들은 '좋은 삶이란 소비에 의존해 있다'는 사고의

굴레에 갇혀 있다.

거듭 말하지만 소비가 나쁜 것은 아니다. 우리의 생존을 위해서 소비는 불가피하다. 소비는 또 자본주의 체제에서 사회를 움직이는 핵심적 요소로 작용한다. 그러나 소비 그 자체가 목적일 때, 또는 정부 경제정책의 궁극적인 성공 여부를 측정하는 지표가 될 때 소비는 오히려 우리의 삶의 질과 환경을 위협하게 된다. 실제로 소비는 자원을 고갈시키고, 위험한 오염 물질을 확산시키고, 지구 기후의 균형을 뒤흔들 만큼 환경을 위협하는 한 요인이 되고 있다.

이러한 상황을 개선시켜 나가려면 소비에 대한 인간의 욕망을 크게 줄여야 한다. 물론 소비에 대한 욕망을 줄인다는 것은 쉽지 않다. 우리가 조건화된 탓도 있지만 끊임없이 강화되고 있는 주류문화가 소비를 줄이고 좀 더 소박하게 살아가는 일을 어렵게 만들기 때문이다.

여기서 요청되는 것이 바로 소비에 대한 인식의 전환이다. 소비를 통한 소유양식에서 삶의 가치를 발견하는 태도로부터 벗어나야 한다. TV시청 다음으로 최고의 여가활동이 되어 버린 쇼핑에 대한 인식의 전환이 이루어져야 한다.

이를 위해서는 먼저 자본주의사회에서 전개되는 소비의 작동 구조를 파악할 줄 알아야 할 것이다.[176) 전통사회에서는 물품이 근본적으로 사용되기 위해 생산되었으며, 물론 상품 생산도 있었지만 그것은 다른 활동과의 관계에서 항상 주변적 의미만 가지고 있었다. 즉, 사용하다 남는 물품을 시장에서 다른 것과 교환할 정도였다. 그리고 전통사회에서의 소비는 인간의 기초적 욕구를 충족시키기 위해 물품

---

176) 이진우, 『지상으로 내려온 철학』(서울: 푸른숲, 2004), 159–74면 참조.

을 사용하거나 소모하는 것을 의미했다. 반면에 산업자본주의사회에서의 생산은 사용가치가 아니라 상품 형식으로서의 교환가치를 목표로 이루어진다. 그리고 이 사회에서의 소비는 상품을 구매하는 행위를 의미한다. 사실 상품 구매의 궁극적인 목적이 사용에 있음에도 이러한 목적·수단의 관계가 자본주의의 발전과 더불어 전도된 것이다. 자본주의는 사용가치를 교환가치에 예속시킴으로써 가치의 위계질서를 전도시켜 버렸다.

작금의 정보자본주의사회는 지식과 정보의 생산·유통·소비가 산업 활동을 비롯한 다양한 사회적 활동에서 중심적 역할을 하는 사회다. 하지만 정보화는 자본 투자와 이윤추구의 새로운 영역을 의미할 뿐 자본과 노동관계의 근본적 변화를 가져다주지는 못했다. 정보화는 종래의 산업사회를 본질적으로 변혁시킨 것이 아니라 오히려 산업사회의 특질을 극한화한 것에 불과하다는 것이다. 산업사회와 비교했을 때 달라진 점이 있다면 그것은 소비 측면일 것이다. 산업사회의 상품은 그것이 아무리 교환가치로 환원된다고 하더라도 여전히 유용성의 성격을 지니고 있었던 반면, 정보사회의 상품은 그 유용성을 넘어 독자적인 이미지를 산출하게 되었다. 산업사회에서의 상품이 교환가치로 변했듯이 정보사회에서는 그 교환가치가 하나의 이미지로 변모한 것이다.

그래서 우리는 상품을 구매할 때 상품의 사용가치, 즉 유용성보다는 분위기와 이미지를 훨씬 더 중시한다. 현대의 소비자들은 자신이 구입하고 소비하는 상품의 이미지 속에 자기 자신을 투영하는 것이다. 또한 현대인들은 타인과 구별 짓는 기호로서 사물을 소비한다. 사회적으로 의미 있는 기호를 통해 우리 자신을 타인과 구별 짓기 위해 소비하는 것이다. 이러한 구별 짓기는 현대사회의 소비의 평등화 구조로 인해 초래된 결과다. 현대사회는 누구나 자신의 욕구를 충족시킬 수 있는 소비의 평등화 사회이다. 그러나 소비의 평등화는 또 다른 차별화의 충동을 자극한다. 소비의 평등화 → 차별화의 충동 구조가 되풀이되는 것이다. 때문에 현재의 풍요사회 이면은 끊임없이 새로운 욕구를 산출하는 심리적 궁핍화 사회라고 할 수 있다. 이런 사회에 남는 것은 체제의 관점에서는 성장의 욕구요, 개인적 관점에서는 자기 자신에게 영원히 만족하지 못하는 소비의 자아뿐이다.

요컨대, 현대사회에서의 소비는 ① 이미지를 산출하는 의미 작용이고, ② 스스로를 타인과 구별 짓는 사회적 행위이며, ③ 끊임없는 욕구를 만들어낸다는 점에서 심리적 빈곤의 확대라고 할 수 있다. 문제는 이러한 소비 양식 속에서는 결코 우리의 진정한 내면의 평화를 이루기가 어렵다는 점이다. 이 소비 양식은 우리가 아무리 많이 가졌어도 늘 불만을 느낄 수밖에 없는 더 높은 수준을 만들어내기 때문이다. 따라서 우리는 이러한 소비 구조를 주의 깊게 살피고, 여기에 매몰되지 않으려는 자세가 필요하다. 더불어 우리는 자족할 줄 아는 마음을 지녀야 한다. 이러한 자세, 이러한 마음을 지닐 때 우리는 허황된 이미지를 쫓으려는 소비로부터, 기준도 없는 무제한의 소비 욕구로부터 해방될 수 있으리라 믿는다.

2) 사회·국가적 차원의 대안

(1) 사회적 차원의 대안

자발적으로 소박하게 사는 삶의 방식은 개인적 차원의 노력만 가지고는 그 실현이 매우 어렵다. 앞서 논의한 돈과 소비에 대한 우리의 인식 전환 역시 다른 사람들의 지원이 있을 때 더욱 효과적이다. 돈과 소비에 대한 인식을 전환시키면서 자발적으로 소박하게 살고자 하는 사람이 나 혼자만이 아니라는 사실을 깨우치는 사회적 차원의 노력이 필요하다는 말이다.

이를 위해서 가장 절실하게 요청되는 것은 시민운동 차원에서의 접근이라고 본다. '자발적인 소박함 운동', '자발적인 단순성 운동', '즐거운 불편 운동' 등 그 명칭이야 어떻든 소박한 삶에 관심은 있으나 이를 실행에 옮기기 주저하는 사람들, 뜻은 있으나 그 방법을 제대로 모르는 사람들, 심지어 관심조차 없지만 어플루엔자로 인해 고통받는 사람들, 이들에게 자발적으로 소박하게 살아갈 수 있는 의지와 용기를 심어줄 수 있는 다양한 차원의 시민운동이 필요하다.

(2) 국가적 차원의 대안

사회적 차원의 노력과 더불어 정부적 차원에서의 지원도 필요하다. 개인이나 지역사회가 소박한 삶을 실행에 옮기고 싶어도 사회시스템이 여전히 소비주의를 지향하고 있다면 그 실행은 매우 어려울 것이다. 더 많은 자가용을 갖게 하는 불편한 대중교통체계, 도시의 팽창을 가속화하는 토지 이용법, 재활용 건축재료 사용을 방해하는 건축법규, 반환경적인 보조금제도 등과 같이 교통시스템에서부터 법체계에 이르기까지 정부가 지원해야 할 대안들은 많다.

정부가 이행해야 할 일들 가운데 첫 번째로 지적하고 싶은 것은 입법 및 규제 권한을 활용하여 사람들의 소비 습관과 소비에 대한 사회적 가치를 변화시켜 나가는 일이다. 이를 위한 적절한 방안 중의 하나로 '생태적 세제 개혁'을 들 수 있다. 이는 환경위기를 조장하는 결과를 낳는 경제활동에 대해서는 높게 과세하고 환경친화적인 경제활동에 대해서는 세금을 줄여주는 제도를 말한다. 우리나라에서는 아주 미약한 수준에 있지만 많은 유럽 국가들에서는 반환경적인 보조금을 폐지하고 환경오염세를 부과함으로써 청정 환경을 만들고 삶의 질을 높이는 데 많은 효과를 거두고 있다.[177]

정부가 이행해야 할 두 번째 대안은 공공서비스를 확대하는 것이다. 최근 수십 년 동안 많은 국가들에서는 사적인 소비에 대해 우선순위를 부여하면서 공공서비스의 중요성은 무시해왔다. 하지만 공공투자 대신에 사적 소비가 우선시되면 사회는 그에 따른 사회적 비용을 지불해야 한다. 예를 들어 버스운수업을 민영화할 경우 이익이 나지 않는 버스 노선은 사라지고 이익이 많이 나는 노선에만 버스 운행이 집중될 것이다. 이럴 경우 더 많은 사람들이 자가용을 소유하는 결과를 초래하게 된다. 그리고 사람들이 자전거를 타고 싶어도 잘 타지 않는 이유는 불안하기 때문이다. 안전한 자전거 이용을 위해 자전거 도로 정비를 비롯한 친환경적 도시 설계 또한 필요하다.

소박한 삶을 지원하기 위한 정부의 마지막 대안은 교육이다. 학교교육 및 사회교육을 통해 대중매체와 광고가 우리의 의식에 어떠한 영향을 미치는지 이해시켜 나가야 한다. 더불어 현실과 과대광고를 구분하는 방법, 끊임없이 소비의 미덕을 강조하는 광고의 부정적 영향을 교정시켜 나가야 한다. 생각하며 소비하는 방법을 가르침으로써 어플루엔자로부터 벗어날 수 있도록 해나가야 한다.

---

177) 월드워치연구소, 앞의 책, 135–62면 참조.

채식주의 윤리

1. 머리말

창의성과 도전정신의 대명사, 이 시대 청년들의 롤모델이 되기에 부족함이 없는 스티브 잡스, 그는 괴팍한 성격의 소유자였다. 그 괴팍함은 그의 식습관에서도 찾아볼 수 있는데, 그는 다름 아닌 채식주의자였다. 단순히 채식주의자라면 괴팍하다 할 수 없을 것이다. 채식주의자 중에서도 잡스는 과일 위주의 극단적인 채식주의자, 이른바 프루테리언이었다. 과일 위주의 채식이 몸에 해로운 점액뿐만 아니라 체취까지 형성되는 것을 막아주기에 자기와 같은 식습관을 익힌다면 체취제거제를 쓰거나 샤워를 할 필요가 없다고 그는 믿었다.[178]

잡스가 채식주의를 고집했던 것은 개인적 건강에 대한 고려였다. 채식주의자의 길로 들어서는 사람들의 이유를 보면 이와 같이 건강

---

178) 월터 아이작스, 『스티브 잡스』, 안진환 옮김(서울: 민음사, 2011), 71–73면 참조.

에 대한 고려뿐만 아니라 그 밖에도 다양함을 알 수 있다. 그 이유들 중 대표적인 몇 가지를 들어 보기로 한다.

먼저 건강상의 이유다. 채식주의자들이 채식을 하기로 결정하게 되는 가장 큰 이유가 여기에 있는 것으로 판단된다.[179] 실지로 채소와 과일 위주의 식사는 혈압을 낮추고 육류 단백질을 대두 단백질로 대치했을 경우엔 심혈관 질환의 위험이 감소하는 것으로 밝혀졌다. 또한 채식주의자들의 혈중 총 콜레스테롤과 LDL-콜레스테롤의 농도가 비채식주의자에 비해 유의적으로 낮았으며 혈당과 수축기혈압도 유의적으로 낮았다고 보고하였다.[180] 이러한 여러 가지 채식의 이점에 대한 연구 결과를 보고 나서 또는 연구 결과와는 관계없이 스스로의 건강 상태를 개선하기 위해서 그 구체적 계기는 차이가 있지만 어떻든 '건강'이라는 이유가 제일 크게 고려된다.

다음으로는 종교상의 이유다. 여러 가지 이유 가운데 가장 오래전부터 제기된 것이 이 이유였다. 우리나라에서는 중국·일본과 마찬가지로 불교의 계율이 채식주의의 주요한 근거가 되어 왔다. 불교 옹호자에 따르면 살아 있는 생명을 죽여서 얻는 고기는 우리로 하여금 헛된 욕망과 분노, 어리석음을 키워 악업을 짓게 하지만 채식은 이러한 3독에서 벗어나 자비심을 키워준다. 채식은 단순히 우리 몸의 건

---

179) 손금희·조여원의 연구에 따르면 이 연구에서의 조사대상자 중 한 부류인 채식선호군이 채식을 하는 이유로 종교적 이유, 건강상의 이유, 동물 보호의 이유를 들고 있는데 그 비율을 보면 30%, 40%, 30% 순으로 나타나고 있다. 손금희·조여원, 「채식선호자와 육식선호자의 식사의 질 및 비타민 K 섭취 비교 연구」, 『한국영양학회지』, 39(6), 531면; 최근의 한 보도에 따르면, 한 기자가 한국채식연합 회원들을 상대로 인터뷰를 했는데, 이에 응한 7명 중 4명이 채식의 이유로 건강상의 이유를 꼽고 있다. 『프레시안』, 2011. 2. 4 일자 참조.

180) 손금희·조여원, 앞의 논문, 530면 참조.

강을 위한 방편이 아니라 불살생을 실천하는 첫 단추라는 것이다.[181]

채식주의를 택하게 되는 이유로 세 번째는 안전상의 이유다. 육식은 동물에 대한 학대를 전제로 한다. 우리가 먹는 동물의 대부분은 푸른 초원이나 헛간 앞 열린 마당에서 느긋하게 노니는 '만족한 소', '행복한 닭'들이 아니다. 태어나는 순간부터 동물들은 철저하게 우리에 갇혀 질병에 시달리고 극심한 추위나 더위에 노출되며, 비좁아터진 공간에서 거칠게 다뤄지고 심지어 정신질환에 걸리기도 한다. 이러한 질병의 감염 리스크를 줄이기 위해 이번에는 대량의 항생물질이나 약품을 투여하는 방식이 동원된다. 축산 농장의 목적은 딱 한 가지, 최소 비용으로 가능한 한 최대 이익을 남기는 것이다. 한동안 사회문제가 되었던 광우병 문제도, 최근까지 우리 사회에 엄청난 파장을 몰고 왔던 구제역도 축산의 효율화 결과 야기된 것이다. 이러한 일련의 사태를 지켜보면서 공장식 축산업의 실태를 자각하고는 동물을 궁휼히 여기는 마음에서 또는 동물 고기에 대한 불안감에서 채식주의를 택하는 이들이 이런 부류에 포함된다.

마지막으로는 환경상의 이유다. 식육 생산은 환경 파괴의 주된 원인이 되고 있다. 환경에 가장 심각한 영향을 끼치는 2대 부문의 하나인 축산업은 비료와 농약 등의 살포로 인한 수질오염, 목장의 확대로 인한 삼림 파괴, 사료용 곡물 소비로 인한 만성적인 기아, 메탄가스의 배출로 인한 지구온난화 등의 원인으로 작용하고 있는 것이다.[182]

이러한 여러 가지 이유들이 타당하고 수용 가능하다면 우리 모두

---

181) 한국채식연합 홈페이지(www.vege.or.kr) 참조.
182) 멜라니 조이, 『우리는 왜 개는 사랑하고 돼지는 먹고 소는 신을까』, 노순옥 옮김(서울: 모멘토, 2011), 117–18면 참조.

는 우리 자신의 식사 방식에 대해 고민해볼 필요가 있다. 우리 인간은 먹어야 살 수 있는 존재다. 먹는 문제는 결국 '사는 것'에 관한 문제라 할 수 있고, 이는 나아가 '어떻게 살아야 할 것인가?' 하는 문제에 대한 자각을 요청한다. 그러나 먹는 문제는 일상적이고 반복적이라는 이유로 그 중요성에 비해 너무나 과소평가되고 있고, 따라서 '삶의 문제'로까지 나아가지 못한다.

이제 무엇인가를 먹는다는 것, 특히 육식을 한다는 것은 나 자신만의 개인적 차원을 넘어서서 사회적·환경적 영향까지도 끼친다는 사실을 자각할 필요가 있다. 이러한 자각은 우리의 먹는 행위에 대한 근원적인 반성과 더불어 윤리적 문제의식을 요청한다. '인간 이외의 다른 유정적 존재들의 무차별적 희생을 전제로 하는 우리의 삶의 방식(=식사방식)은 윤리적으로 바람직한가?', '인간 이외의 다른 유정적 존재들의 죽음을 바탕으로 지탱되고 있는 현 사회의 식사방식은 계속 유지돼도 좋은가?'

우리의 삶의 방식은 인류 역사 시초부터 비인간 동물들의 희생에 의존해 왔고, 현재 또한 그러하다. 그러나 유의할 점은 과거의 삶의 방식과 현재의 그것은 차원이 다르다는 점이다. 특히 공장식 축산업의 대두를 기점으로 그 이전에는 비인간 동물 의존도가 어떠한 문제의식을 불러일으킬 정도가 아니었으나 그 이후의 동물의존도는 윤리적 문제의식을 불러일으키기에 충분해 보인다. 이러한 관점에서 볼 때 현재 우리의 식생활 방식에 대한 윤리적 문제 제기는 정당하며, 또 이러한 문제 제기는 식생활방식의 변화, 이른바 육식 문화에 대한 재고를 요청한다.

채식주의는 식습관에 있어서 선택 가능한 바람직한 당위이며, 채식주의자가 되는 것, 곧 채식주의를 실천하는 것은 진지하게 고려해볼 만한 윤리적 명령이라 할 수 있다. 이와 같이 채식주의가 선택 가능한 당위라면 이는 윤리학적 가설이 되며, 이 가설이 비채식주의자들에게도 설득력을 가지려면 합리적 근거 제시가 요구된다. 이에 본 장은 채식주의의 윤리학적 근거를 마련하는 데 그 목적을 두고자 하며, 그 전 단계로서 보다 균형 잡힌 시각으로 이 문제에 접근하기 위해 채식주의에 대한 비판들을 먼저 검토해보고자 한다.

2. 채식주의에 대한 비판의 검토

1) 채식주의와 영양실조

채식주의가 지속적으로 비판받는 측면 가운데 하나는 영양 면이다. 채식주의는 필연적으로 심각한 영양실조를 초래한다는 것이다. 실지로 이를 입증하는 사례도 있다. 미국의 사례이긴 하지만 채식을 하다가 육식으로 전향한 미국인은 현재 채식 인구보다 3배가 많다고 한다. 그리고 채식인이 고기를 다시 먹는 가장 흔한 이유는 쇠약해진 건강이었다.[183] 건강하게 살려면 절대로 채식만을 고집해선 안 된다는 입장이다. 이와 관련된 주장, 몇 가지를 들어본다.

채식주의자가 고기를 먹는 사람들보다 건강하다는 것은 신화에 불과하다.[184]

---

183) 할 헤르조그, 『우리가 먹고 사랑하고 혐오하는 동물들』, 김선영 옮김(서울: 살림, 2011), 313-15면 참조.

184) "Myths and Facts about Beef Production," National Cattlemen's Beef Association, 존 로빈스, 『음식혁명』, 안의정 옮김(서울: 시공사, 2002), 32면에서 재인용.

> 고기를 너무 많이 먹는 일부 사람들만 제외하면 아직도 육식을 더
> 강조해야 하며, 채식은 그것을 주장하는 특정 종교 집단에서나 필
> 요한 것이다.[185]

> 과다한 육류 섭취가 몸에 해롭다는 사실은 동의할 수 있지만 채식
> 주의자들의 영양관에는 신뢰할 수 없는 구석이 많다.[186]

육식과 채식을 골고루 하는 것이 건강에 유익한데 구태여 신뢰할 수 없는 채식을 고집하여 건강을 잃을 필요가 어디 있느냐 하는 것이다. 여기서 제기되는 의문은 그렇다면 채식주의는 근원적으로 영양실조를 초래하고 건강을 잃게 만드는가 하는 것이다.

사실 영양실조에 빠진 채식주의자 관련 뉴스가 전해지는 경우가 가끔 있다. 그러나 그 채식주의자가 어떤 유형의 채식주의자인지에 대해선 정확하게 전달되지 않는다. 뉴스 시청자 역시 채식주의자의 유형에 대한 관심이나 지식도 아직은 그리 많지 않은 것이 보통이다. 따라서 이런 유의 뉴스는 고기를 먹지 않고 야채만 먹는 채식주의자라는 괴짜가 빈약한 식사 탓으로 건강을 잃게 된 어리석은 사건이라는 인상을 뉴스 시청자들에게 심어줌으로써 역시 인간에게는 고기가 필요하다는 점을 재확인시켜주는 역할을 한다.

그러나 실지로 영양실조에 빠지는 채식주의자는 소수이고 게다가 자신이 신봉하는 채식주의를 문제 있는 방식으로 실천하는 경우가 대부분이다. 다시 말하면 영양실조에 걸리는 채식주의자는 거의 예외 없이 비건(vegan)이고, 게다가 필요한 주의를 기울이지 않고 되는 대로

---

185) 윤방부, 「육식을 더 강조해야 할 때」, 한국식품공업협회, 『식품가공』, 제98호(1989), 58면.
186) 황병익, 「채식주의의 올바른 이해와 대책」, 한국종축개량협회, 『젖소개량』, 제7권 제3호 (2002. 3), 22면.

비거니즘(veganism)을 실천한 결과 함정에 빠져버리는 것이다.[187]

이와 관련해서 우리가 알아야 할 사실이 하나 있다. 그것은 채식주의자의 대부분은 락토 오보 베지테리언이고, 이런 채식주의자의 경우는 영양실조에 걸리는 사례가 결코 있을 수 없다는 사실이다. 영양실조가 문제가 되는 것은 오로지 비건이고, 게다가 아주 일부의 부주의한 자가 부주의 탓으로 당하게 되는 재난밖에는 없다는 점이다.

오히려 동물성 위주 식단을 피할 때 건강 면에서 얻는 이득이 많음을 피력하는 채식주의자들이 많다는 사실을 숙지할 필요가 있다. 이와 관련하여 채식주의자인 메이슨과 영양학 전문가 콜린 켐벨의 이야기를 직접 들어보기로 한다.

내 인생 대부분을 채식주의자로 살면서 아파본 경험이 거의 없다. 현재 68세이며 여러 해 동안 비건으로 지냈는데 지금처럼 건강했던 적이 없다. 서른 살 때보다 몸무게가 적게 나가고, 마흔 살 때보다 힘이 넘치며, 쉰 살 때보다 감기에 걸리거나 잔병치레하는 경우가 적다. 전 생애를 통틀어 그 어떤 중병도 앓아본 일이 없다.[188]

모든 암과 심혈관 질환, 기타 퇴행성 질환의 대부분, 아마도 80% 내지 90%는 적어도 아주 고령이 될 때까지는 단순히 식물 위주의 (채식주의) 식사를 함으로써 예방할 수 있다.[189]

위 사례에서와 같이 대다수 사람들에게 채식은 건강한 삶의 안내자이며, 실제로 순식물성 식단이 고기가 다량 포함된 식단보다 일반

---

187) 田上孝一, 『實踐の環境倫理學』(東京: 時潮社, 2006), 126면 참조.

188) J. M. Masson, *The face on your plate: The truth about food*(New York: W. W. Norton, 2009), p.165, 할 헤르조그, 앞의 책, 314면에서 재인용.

189) T. Colin Campbell & Thomas M. Campbell, *The China Study*(Texas: BenBella Books, 2006), 멜라니 조이, 앞의 책, 124면에서 재인용.

적으로 좋다는 연구 결과들이 있다.[190] 영양실조라는 문제는 세간의 풍문과는 반대로 대다수 채식주의자와는 상관없는 일이며, 대다수의 진지한 비건에게 있어서도 사실은 관계없는 이야기다. 따라서 채식주의자가 되면 영양실조에 걸린다는 비판은 요점을 벗어난 주장이라 할 수 있다.

2) 채식주의에 의한 환경 파괴

무분별하게 쇠고기 소비를 늘리는 것은 지구 환경에 심각한 데미지를 입힌다는 사실에서 상징되듯이 환경윤리학적 관점에서 채식주의 문제를 고찰한다는 것은 채식주의에 정당성을 부여하는 것과 결부된다. 그런데 아이러니하게도 환경윤리학의 입장에서 채식주의야말로 환경에 심각한 데미지를 끼친다는 견해를 제기하는 이가 있다. 채식주의를 당연히 옹호할 것으로 간주되는 관점에서 오히려 채식주의에 대한 비판이 제기된다는 것은 중대한 사안이기에 필연적 고찰을 요하는 문제다. 채식주의를 오히려 비판하고 있는 환경윤리학자는 바로 캘리코트인데, 그의 비판 내용은 이렇다.

> 생태학적 관점에서 볼 때 인간이 보편적으로 채식주의자가 된다는 것은 육식을 선호하는 잡식동물로부터 초식동물로 인간 적소(niche)의 경계선이 이행하는 것과 다름없다. 이 이행은 영양 피라미드에서의 경계선이 1단계 밑으로 하강하는 것이고, 이는 결과적으로 인간에서 끝나고 있는 먹이사슬을 사실상 단축시킨다. 이것은 식물로부터 인간으로의 바이오매스의 태양에너지 변환 효율성이 증가되는 것을 의미한다. 그리고 이로 인해 동물이라는 중간물을 걸러냄으로써 인간에게 있어서 이용 가능한 식량 자원이 증가한다. 과거

---

190) 손금희·조여원, 앞의 논문 참조.

의 경향이 압도적으로 보여 주고 있듯이 인구는 필시 잠재력을 따라서 확대되므로 팽창을 가져온다. 최종적인 결과는 인간 이외의 존재는 얼마 안 되는 반면 인간 존재는 그 수가 훨씬 불어난 모습이 될 것이다. 물론 인간 존재는 가축동물들이 요구하는 것보다 훨씬 더 자신의 삶을 개선하려는 요구를 가질 것이고, 이는 현재의 환경하에서보다도 다른 '자연 자원'(피신처용 나무, 표토와 그 식생을 희생으로 한 광산 채굴 등)에 아주 무거운 부담을 지울 것이다. 그러므로 채식주의자가 된 인구는 아마 생태학적으로 파멸적이 될 수밖에 없을 것이다. 고기를 먹는 것이 전적으로 야채만을 먹는 것보다 생태학적으로 더욱 책임 있는 행동이 될 수 있다.[191]

캘리코트의 주장은 사람들이 보편적으로 채식주의자가 됐을 때 식량 자원의 증가로 인해 인구가 크게 늘게 되고 이것이 생태계에 파멸적인 영향을 끼친다는 것이다. 또 캘리코트는 채식주의자가 동물 학대를 이유로 식육공장을 비판하는 점에 대해서도 다음과 같이 비판한다.

윤리적 채식주의는 어느 모로 보나 인간은 식물을 소비해야 한다고 주장한다. 심지어 토마토가 수경법으로 재배되거나 상추에 염소화탄화수소가 잔뜩 묻혀 있거나 감자가 화학비료에 의해 속성 재배되거나 그리고 시리얼이 화학적 방부제의 도움으로 보존되는 경우조차 식물 소비를 고집한다. 대지윤리는 동물 사육 방식과 마찬가지로 식물 또한 기계적-화학적 방법으로 변형되는 것에 이의를 제기한다. 내가 생각하건대 중요한 것은 동물 고기에 반대한다는 차원에서 식물을 먹는 것이 아니라, 특히 살충제, 제초제 그리고 야채 생산량을 최대화하기 위한 화학비료의 자유로운 적용을 포함한 공장 농업의 그 모든 현상에 대해서 저항하는 것이다.[192]

---

191) J. Baird Callicott, "Animal Liberation: A Triangular Affair," in Robert Elliot, ed., *Environmental Ethics*(New York: Oxford University Press, 1995), p.55.

192) Ibid., p.56.

채식주의자들이 공장식 농장에서 생산되는 동물 고기를 멀리할 것을 주장하지만 정작 자신들이 기계적-화학적 생산방식에 의해 생산되는 식물을 먹는 것에 대해선 깨닫지 못하고 있다는 것이다. 캘리코트는 이어서 다음과 같은 결론을 이끌어낸다.

> 무엇을 먹어야 할까 하는 윤리적 문제에 관해서 대답한다면, 동물 대신에 식물이 아니라 근원적으로 기계적-화학적인 방식에 반대되는 방식으로 생산된 식품이어야 한다. …… 즉, 야생동물을 사냥하거나 소비하거나 혹은 야생식물을 모으거나 하는 것, 이와 같이 원시적인 인간의 생태학적 적소 한도 내에서 살아가는 것이다. 두 번째로 가장 좋은 대안은 자신의 과수원, 정원, 닭장, 돼지우리 그리고 농가마당으로부터 먹는 것이다. 세 번째로 가장 좋은 대안은 이웃사람이나 친구로부터 유기농식품을 구입하거나 교환하는 것이다.[193]

이상에서 살펴본 캘리코트의 채식주의 비판에 대하여 반론을 펴는 학자 또한 있다. 바로 피터 웬즈라는 학자인데, 그는 채식주의가 일반화됐을 때 인구 폭발이 일어날 수 있다는 주장에 관해서 다음과 같이 반박한다.

> 그는 …… 인구란 사람들이 이용할 수 있는 식량에 따라서 증가하는 경향이 있다는 '과거의 경향'(그는 맬서스를 증거로 삼고 있는 것 같다)을 기초로 주장한다. …… 그러나 맬서스의 예언은 틀림없이 사실에 기초하고 있지 않다. 현대의 산업 및 후기산업사회(예를 들면 서구, 일본, 미국)는 거의 예외 없이 …… 식량을 이용할 수 있는 가능성의 증가가 인구 증가에 부정적으로 작용하지 않음을 명확히 보여 주고 있다. 이들 국가에서의 인구는 모두 안정되어 있고, 항상적이거나 조금씩 감소하고 있다. …… 캘리코트가 기술하는 채식주의와 인구 증가 간의 관계는 사실적으로 근거가 없다.[194]

---

193) Ibid., p.57.

웬즈의 논리에 따르면 캘리코트의 주장은 수용하기 어려워진다. 동물의 경우는 먹이를 섭취하는 환경의 변화에 의해 생태계가 근본적으로 바뀔 수 있지만 인간의 경우는 다르다. 인간은 결코 빵만으로 사는 존재가 아니기 때문이다. 인간이 지구환경에 가장 강력한 영향력을 끼치는 존재라는 사실은 분명하며, 그리고 이 사실은 인간이 동물의 일종이면서도 여타 동물과는 다른 생태계를 구성할 수 있다는 것을 의미한다. 이 점을 인정하지 않고 환경의 관점에서 인간과 동물의 지평을 융합시켜 버리면 인간의 행동을 '적소'라는 생물학적 범위에서 완벽하게 설명할 수 있다고 착각하게 된다. 이 착각을 기초로 채식주의자가 된 인간의 행동은 초식동물의 행동과 유비할 수 있다고 굳게 믿게 되고, 초식동물이 된 인간은 당연히 초식동물로서 행동할 때 그 기계적 반응의 결과가 환경 파괴라는 생각이 미친다. 캘리코트의 주장의 배후에는 바로 이러한 사고가 깔려 있을 것으로 짐작된다.

캘리코트는 '동물 대신에 식물' 섭취를 주장하는 채식주의자의 삶은 반생태적이며, 원래 주어진 생태학적 적소 안에서 살아가는 것, 잡식동물로서의 본성을 유지하며 살아가는 것, 이게 이상적인 삶이라 말하고 있다. 물론 그렇게 '생태학적 삶'을 살아갈 수 있으면 얼마나 좋으련만 현실은 전혀 그러한 삶을 허락하지 않는다는 데 한계가 있는 것이다.

---

194) Peter S. Wenz, "An Ecological Argument for Vegetarianism," in Kerry S. Walters and Lisa Portmess, *Ethical Vegetarianism*(Albany: State University of New York Press, 1999), p.198.

3. 채식주의의 윤리학적 근거

1) 채식주의의 환경윤리학적 근거

환경윤리학의 기본적 주장 가운데 하나는 탈인간중심주의, 이른바 인간 중심의 도덕공동체의 범위를 확대할 것을 강조한다는 점이다. 이러한 관점에서 볼 때 현재 우리 인간들의 동물에 대한 태도는 개선의 여지가 아주 많다. 인간은 아직까지도 인간 이외의 동물들을 존엄성 면에 있어서 완전히 별개의 존재로 취급하고 있다. 인간=목적, 동물=수단이라는 사고가 여전히 팽배하다는 것이다. 이러한 사고틀을 개선하는 것은 동물을 도덕공동체의 구성원으로 수용한다는 것이고, 이는 곧 채식주의와 결부된다.

채식주의란 언뜻 생각하면 야채를 먹는 것을 연상할지 모르지만 사실은 전혀 그렇지 않다. 채식주의자를 뜻하는 Vegetarian이라는 용어는 건강하고 생기가 넘치는 활발한 모습을 형용하는 라틴어 Vegetus에 근거하고 있는 반면 Vegetable과의 연관성은 강조되고 있지 않다. 따라서 채식주의자란 야채를 먹는 사람이 아니라 활기차게 살기 위해 동물식을 피하는 사람이라는 의미이다. 말하자면 채식주의자란 베지테리언의 어원인 '건강'의 의미를 인간의 육체뿐만 아니라 마음이나 정신의 건강, 동식물의 건강 또 사회와 지구의 건강이라 생각하고, 이를 위한 식생활에 육류를 포함시키지 않는 사람인 것이다.[195]

육류의 원천인 동물을 먹지 않는다는 것이 환경윤리학적 관점에서 볼 때는 동물을 도덕공동체의 구성원으로 받아들인다는 것인데, 그

---

195) 田上孝一, 前揭書, 107면 참조.

렇게 받아들여야 하는 이유는 동물 사육이 지구 환경에 끼치는 부담이 그만큼 크기 때문이다.

FAO의 발표에 의하면 얼음으로 덮여 있지 않은 토지의 26%가 목초지로 사용되고, 경작 가능한 토지의 35%가 사료 생산을 위해 활용되고 있다. 소와 같은 반추동물의 트림에서 배출되는 메탄이 인간에게서 유래하는 메탄의 37%를 차지하고 있고, 온난화에 무시할 수 없는 영향을 끼치고 있다. 또 집약적인 공장 축산은 전통적 농업에 비할 때 같은 양의 고기를 생산하는 데도 훨씬 많은 양의 화석연료를 소비한다. 아마존에서는 예전에 삼림이었던 토지가 개발되고 있고, 농장에서 나오는 배설물이 환경을 오염시키는 문제도 있다.[196] 이와 같이 다양한 측면에 걸쳐 환경 부하의 원천이 되고 있는 축산업을 폐기하거나 구조적으로 개선할 때 비로소 세계적인 식량문제 해결뿐만 아니라 삼림 파괴 또한 그칠 수 있다는 결론에 이른다. 이러한 결론에도 불구하고 축산업의 규모가 여전히 막강한 것은 육류 수요에 변함이 없기 때문이다.

육식에 대한 애호가 지향하는 끝은 질적으로는 '고기다운 고기'를, 양적으로는 '대량 섭취에 따른 포만감'을 추구하는 것일 게다. 이러한 목적을 달성하는 데 이바지하고자 고군분투하고 있는 대표적인 축산업은 다름 아닌 쇠고기 생산이다. 쇠고기의 대량 소비는 환경윤리학의 관점에서 볼 때 다른 고기의 소비보다 그 폐해가 훨씬 더 크다. 이 말은 과잉적인 식용 소 사육이 다른 동물의 사육보다 지구 환경에 안겨주는 부하가 매우 크다는 뜻이다. 그 여러 가지 부하 가운

---

196) 伊勢田哲治, 『動物からの倫理學入門』(名古屋: 名古屋大學出版會, 2010), 236면 참조.

데 가장 중요한 두 가지 사례를 중심으로 따져 보기로 한다.

첫째는 소의 사육방법에서 오는 환경 부하이다. 현재 세계적으로 널리 확산돼가고 있는 소 사육법은 피드롯(feedlot) 방식에 의한 것이다. 피드롯이란 소를 방목하지 않고 펜스가 길게 둘러쳐진 소 울타리에서 효율적으로 쇠고기를 생산하는 집단비육장을 말한다. 피드롯 소는 효율적으로 살찌워지기 위해, 또 적당하게 지방이 들어간 맛있는 고기를 생산하기 위해서도 소 본래의 먹이인 풀이 아니라 옥수수나 콩 등의 단백질이 많은 사료를 먹게 만들어진다. 비좁은 장소에 가둬져 부자연스러운 먹이를 강요당함으로써 소들의 건강은 현저히 나빠지게 된다. 그러나 어차피 죽여서 고기로 만들 것이므로 소의 건강이 진지하게 배려되는 일은 없다. 단지 출하 때까지 병사하지 않을 정도로 주의만 하면 된다. 중요한 것은 소의 건강이 아니라 맛이기 때문이다.[197]

이와 같이 피드롯 안의 소들은 온갖 학대와 더불어 인간도 먹을 수 있는 옥수수나 콩과 같은 먹이를 제공받고 있다. 옥수수나 콩은 소에게는 부적절한 사료이지만 인간에게는 적절한 식품이다. 질 좋은 고기를 통한 포만감을 위해 인간이 먹을 수 있는 식량을 소 사육에 소비함으로써 만성적인 기아의 한 원인이 되고 있는 것이다. 리프킨에 따르면 미국에서 생산되는 전 곡물의 70% 이상을 소와 그 밖의 가축들이 소비하고 있다. 또 그에 따르면 10억의 사람들이 만성적인 기아와 영양실조로 괴로워하고 있는 한편에서 전 세계 곡물 생산량의 1/3이 소와 그 밖의 가축들에게 제공되고 있다.[198] 이러한 사실은 쇠고기 중심의 육식의 비도덕성과 채식주의의 정당성을 확보하는 데 중

---

197) 田上孝一, 前揭書, 115면 참조.
198) 제레미 리프킨, 『육식의 종말』, 신현승 옮김(서울: 시공사, 2007), 8면 참조.

요한 하나의 근거로 작용한다.

두 번째로 따져봐야 할 것은 쇠고기의 생산 효율성 문제이다. 다시 말하면 소에게 일정량의 사료를 제공했을 때 어느 정도의 고기가 생산되는가 하는 영양전환율이다.

미국에서는 육우에게 곡물과 콩을 16파운드 정도 먹였을 때 우리가 회수할 수 있는 것은 접시 상의 1파운드의 고기에 불과하다. 나머지 15파운드는 동물 자신의 에너지를 낸다든지 털이나 뼈와 같은 우리가 먹지 않는 동물 자신의 몸의 일부를 형성한다거나 또는 배설하는 데 쓰이고 우리 손에는 이르지 않는다.[199]

이와 같은 사실에 의거하여 라페는 "곡물로 사육된 고기 중심의 식사는 캐딜락을 운전하는 것과 같다"[200]라는 비판을 가한다.

그런데 여기서 우리는 쇠고기의 영양전환율이 문제라면 영양전환 효율성이 높은 다른 고기를 먹으면 좋지 않은가 하는 의문이 생긴다. 쇠고기에 비해 효율성이 높은 다른 고기들이 있기 때문이다. 대표적인 예로서 돼지고기와 닭고기를 들 수 있는데 쇠고기에 비해 돼지고기는 6대1, 닭고기는 3대1이다. 물론 6대1, 3대1이라 해도 본래 불필요한 5 또는 2를 낭비하고 있으므로 비효율적임에는 변함이 없다. 그러나 16대1이라는 터무니없는 비율에 비한다면 6대1 또는 3대1의 경우는 충분히 수용 가능한 범위인 것으로 판단된다. 이러한 사실로부터 쇠고기 소비를 그만두고 대신에 돼지고기나 닭고기를 먹게 된다면 식량문제에 대한 유망한 처방전이 될 수 있다는 추론이 나온다.

---

199) Frances Moore Lappe, *Diet for a Small Planet*(New York: Ballantine Books, 1991), p.69.

200) Ibid., p.66.

그런데 여기서의 문제는 돼지고기, 닭고기가 쇠고기 소비에 대한 한 대안일 수는 있으나 채식주의의 근거로는 작용하지 못한다는 것이 다. 단지 영양전환율 면에서 유리할 뿐 여전히 육식을 장려하는 입장 에 있기 때문이다.[201] 그러나 이 대안이 환경윤리학의 관점에서는 틀림없이 유익하다. 이는 곧 환경윤리학의 관점에만 섰을 때는 채식 주의를 정당화하는 데 한계가 있음을 말해준다.

2) 채식주의의 동물윤리학적 근거

피드롯 안에서 사육되는 소들은 살아 있는 동안 오로지 학대받는 가운데 불행한 짧은 삶을 보낸 후 죽음을 맞이한다. 닭은 소에 비하 면 효율적으로 사육할 수 있긴 하지만 역시 살아 있는 동안 상상조차 하기 싫을 정도로 극한적으로 학대받고, 태어난 보람도 없이 짧고 무 의미한 삶을 보내다 인간에 의해 죽음을 당한다.[202] 경제적 효율이 나 환경에 대한 영향이라는 점에서 쇠고기 생산보다 유리한 닭고기

---

201) 田上孝一, 前揭書, 117면 참조.

202) 영국과 유럽연합 27개국은 올해 첫날부터 배터리 케이지에서의 닭 사육을 금지하기로 한 반면(1970년대 이후 전개된 동물권리운동의 결과로 1999년 유럽연합은 '배터리 케이지 금지법'을 채택함. 그러나 이미 투자한 장비를 단계적으로 제거할 수 있는 충분한 시간을 생산자들에게 보장해주기 위해 이행 시기를 2012년 1월 1일까지 유예함), 국내 산란계의 99%는 배터리 케이지에서 사육되고 있다. 배터리 케이지란 공장식 닭장을 말하는데, 닭장 한 칸의 크기가 가로 40cm, 세로 20cm 정도이며 이 공간에 3마리씩 들어간다. 농림수산 식품부 '가축사육시설 단위면적당 적정 가축사육기준'에 제시한 산란계 한 마리당 적정 사 육 면적은 0.042㎡로, 적어도 가로세로 20cm 넘는 공간이 주어져야 하지만 이런 기준이 지켜지지 않는 경우도 많다고 한다. 설사 이 기준이 지켜지더라도 닭은 A4용지(0.062㎡) 의 3분의 2 크기에서 평생을 산다. 신문 1개 면을 반으로 접은 것(0.051㎡)보다도 작은 크기이다. 닭이 날개를 펼치려면 최소한 0.065㎡, 날갯짓을 하려면 0.198㎡가 필요한데 이런 공간이 주어지지 않고 있기에 닭은 평생 날개도 제대로 펼쳐보지 못한 채 죽음을 맞 이한다. 자연상태의 닭은 매년 알을 20~30개씩 꾸준히 낳으며 20년 이상을 사는 반면, 공장식 산란계는 하루에 한 알씩 2년 동안 낳다가 700~800원짜리로 유통업자에게 팔리 고 있다. 『한겨레신문』, 2012. 1. 28, 15면 참조.

생산도 동물학대 면에서는 지평을 함께하고 있다. 이러한 사실은 인간이 먹기 위해 동물을 죽이는 것이 정당화되는가 하는 물음을 야기한다. 이러한 물음의 의미는 효율성이 높다고 하여 식육 생산이 정당화되지는 않으며, 금후의 기술 혁신에 의해 현재보다도 훨씬 더 효율성이 높은 식육 생산 시스템이 확립되더라도 현재와 마찬가지 방식인 동물에 대한 학대적 착취가 개선되지 않는 한 결코 정당화되지 않는다는 것이다.

논의를 확장시켜 가기 위해 동물윤리학적 측면에서 동물에 대한 학대적 착취 문제를 논하고 있는 피터 싱어와 톰 리건의 주장을 살펴보고 이를 토대로 채식주의의 근거를 확보해보기로 한다.

(1) 피터 싱어의 동물해방론

싱어는 벤담의 사고를 계승하고 있다. 동물에 대한 처우를 개선하기 위해 일찍이 벤담은 자신의 신조인 공리주의 원칙을 적용하였다. 그에 따르면 어떤 행동에 대한 시비 판단 기준은 그 행동이 초래한 쾌고의 양이다. 한 가지 특이한 점은 이러한 판단 기준을 적용할 때 쾌고감수능력이 있는 다른 종도 포함시켜야 한다고 본 사실이다. 싱어 역시 바로 이러한 사고를 토대로『동물해방』이라는 유명서를 펴내어 동물해방운동에 큰 진전을 가져오게 하였다. 이 책은 동물권익보호운동의 필독서라고 하지만 동물해방에 대한 싱어의 주장은 동물에게 타고난 권리가 있다는 생각에서 발원한 것은 아니었다. 오히려 그 토대는 공정성이다. 싱어는 자신의 견해를 단 한 문장으로 간추려 제시한다. "이 책에서 나는 이익평등고려라는 기본원리가 다른 종 구성원에게로 확장되는 것을 거부할 아무런 이유가 없다고 주장한다."[203]

싱어는 종차별주의가 널리 확산되어 만연됨으로써 현대인들 대부분
이 종차별주의자로 살아가고 있음을 질타하고 있다.[204] 자신이 속한
종의 이익만을 중시하고 인간 아닌 종들의 이익은 배제한 채 인간 이
외의 다른 종들의 이익을 희생시키고 있다는 것이다. 싱어에 따르면
이익평등고려원리의 적용 기준은 쾌고감수능력에 있다. 한 존재가
이익을 갖는다고 할 때의 필요충분조건은 바로 이 쾌고감수능력이기
때문이다.[205] 쾌고감수능력이 있는 존재라면 자기 존재에 얽힌 이익
이 동일하므로 모두 그 이익을 도덕적으로 공정하게 고려해야 한다
는 것이 싱어 주장의 핵심이다.

그렇다면 여기서 제기해볼 수 있는 문제는 쾌고감수능력의 유무를
판정할 수 있는 기준이 무엇인가 하는 점이다. 싱어는 그 기준으로
① 그 존재의 행위방식, ② 우리와의 신경체계의 유사성을 들고 있
다. 이런 기준에 비춰볼 때, 진화단계가 내려감에 따라 고통감수능력
의 증거 강도는 약해지는데, 포유류, 조류, 파충류, 어류가 고통을
느낀다는 것은 거의 확실하고 갑각류인 새우와 연체동물인 굴 사이
의 어떤 지점이 가장 적당한 경계선일 것이라고 싱어는 말한다. 그
경계선이 정확하지는 않다는 것이다. 이러한 입장에서 싱어는 진화
단계의 마지막인 연체동물 중 굴, 가리비, 홍합을 채식주의자임에도
자유롭게 먹었었다고 고백하고 있다. 그러나 그는 이 연체동물들이
고통을 느낀다는 것을 확신하지 못하는 만큼 고통을 느끼지 않는다
는 것도 확신할 수 없기 때문에 그것을 먹지 않는 것이 좋을 것이라

---

203) 피터 싱어, 『동물해방』, 김성한 옮김(고양: 인간사랑, 1999), 13–14면.
204) 같은 책, 45면 참조.
205) 같은 책, 43면 참조.

고 말한다. 그러면서 싱어는 이것들을 먹지 않는다면 우리에게 남는 대안은 결국 채식주의자가 되는 길밖에 없다고 주장한다.[206] 모든 동물은 그것이 하등동물일지언정 고통을 느낄 가능성이 충분하므로 채식은 불가피한 선택이라는 것이다.

그렇다면 여기서 이러한 반론을 제기해볼 수 있다. 동물에게 고통을 주지 않는 방식의 사육법을 적용하면 식용 목적의 동물 사육은 얼마든지 허용할 수 있지 않은가 하는 것이다. 현재의 기술 수준에서는 불가능하지만 가까운 장래에 선천적으로 대뇌가 없는 무통동물을 만들어낼 수 있을지 모른다. 이 동물은 태어났을 때부터 식물 상태이므로 고칼로리수액이나 유동식을 투여해서 사육될 것이다. 사육과정을 모니터하는 것이 불가피하므로 이에 대한 설비 투자가 드는 반면, 움직이고 돌아다니지 않기 때문에 관리하기 쉬운 메리트가 있다. 유전자를 조작해서 쉽게 살찌우고, 가능한 한 단기간에 출하할 수 있도록 회전율을 높인다면 채산을 맞출 수도 있다. 싱어는 인간의 경우라도 선천적 무뇌아는 고통을 느낄 수 없으므로 생존권이 없다고 말하고 있기에 무뇌 돼지를 만들어 먹는 것에 대해 비난할 여지는 없을 것이다.[207]

장래에 이와 같은 무통동물 고기가 '동물 복지를 배려한 식품' 등의 이름으로 판매된다고 한다면 싱어와 같은 입장의 채식주의자는 어떻게 대처할 수 있을까? 그러한 고기가 생산된다면 더 이상 채식주자일 이유는 사라져 버리는 것일까? 무통동물 고기 판매 초기에는 꺼림칙한 느낌 때문에 인기가 별로 없겠지만 시간이 흐르다 보면 육식주의[208] 시스템의 주된 방어 수단인 '비가시성'에 의해 상황이 달

---

206) 같은 책, 300면 참조.
207) 田上孝一, 前揭書, 121면 참조.

라질지도 모른다. 하지만 싱어와 같이 고통을 기준으로 하는 동물윤리학에서는 그런 식품을 거부할 근거를 마련할 수 없다. 그러한 식품에 대하여 체계적인 비판을 가하려면 동물을 인간의 다양한 욕망을 충족시키는 수단으로 다루는 것 그 자체가 옳지 않다는 입론이 요구된다. 그것은 동물에게도 인간과 같이 목적으로서 다뤄져야 할 여지가 있다는 것, 즉 동물에게도 인간이 함부로 침해할 수 없는 동물 고유의 권리가 있음을 인정하는 것이다.

동물에게도 동물 고유의 권리가 있음을 인정하는 이론을 동물권리론이라 할 수 있다. 싱어 이론으로는 어찌할 수 없는 무통동물 고기의 판매 행위라든지 유전자가 조작된 애처로운 동물을 산출하는 행위를 탄핵할 수 있으려면 동물권리론이 요청된다. 이른바 채식주의를 확고하게 옹호할 수 있는 근거를 마련하려면 동물권리론이 필요하다는 것이다.

(2) 리건의 동물권리론

동물권리론을 주장하는 대표적인 학자는 리건이다. 싱어가 공리주의 원리에 토대를 두고 있다면 리건은 의무주의에 근거하고 있다. 리건은 인간과 일부 동물은 '생명의 주체'로서 타고난 가치가 있기에 도덕적 고려 대상이라는 인식에서 출발한다.

채식주의의 본질은 동물 고기를 먹는 것, 즉 식육을 피하는 데 있

---

208) 우리는 보통 고기 먹는 일과 채식주의를 각기 다른 시각으로 본다. 채식주의는 동물과 세상과 우리 자신에 대한 일련의 가정들을 기초로 한 선택이라고 보는 반면 육식은 당연한 것, '자연스러운' 행위, 언제나 그래 왔고 앞으로도 항상 그럴 것으로 본다. 따라서 아무 자의식 없이 왜 그러는지 이유도 생각하지 않으면서 고기를 먹는다. 그 행위의 근저에 있는 신념체계가 보이지 않기 때문이다. 이 보이지 않는 신념체계를 조이는 육식주의(carnism)라고 부른다. 멜라니 조이, 앞의 책, 36면 참조.

다. 채식주의가 그 정당성을 확보하려면 식육을 왜 하지 말아야 하는 지에 대한 타당한 근거를 마련할 수 있어야 한다. 식육을 하는 데는 동물 살해가 필수 조건으로 요청된다. 따라서 문제의 초점은 동물 살해의 부당성을 밝히는 데 있다. 바꿔 말하면 동물에게도 계속해서 살 수 있는 권리, 즉 생존권을 어떻게 하면 인정할 수 있느냐 하는 것이다.

우리 인간들은 우리 자신에게 생존권이 있다는 사실에 대해서 아무런 의심도 하지 않는다. 도대체 무슨 이유로 인간에게는 생존권이 부여되고 있는 것일까? 분명한 것은 통상의 인간은 생명을 유지하는 데 이해관심(利害關心 interests)을 갖고 있다는 점이다. 그렇다면 생명을 유지하는 데 이해관심을 갖는 존재라면 어떤 존재든지 간에 생존권이 있다고 할 수 있지 않을까? 동물 또한 생명을 유지하는 데 이해관심을 갖고 있다는 것은 의심할 수 없다. 그리되면 동물에게도 생존권이 있다는 셈이 된다. 결과적으로 인간뿐만 아니라 동물도 생존권을 갖는다는 것이다. 생존권은 인간에게 있어서 가장 기본적인 권리다. 가장 기본적인 생존권을 인간과 공유한다는 것은 동물 또한 인간과 같은 권리를 갖는 존재라는 점을 의미한다. 요컨대 동물에게도 권리가 있다는 것이다.[209]

역으로 동물에게 생존권이 없다고 하면 인간에게도 없게 된다. 인간의 생존권을 위협하는 처사가 부당하다고 한다면 동물에 대해서도 역시 부당하다. 인간이 식용 목적으로 동물을 죽이는 것은 동물의 권리 침해고 허용되지 않는다. 이와 같이 동물 살해를 전제로 하는 식육은 부당하므로 우리 모두는 마땅히 채식주의자가 되지 않으면 안 된다.

---

209) Tom Regan, "The Moral Basis of Vegetarianism," in Kerry S. Walters and Lisa Portmess, *op. cit.*, pp.158–59 참조.

그런데 이와 관련하여 이러한 의문이 제기될 수 있다. 어떤 존재가 권리를 가지려면 의무 또한 수행할 수 있어야 하는데 동물에게는 의무를 이행할 만한 능력이 없으므로 권리 또한 있을 수 없지 않은가 하는 것이다. 이 논법에 따르면 젖먹이 유아(乳兒)에게도 권리를 인정할 수 없게 된다. 유아는 어떤 의무도 이행할 수 없기 때문이다. 하지만 이를 받아들일 사람은 아무도 없을 것이다. 우리는 유아에게 어떤 의무를 부과하는 일도 없지만 그렇다고 해서 생존권이 있음을 부정하지 않는다. 의무를 이행할 수 없는 존재도 도덕공동체의 일원이 될 수 있다는 것이다. 권리는 일방적으로 주어지는 것이 아니라 반드시 의무를 수반해야 한다는 사고는 성인이라는 일부 존재에게만 참인 것을 존재자 전체에 대해서도 참이라고 간주하는 이른바 '합성의 오류'를 범하는 것이다.

리건의 권리론에 대하여 제기해볼 수 있는 또 하나의 물음은 동물에게 권리를 인정할 경우, 권리를 갖는 동물의 범위는 어디까지인가 하는 것이다. 이 문제에 관하여 리건 역시 고민하고 있는데, 그는 처음에는 적어도 1년 이상의 포유류 및 조류에 선을 그었으나 나중에는 그 원칙을 다소 수정하여 젖먹이 인간 유아에게도 적용된다고 하였다.[210] 그러나 리건도 강조하고 있듯이 동물의 권리 일반에 관한 논의 차원에서 다뤄지는 것이라면 여하튼 채식주의를 옹호하는 맥락에서는 직접적으로는 문제가 되지 않는다. 왜냐하면 식용동물과 같은

---

210) Tom Regan, *The Case for Animal Rights*(Berkeley: University of California Press, 1983), p. 77 참조; 리건은 이해관심을 갖는 존재의 범위를 어디까지 설정할 것인지에 관해 매우 조심스러운 태도를 보이고 있다. 생리학과 비언어적 행동, 양 측면에서 인간과 아주 유사한 존재들(예를 들면 영장류)이 이해관심을 갖는 것은 의심할 수 없지만 이 유추를 어디까지 확대시킬 수 있는지는 파악하기 무척 어렵다고 한다. Regan, "The Moral Basis of Vegetarianism," pp.161–62 참조.

고등동물들이 생명을 계속 유지하는 데 이해관심을 갖고 있는 것은 분명하고, 채식주의의 주제는 동물 일반의 권리가 아니라 식용동물의 권리이기 때문이다.

리건의 권리론에 대하여 제기할 수 있는 또 다른 물음은 고유한 가치(inherent value)에 관한 것이다. 리건에 따르면 동물에게 인간과 마찬가지의 권리가 있다는 것은 동물도 인간과 같이 고유한 가치를 갖는 존재라는 것이다. 어떤 존재가 고유한 가치를 갖는다는 것은 그 존재가 최종 목적으로서 다뤄져야 하며 그 존재는 그 존재 이외의 가치를 위한 수단일 수 없다는 것을 의미한다. '인간의 권리는 인간의 고유한 가치'라는 것은 인간의 권리가 궁극적 목적이고 수단으로 다뤄져서는 안 된다는 것이다.[211]

인간이 고유한 가치를 갖기 때문에 목적적 존재가 되듯이 동물도 고유한 가치를 갖는다는 것은 동물 또한 인간과 같은 목적적 존재라는 것이다. 인간이 동물을 자신의 목적을 위한 수단으로서 다루는 것은 동물의 불가침의 권리를 박탈하는 셈이 되고 허용되지 않는다. 만일 동물이 수단으로 취급돼도 좋다고 한다면 인간 또한 수단으로 취급돼도 좋다는 셈이 된다. 인간이 식육 생산에 있어서 동물들을 노예처럼 예속하는 것이 정당화된다면 인간에 대해서만 노예적 예속을 비난하는 것은 논리적 일관성이 없다. 인간과 동물은 동등하게 고유한 가치를 갖는 존재이므로 인간과 동물의 권리는 그 본질에 있어서 동일한 것이다. 바로 여기서 우리는 인간과 동물이 권리를 본질상 동일한 것으로 간주할 때 실제적 삶에서도 과연 실행에 옮길 수 있을까

---

211) Tom Regan, "The Radical Egalitarian Case for Animal Rights," in Paul Pojman, ed., *Food Ethics*(Boston: Wadsworth, 2012), pp.36–37.

하는 물음을 제기할 수 있다. 이러한 취지에서 타가미 코우이치는 리건의 권리론을 '엄격한 권리론'이라 부르며 리건의 견해에 결코 동의할 수 없다고 주장한다.

> 리건과 같은 엄격한 동물의 권리론에 대해서 나는 아무래도 동의할 수 없다. …… 자주 이용되는 구명보트의 비유로 말한다면 한 명의 아이와 한 마리의 강아지 가운데 어느 쪽을 택할 것인가 하는 문제에서 주저 따위는 하지 않는다. 동물의 권리가 인간의 그것과 동일하다면 한 명의 아이와 한 마리의 반려동물 사이의 선택은 두 명의 아이 사이의 선택과 원리적으로 같을 것이다. 그러나 나는 구명보트에 태우는 것은 반드시 인간의 아이이지 않으면 안 된다는 것에 일말의 의문도 갖지 않는다. 오히려 한 명의 아이와 교환으로 잃게 되는 것이 백 마리의 강아지 목숨일지라도 아이 쪽을 택하는 것이 옳다고밖에 생각할 수 없다. 그러므로 나는 인간에게는 고유한 가치를 인정하지만 동물에게는 인정하지 않는다. 그렇다면 나는 나 자신의 주관적 의도와는 별도로 실은 종차별주의자에 불과할지도 모른다. 그렇다고 해도 나로서는 종차별주의의 오명을 달게 받아들이는 수밖에 없다.[212]

코우이치의 입장은 설령 종차별주의자라는 오명을 뒤집어쓴다 하더라도 동물의 권리를 인간의 권리와 동일한 선상에 놓고 얘기할 수는 없다는 것이다. 그러니까 그는 온건한 권리론의 입장, 즉 동물이 인간과 동등하지는 않으나 동물에게도 인정해야 할 어느 정도의 권리가 있고 인간은 그러한 권리를 범하지 않도록 힘껏 노력해야 한다는 입장이라 할 수 있다.

그런데 코우이치는 리건의 견해에 대해서 다소 오해하고 있는 것으로 보인다. 리건이 우리의 상식과 크게 어긋나는 입장에 있지 않음에도 마치 크게 차이가 나는 것처럼 오해하고 있는 것이다. 리건은

---

212) 田上孝一, 前揭書, 124-25면.

우리가 사는 곳이 현실 세계이지 지식인들이 모여 사는 도덕적 창공이 아님을 인정하고 있다. 리건은 때로 상식을 수용하기 위해 타협도 하고 있는 것이다. 그에 따르면 가령 탑승정원이 4명인 구명보트에 4명의 일반인과 1마리의 골든리트리버가 초과 승선했을 경우 밖으로 나가야 하는 것은 사람이 아니라 개여야 한다. 이와 관련하여 그는 "개의 죽음은 그 어떤 인명 피해와도 비교할 수 없다"[213]라고 말하고 있다. 그러니까 리건은 자신의 논리를 극단까지 몰고 감으로써 '이론의 도랑'에 빠지는 우로부터 벗어나고 있는 것이다.

리건이 이처럼 현실과 타협하고 있다 해도 그것이 채식주의를 정당화하는 그의 이론에 어떠한 손상을 입히진 못한다. 인간의 권리와 동물의 그것이 본질상 동일하다 해도 양자 중 어느 하나를 희생시킬 수밖에 없는 위기 상황에선 인간 생명이 우선시돼야 할 뿐이지 그 타협이 동물을 식용 목적으로 이용하는 것을 허락하는 것은 아닌 것이다. 따라서 채식주의를 실천함에 있어서 동물과 인간 사이에 심각한 트레이드오프 상황 같은 것은 발생할 수 없게 된다.

우리가 채식주의자가 됨으로써 잃게 되는 권리와 그에 따라 동물이 얻게 되는 권리는 아주 일방적이어서 그 균형이 너무도 맞지 않는다. 인간이 고기를 먹음으로써 잃게 되는 것은 동물의 생명이다. 반면에 인간이 동물을 먹지 않음으로써 잃게 되는 것은 고기의 미각에 대한 기호다. '동물의 생존권'과 '인간의 고기 맛에 대한 기호'를 결코 동등하게 취급할 수는 없다. 인간이 육식을 그만둔다면 수많은 동물의 생존권을 지켜낼 수 있는 반면 인간이 잃게 되는 것은 단지 기호

---

213) Regan, *The Case for Animal Rights*, p.324.

밖에 없다. 채식주의의 정당성을 확보하는 데 이보다 더 훌륭한 근거를 찾기는 어려울 것이다.

4. 맺음말

육식주의에서 채식주의로의 전환은 이제 단순한 개인적 취미가 아니라 진지하게 고려되어야 할 윤리적 명령이라 할 수 있다. 육식주의 이데올로기에 묻혀 아무런 자각도 없이 육식을 지속하는 것은 개인적 건강뿐만 아니라 사회적·환경적으로도 너무나 많은 악영향을 끼치기 때문이다. 이와 같은 육식 문화를 바꿔나가려면 육식주의 이데올로기의 부당성을 밝힘과 동시에 채식주의 삶의 방식이 왜 윤리적 명령으로 요구되는지 그 근거를 밝힐 수 있어야 한다.

이를 위해 필자는 먼저 환경윤리학의 입장에서 채식주의에 대한 정당성을 확보하고자 시도하였다. 환경윤리학에선 인간 중심의 도덕 공동체의 틀을 넘어서 동물 또한 그 공동체의 일원으로 수용하길 호소한다. 식육 생산을 위한 동물 사육이 환경에 끼치는 부하가 너무나 크기 때문이다. 실지로 식육 생산은 모든 심각한 형태의 환경 파괴의 주요 원인으로 작용하고 있다. 특히 쇠고기를 얻기 위해 옥수수나 콩과 같이 인간이 먹을 수 있는 곡물을 대량으로 소에게 먹임으로써 지구촌의 만성적인 기아의 한 원인을 낳고 있다. 결국 식육 목적으로 사육되는 동물을 해방하는 것은 환경 해방뿐만 아니라 인간 해방까지 불러올 수 있는 일거양득의 효과를 갖는다. 따라서 환경윤리학의 시각에서 볼 때 육식을 왜 피해야 하는지에 대한 이유, 즉 채식주의의 정당성을 확보할 수 있게 된다.

그러나 쇠고기의 생산 효율성 면에서 볼 때는 얘기가 달라진다. 16:1이라는 형편없이 낮은 비율의 영양전환율을 가진 쇠고기에 비해 상대적으로 영양전환율이 높은 돼지고기나 닭고기를 먹는 것은 환경윤리적 측면에서 볼 때는 확실히 유리하고 장려할 만한 일이다. 그러나 '쇠고기 대신에 돼지고기나 닭고기를 먹는 것'을 장려한다는 것은 채식주의에 확실히 위배되는 처사이다. 이는 곧 환경윤리적 측면에서 채식주의를 온전하게 정당화하는 데는 한계가 있음을 말해준다.

그래서 요청되는 것이 동물윤리학이다. 먼저 피터 싱어는 식용 동물 또한 인간이 느끼는 쾌고감정을 갖는다는 사실에 기초하여 동물해방을 주장한다. 그의 주장에 따르면 쾌고감정을 느끼는 존재라면 인간이든 동물이든 그 이해관심을 공평하게 고려해야 하는 것이 원칙이다. 현대의 육식주의는 광범한 폭력 위에 서 있다. 유대인 작가 아이작 싱어가 동물을 음식으로 이용하는 인간의 방식을 나치의 죽음의 캠프가 불러온 악몽에 비유했던 것처럼[214] 현재의 식육 산업은 동물에 대한 강제적 도살 위에 토대하고 있다. 물론 현재와 같이 만연한 육식 문화를 지탱하려면 동물에 대한 육체적 폭력은 불가피할 것이다. 이러한 폭력이 자행되는 공장식 농장의 실태를 고발함과 동시에 동물 역시 인간과 다름없는 쾌고감정을 지닌 존재로서 인간과 동등하게 그 이익을 고려받아야 한다는 주장은 상당한 설득력이 있어 보인다. 그러나 싱어 이론은 고통을 느끼지 못하는 방식으로 사육된 고기를 먹는 행위에 대해선 그 중단을 요구할 수 없고 따라서 채

---

214) 잔 카제즈, 『동물에 대한 예의』, 윤은진 옮김(서울: 책읽는수요일, 2011), 144면 참조.

식주의의 근거를 확보하는 데 치명적 한계를 안고 있었다.

그래서 요구되는 것이 동물을 식용으로 활용하는 것 그 자체가 옳지 않다는 이론, 이른바 동물의 권리론이다. 동물의 권리를 주장하는 대표론자인 리건에 따르면 동물에게도 인간과 같이 존중받고 침해받지 않을 동등한 생존권이 주어져야 한다. 동물 역시 인간과 마찬가지로 생명을 유지하는 것에 대한 이해관심은 물론 고유한 가치 또한 지니고 있기 때문이다. 그리고 고유한 가치를 갖는 존재는 그 자체가 목적으로 다뤄져야 하며 다른 어떤 목적을 위한 수단으로 활용돼서는 안 된다. 이러한 논리에서 리건은 인간이 타인에게 가해서는 안 될 폭력적 행위는 또한 동물에게도 가해서는 안 된다고 주장한다. 이와 같은 리건의 입장에 서게 되면 채식주의의 정당성을 확보하는 데 큰 무리가 없어 보인다.

여기서 필자가 제기하고 싶은 물음이 있다. 동물 또한 인간과 마찬가지의 동등한 생존권을 가진다면, 가령 한 인간이 멧돼지의 공격으로 일촉즉발의 위기에 몰렸을 때도 멧돼지의 생존권을 인정해야 하는가 하는 것이다. 물론 이런 경우에 리건은 도덕적으로 예외가 된다고 인정한다. 즉, 자기 방어를 위해서라면 상대편 동물을 죽일 수도 있다는 것이다.

그러나 이런 경우는 어떤가? 본인(A)도 배고프고 그 가족도 주리고 있는 상황에서 이를 해소하기 위해 멧돼지(B)를 죽여야 하는 상황 말이다. 리건의 입장에서는 잡아먹기 위한 동물 사냥은 도덕적으로 예외 상황이 아니다. 따라서 동물을 사냥할 수 없게 된다. 이 개체의 생존을 위해 저 개체의 죽음이 필수적으로 요구될 때 리건의 입장에선 뾰족한 대책이 없다. 존중받아야 할 기본 권리는 생명의 가치에 따라 다르지 않기 때문이다. 따라서 A가 동물의 생존권을 존중하는 사람이라면 당연히 딜레마에 빠지게 된다. B는 생존권을 존중받을 권리, 즉 총에 맞거나 덫에 걸리지 않을 권리가 있는 반면, A와 그 가족 역시 존중받을 권리, 즉 식량을 제공받을 권리가 있다. 이 상황에서 A는 자신을 포함한 가족과 B, 모두를 존중하는 것이 불가능하다.

이러한 딜레마를 해결하기 위해 필자는 포섭기준과 비교기준을 제시하고자 한다. 포섭기준이란 어떤 존재가 생존권을 갖는지를 결정하는 기준을 말하며, 비교기준이란 존재가 지닌 자연적 속성의 정도에 따라 생존권을 차등적으로 부여하게 해주는 기준을 말한다. 필자는 포섭기준으로는 동물을, 비교기준으로는 유정성을 삼고자 한다. 모든 동물을 도덕공동체의 범위 안으로 포섭시켜 그들에게 동등한 생존권을 부여함으로써 채식주의의 정당성을 확보하고자 하는 의도에서다. 그러나 동물이라고 해서 모두 다 동등한 생존권을 가진 것으로 볼 수는 없다. 유정성 또는 감수성의 정도에 따라 생존권의 중요성 또한 달리 파악해야 한다.

모든 동물에게 존중받을 생존권이 있다고 말할 수 있으나 그들 모두가 똑같은 양의 존중을 받아야 하는 것은 아니다. 이 논리에 따라 위 딜레마의 해결책을 제시한다면 비극적이긴 하나 고등동물의 생존을 위해 필수적인 하등동물이 죽을 수밖에 없다. 우리는 동물을 존중해야 하나 그 존중의 정도에는 차이가 있을 수 있다. 지능이 높고 사교적인 동물, 기초적인 도덕성과 복잡한 사회적 감정을 지닌 동물이 지능이 낮고 원시적인 동물보다 더 크게 존중받을 수 있어야 한다.

참고문헌

─국내문헌

가토 히사다케. 『환경윤리란 무엇인가』. 김일방 옮김. 대구: 중문, 2001.

고미송. 『채식주의를 넘어서』. 서울: 푸른사상, 2011.

그라프, 존 더·왠, 데이비드·네일러, 토머스. 『어플루엔자』. 박웅희 옮김. 서울: 한숲, 2002.

김상봉. 「윤리·도덕」. 우리사상연구소 편. 『우리말철학사전 2: 생명·상징·예술』. 서울: 지식산업사, 2004.

김일방. 『환경윤리의 쟁점』. 파주: 서광사, 2005.

김태길. 『윤리학』. 서울: 박영사, 1998.

나정원. 「환경위기시대의 새로운 정치 논리」. 『환경과 생명』 제19호, 1999, 26-37면.

노진철. 『환경과 사회』. 서울: 한울, 2001.

데이비스, 마이크. 「인류는 녹아내리고 있다」. 『창작과 비평』. 141(2008 가을).

데자르뎅, J. R.. 『환경윤리의 이론과 전망』. 김명식 옮김. 서울: 자작아카데미, 1999.

도일, 티모시·맥케이컨, 더그. 『환경정치학』. 이유진 옮김. 서울: 한울, 2002.

뚜웨이밍. 『문명들의 대화』. 김태성 옮김. 서울: 휴머니스트, 2006.

라이트, 로널드. 『진보의 함정』. 김해식 옮김. 서울: 이론과실천, 2006.

레이첼즈, 제임스. 『도덕철학의 기초』. 노혜련 외 옮김. 서울: 나눔의집, 2006.

레인, 존. 『언제나 소박하게』. 유은영 옮김. 서울: 샨티, 2003.

로빈스, 존. 『음식혁명』. 안의정 옮김. 서울: 시공사, 2002.

리프킨, 제레미. 『육식의 종말』. 신현승 옮김. 서울: 시공사, 2007.

마르크스, 칼. 『자본론』. 김수행 역. 제2개역판. 서울: 비봉출판사, 2006.

마르크스, 칼·엥겔스, 프리드리히. 『공산당 선언』. 남상일 옮김. 서울: 백산서당, 1989.

맥클로스키, H. J.. 『환경윤리와 환경정책』. 황경식·김상득 옮김. 서울: 법영사, 1996.

메도우즈, D.H. 외. 『人類의 危機』. 김승한 역. 서울: 삼성미술문화재단, 1989.

몽투세, 마르크 외. 『세계화의 문제점 100가지』. 박수현 옮김. 서울: 모티브북, 2007.

문성학. 『칸트윤리학과 형식주의』. 대구: 경북대학교출판부, 2006.

밋글리, 메리. 「윤리의 기원」. 피터 싱어 엮음. 『윤리의 기원과 역사』. 김미영 외 옮김. 서울: 철학과현실사, 2004.

바이츠제커, 에른스트 울리히 폰. 『환경의 세기』. 권정임·박진희 옮김. 서울: 생각의 나무, 1999.

박이문. 『사유의 열쇠』. 서울: 산처럼, 2004.

박찬국. 『환경문제와 철학』. 파주: 집문당, 2004.

베버, 막스. 『프로테스탄티즘의 윤리와 자본주의 정신』. 박성수 옮김. 서울: 문예출판사, 2000.

브로스위머, 프란츠. 『문명과 대량 멸종의 역사』. 김승욱 옮김. 서울: 에코리브르, 2006.

세계화국제포럼. 『더 나은 세계는 가능하다』. 이주명 옮김. 서울: 필맥, 2003.

소로, 헨리 데이비드. 『월든』. 강승영 옮김. 서울: 이레, 1994.

소흥렬. 『윤리와 사고』. 서울: 이화여자대학교 출판부, 1985.

손금희·조여원. 「채식선호자와 육식선호자의 식사의 질 및 비타민 K 섭취 비교 연구」. 『한국영양학회지』 39(6). 한국영양학회 2006.

슈마허, E. F.. 『작은 것이 아름답다』. 金鎭郁 譯. 서울: 범우사, 1992.

스펜스, 제임스 구스타브. 『아침의 붉은 하늘』. 김보영 옮김. 서울: 에코리브르, 2005.

시문스, 프레데릭 J.. 『이 고기는 먹지 마라?』. 김병화 옮김. 서울: 돌베개, 2005.

시바, 반다나. 『자연과 지식의 약탈자들』. 한재각 외 옮김. 서울: 당대, 2000.

싱어, 피터. 『동물해방』. 김성한 옮김. 고양: 인간사랑, 1999.

싱어, 피터. 『세계화의 윤리』. 김희정 옮김. 서울: 아카넷, 2003.

싱어, 피터. 『응용윤리』. 김성한 외 옮김. 서울: 철학과현실사, 2005.

싱어, 피터. 『이 시대에 윤리적으로 살아가기』. 서울: 철학과현실사, 2008.

아이작스, 월터. 『스티브 잡스』. 안진환 옮김. 서울: 민음사, 2011.

오제키 슈지 외. 『환경사상 키워드』. 김원식 옮김. 파주: 알마, 2007.

요나스, H.. 『책임의 원칙: 기술시대의 생태학적 윤리』. 이진우 옮김. 서울: 서광사, 1994.

요네모토 쇼우헤이. 『지구환경문제란 무엇인가』. 박혜숙·박종관 옮김. 서울: 따님, 1995.

월드워치연구소. 『지구환경보고서 2004』. 오수길 외 옮김. 서울: 도요새, 2004.

윤방부. 「육식을 더 강조해야 할 때」. 『식품가공』 제98호. 한국식품공업협회 1989.

이대훈. 『세계의 화두』. 서울: 개마고원, 1998.

이마이 미치오. 『삶, 그리고 생명윤리』. 김일방·이승연 옮김. 파주: 서광사, 2007.

이정전. 『환경경제학 이해』. 개정판. 서울: 박영사, 2011.

이진우. 『녹색사유와 에코토피아』. 서울: 문예출판사. 1998.

이진우. 『지상으로 내려온 철학』. 서울: 푸른숲, 2004.

이필렬. 「과학기술과 환경문제」. 최병두 외. 『녹색전망』. 서울: 도요새, 2002, 434-452면.

정회성, 「세계화와 지속가능한 환경」, 『국토』, 250(2002. 8).

조이, 멜라니. 『우리는 왜 개는 사랑하고 돼지는 먹고 소는 신을까』. 노순옥 옮김. 서울:
        모멘토, 2011.

찬다, 나얀. 『세계화, 전 지구적 통합의 역사』. 유인선 옮김. 서울: 모티브북, 2007.

카제즈, 잔. 『동물에 대한 예의』. 윤은진 옮김. 서울: 책읽는수요일, 2011.

칸트, I.. 『실천이성비판』. 최재희 옮김. 서울: 박영사, 1997.

테일러, 폴. 『윤리학의 기본원리』. 김영진 옮김. 파주: 서광사, 1985, 2008.

헤르조그, 할. 『우리가 먹고 사랑하고 혐오하는 동물들』. 김선영 옮김. 서울: 살림, 2011.

홀랜더, 잭 M.. 『환경위기의 진실』. 박석순 옮김. 서울: 에코리브르, 2004.

황병익. 「채식주의의 올바른 이해와 대책」. 『젖소개량』 제7권 제3호. 한국종축개량협회
        2002. 3.

『경향신문』, 2011. 7. 29.

『경향신문』, 2011. 7. 30.

『프레시안』, 2011. 2. 4.

『프레시안』, 2011. 8. 1.

『한겨레신문』, 2012. 1. 28, 15면.

『한겨레신문』, 2012. 2. 11, 10면.

－국외문헌

加藤尙武. 『倫理學で歷史を讀む』. 東京: 淸流出版社, 1996.

菊地惠善. 「環境倫理學の基本問題」. 加藤尙武・飯田亙之 編. 『應用倫理學研究』. 東京: 千葉大學敎養部倫理學敎室, 1993.

笠松幸一・K. A. シュプレンガルト 編. 『現代環境思想の展開』. 東京: 新泉社, 2004.

北尾宏之. 「道德の源泉はどこにあるのか」. 佐藤康邦・溝口宏平 編. 『モラル・アポリア』. 京都: ナカニシヤ出版, 2000.

伊勢田哲治. 『動物からの倫理學入門』. 名古屋: 名古屋大學出版會, 2010.

田上孝一. 『實踐の環境倫理學』. 東京: 時潮社, 2006.

川本隆史. 「應用倫理學の挑戰: 系譜, 方法, 現狀について」. 『理想』. no.652(1993. 11), 20-34면.

Beauchamp, Tom L. & Childress, James F.. *Principles of Biomedical Ethics*. New York: Oxford Univ. Press, 1979.

Bentham, Jeremy. *The Principles of Morals and Legislation*. Oxford: Oxford Univ. Press, 1907.

Boulding, Keneth. "The Economics of Coming Spaceship Earth," In H. Jarrett(ed.). *Environmental Quality in a Growing Economy*. Baltimore: Johns Hopkins Univ. Press, 1969

Callicott, J. Baird. "Animal Liberation: A Triangular Affair." In Robert Elliot. ed.. *Environmental Ethics*. New York: Oxford University Press, 1995.

Clouser, K. Danner. "Bioethics." Warren T. Reich. eds.. *Encyclopedia of Bioethics*. New York: Free Press, 1978.

Coale, Alsley J.. "An Economist's Review of Resource Exhaustion," In K.S. Shrader-Frechette, ed., *Environmental Ethics*, 2nd ed.. Pacific Grove: Boxwood Press, 1991.

Daly, Herman E.. "Consumption: The Economics of Value Added and the Ethics of Value Distributed." In L. P. Pojman. Environmental Ethics. (3rd. ed.) Belmont: Wadsworth, 2001.

Elliot, Robert ed.. *Environmental Ethics*. New York: Oxford Univ. Press, 1995.

Fuller, R. Buckminster. *Operating Manual for Spaceship Earth*.. New York: Pocket Books, 1969.

Goulet, Denis. *The Cruel Choice*. New York: Atheneum, 1971.

Grossman, G. M. and Krueger, A. B.. "Economic Growth and the Environment." *The Quarterly Journal of Economics 110*, 1995.

Gudorf, C. E. & Huchingson, J. E.. *Boundaries: A Casebook in Environmental Ethics*. 2nd ed.. Washington, D.C.: Georgetown Univ. Press, 2010.

Hardin, G.. "The Tragedy of the Commons." In L.P. Pojman. *Environmental Ethics*. (3rd. ed.) Belmont: Wadsworth, 2001.

Hardin, Garrett. "Lifeboat Ethics." In Louis P. Pojman, ed.. *Environmental Ethics: Readings in Theory and Application*. (3rd ed.) Belmont: Wadsworth, 2001.

Hardin, Garrett. *Living within Limits*. New York: Oxford U. P., 1993.

Hardin, Garrett. *The Ostrich Factor*. New York: Oxford U. P., 1999.

Jamieson, Dale. *Ethics and the Environment: An Introduction*. New York: Cambridge Univ. Press, 2008.

Keller, David R.. ed.. *Environmental Ethics: The Big Questions*. West Sussex: Chichester, Blackwell Publishing, 2010.

Khor, Martin. "Globalization and Sustainable Development: The Choices Before Rio +10." *International Review for Environmental Strategies 2*, no.2(2007).

Lappe, Frances Moore. "Like Driving a Cadillac." In Kerry S. Walters and Lisa Portmess. ed.. *Ethical Vegetarianism*. Albany: State University of New York Press, 1999.

Lappe, Frances Moore. *Diet for a Small Planet*. New York: Ballantine Books, 1991.

Leopold, Aldo. "The Land Ethic: Conservation as a Moral Issue; Thinking Like a Mountain." In James P. Sterba. ed.. *Earth Ethics*. 2nd ed.. Upper Saddle River: Prentice Hall, 2000.

Marcus, Erik. *Vegan: The New Ethics of Eating*. 2nd ed.. Ithaca, NY: McBooks Press, 2001.

Micklethwait, John., Wooldridge, Adrian. "The Globalization Backlash." *Foreign Policy*, (September–October 2001).

Mishan, E.J.. *21 Popular Economic Fallacies*. New York: Praeger, 1969.

Mol, Arthur P. J.. *Globalization and Environmental Reform*. Cambridge, Mass.: MIT Press, 2001.

Murdoch, William W. and Oaten, Allan. "Population and Food: A Critique of Lifeboat Ethics." In Louis P. Pojman, ed. *Environmental Ethics: Readings in Theory and Application*. (3rd ed.) Belmont: Wadsworth, 2001.

Nash, R. F.. *The Rights of Nature: A History of Environmental Ethics*. Madison: The Univ. of Wisconsin Press, 1989.

Pasour, E. C.. "Austerity, Waste, and Need," In K. S. Shrader–Frechette, ed.. *Environmental Ethics*. 2nd ed.. Pacific Grove: Boxwood Press, 1991.

Passmore, John Arthur. *Man's Responsibility for Nature*. New York: Scribner, 1974.

Pavitt, K. L., Freeman, C. and Jahoda M.. eds.. *Thinking about the Future: A Critique of "The Limits to Growth."* London: Sussex University Press, 1973.

Potter, Van Rensselaer. *Bioethics: Bridge to the Future*. Englewood Cliffs: Prentice–Hall, 1971.

Regan, Tom. "The Moral Basis of Vegetarianism." In Kerry S. Walters and Lisa Portmess. ed.. *Ethical Vegetarianism*. Albany: State University of New York Press, 1999.

Regan, Tom. "The Nature and Possibility of an Environmental Ethic." In Tom Regan. *All That Dwell Therein*. Berkeley and Los Angeles, CA: University of California Press, 1982.

Regan, Tom. "The Radical Egalitarian Case for Animal Rights." In Paul Pojman. ed.. *Food Ethics*. Boston: Wadsworth, 2012.

Regan, Tom. *The Case for Animal Rights*. Berkeley: University of California Press, 1983.

Rollin, Bernard E.. "Environmental Ethics and International Justice." In Larry Mary and Shari Collins Sharratt, ed.. *Applied Ethics: A Multicultural Approach*.. Englewood Cliffs, N. J.: Prentice Hall, 1994.

Rolston III, Homes. "Environmental Ethics: Values and Duties to the Natural World." In Herbert Bormann and Stephen R. Keller, eds., *Ecology, Economics, Ethics*. New Haven, CT: Yale Univ. Press, 1991.

Rosenbaum, Walter A.. *Environmental Politics and Policy*. Fourth ed.. Washington, D. C.: Congressional Quarterly, 1998.

Shrader-Frechette, K. S.. "'Frontier Ethics' and 'Lifeboat Ethics'." In K. S. Shrader-Frechette, ed.. *Environmental Ethics*. (2nd ed.) Pacific Grove: Boxwood Press, 1991.

Shrader-Frechette, K. S.. "Spaceship Ethics." In K. S. Shrader-Frechette, ed.. *Environmental Ethics*. (2nd ed.) Pacific Grove: Boxwood Press, 1991.

Shrader-Frechette, K. S.. "Voluntary Simplicity and the Duty to Limit Consumption." In K. S. Shrader-Frechette. ed.. *Environmental Ethics*. 2nd ed.. Pacific Grove: Boxwood Press, 1991.

Singer, Peter. "All Animals Are Equal." In Kerry S. Walters and Lisa Portmess. ed.. *Ethical Vegetarianism*. Albany: State University of New York Press, 1999.

Spencer, Colin. *Vegetarianism: A History*. New York: Four Walls Eight Windows, 2000.

VanDeVeer, Donald and Pierce, Christine. eds.. *The Environmental Ethics and Policy*. Belmont, CA: Wadsworth, 1998.

Warren, Mary Anne. "A Critique of Regan's Animal Rights Theory." In Paul Pojman. ed.. *Food Ethics*. Boston: Wadsworth, 2012.

Wenz, Peter S.. "An Ecological Argument for Vegetarianism." In Kerry S. Walters and Lisa Portmess. ed.. *Ethical Vegetarianism*. Albany: State University of New York Press, 1999.

42, 44~46, 48, 50, 56, 63,
　　65~67, 72, 81, 85, 86, 89, 93,
　　95, 111, 113, 119, 125, 181,
　　184, 191, 200, 241, 248
응용윤리학　35, 36, 49, 114
의무　32, 33, 53~55, 59, 60, 62, 68,
　　76, 83~85, 132, 146, 147, 156,
　　165, 172, 175, 176, 179, 184,
　　198, 200, 202, 214, 256, 258
이기주의　56
이성적인 결정　45
이윤추구　123, 233
이익평등고려　253, 254
이타주의　56
이해관심　111, 112, 115, 257~259,
　　263, 264
인간중심주의　50, 53, 55, 59, 61~63,
　　70, 77, 79, 82, 88, 116, 123
인구　47, 80, 81, 109, 133, 181, 182,
　　186~198, 200, 201, 203, 211,
　　215, 241, 245, 246
인구론　191
인권　35, 86, 87, 121, 136, 199

(ㅈ)

자기결정권　45, 46
자기목적화　106, 123
자발적인 소박함　206~210, 214,
　　217~219, 221, 222, 224~229
자본주의　99, 117, 127, 128, 133,
　　147, 148, 164, 168, 169, 208,
　　230, 232, 233
자본주의 시장　99
자연　23, 27, 28, 40, 41, 48, 49, 59,
　　60, 65, 66, 69, 72~75, 79, 83,
　　85~88, 95, 103, 104, 107~110,
　　112, 113, 116, 117, 122~124,
　　128, 132, 134, 136, 139, 141,
　　144, 151, 193, 195, 200, 202,
　　208~210, 216, 245

자연과의 공생　107, 108, 110
자연과학　94, 141, 142
자연선택　71, 191, 193, 200
자연주의　107, 110
자연중심주의　88, 89, 117, 124
자원　41, 42, 44, 46, 82, 99, 102,
　　104, 105, 112, 121, 144, 151,
　　156, 159, 161, 162, 166, 170,
　　174, 177, 181~184, 186~188,
　　190, 192~195, 197, 200, 201,
　　205, 208, 212~214, 216, 219,
　　221, 224, 232, 244, 245
자원고갈　98, 211, 213, 219, 220
자유　42, 44~46, 54, 61~63, 73,
　　132, 153, 154, 164, 186, 208,
　　209, 217, 218
자유무역　154, 157, 160~163, 165,
　　174
자율성　42
잡식동물　244, 247
재산　42, 93, 121, 160, 186, 207,
　　216
재화　42, 100, 112, 127, 162, 187,
　　204, 209, 214, 215, 217, 218,
　　220, 222~224, 227, 230
재활용　102, 103, 144, 235
적소　244, 246, 247
전통사회　232
전통윤리학　50, 89, 113, 114, 118,
　　119
정당　24, 25, 34, 41, 43~45, 58, 81,
　　85, 89, 96, 133, 176, 177, 190,
　　194, 196, 201, 220, 225, 240,
　　244, 250, 252, 253, 257, 259,
　　261, 262, 263, 264, 265
정보자본주의사회　233
정보화　233
정언명법　86
정의　25, 30, 36, 42, 44, 57, 58, 62,
　　149, 155, 166, 175, 189, 198,

김일방

경북대학교 사범대를 졸업하고 동 대학교 대학원에서 석사와 박사 학위를 취득하였다. 제주교육대학교 강사, 한라대학교 겸임교수를 거쳐, 현재는 제주대학교 사회교육과에서 '사회와 철학', '사회과교육론' 등을 강의하고 있다. 옮긴 책으로는 『환경윤리란 무엇인가』(1997), 『현대 윤리에 관한 15가지 물음』(공역, 1999), 『삶, 그리고 생명윤리』(공역, 2007)가 있고, 지은 책으로는 『환경윤리의 쟁점』(2005), 『생태문화와 철학』(공저, 2007)이 있으며, 논문으로는 「지구 생태계의 복리와 국가 간 분배 정의」(대한철학회 학술상 수상), 「자발적인 소박함을 둘러싼 철학적 논쟁」 등이 있다.

환경윤리의 실천

초 판 인 쇄 | 2012년 12월 21일
초 판 발 행 | 2012년 12월 21일

지 은 이 | 김일방
펴 낸 이 | 채종준
펴 낸 곳 | 한국학술정보㈜
주　　　소 | 경기도 파주시 문발동 파주출판문화정보산업단지 513-5
전　　　화 | 031) 908-3181(대표)
팩　　　스 | 031) 908-3189
홈 페 이 지 | http://ebook.kstudy.com
E－mail | 출판사업부　publish@kstudy.com
등　　　록 | 제일산-115호(2000. 6. 19)

ISBN　　978-89-268-3970-6 13530 (Paper Book)
　　　　978-89-268-3971-3 15530 (e-Book)

이담 Books 는 한국학술정보(주)의 지식실용서 브랜드입니다.